VOYAGES

DU

PROFESSEUR PALLAS,

DANS PLUSIEURS PROVINCES

DE L'EMPIRE DE RUSSIE

ET

DANS L'ASIE SEPTENTRIONALE.

TOME HUITIÈME.

VOYAGES

DU

PROFESSEUR PALLAS,

DANS PLUSIEURS PROVINCES

DE L'EMPIRE DE RUSSIE

ET

DANS L'ASIE SEPTENTRIONALE;

Traduits de l'allemand par le C. GAUTHIER DE LA PEYRONIE.

NOUVELLE ÉDITION.

APPENDIX,

Contenant les descriptions des Animaux et des Végétaux observés dans les Voyages du Professeur Pallas, et cités ou mentionnés dans les volumes précédens;

Avec des Notes et Observations par le C. LAMARCK, Professeur de Zoologie au Muséum national d'Histoire naturelle.

TOME HUITIÈME.

A PARIS,

Chez MARADAN, Libraire, rue du Cimetière André-des-Arcs, no. 9.

L'AN II DE LA RÉPUBLIQUE.

PRÉFACE.

Pour peu que l'on ait quelque notion de l'état actuel de nos connoissances, on sent que le voyage qu'a fait le professeur Pallas dans la Russie et dans diverses parties de l'Asie septentrionale, doit être extrêmement intéressant, à tous égards. En effet, ces vastes pays, habités depuis tant de siècles par des peuples errans, presque sans lois, sans arts, et livrés aux préjugés ridicules de la superstition; ces pays, dis-je, ne nous étoient presque pas connus, et leurs habitans nous l'étoient encore moins. Leurs mœurs, leurs usages, leurs cultes, les traditions qui les concernent, &c, tous ces objets étoient presque entièrement nouveaux pour nous; de sorte que ce qu'on vient de nous apprendre, à leur égard, par ce voyage intéressant, ne peut être que très-curieux. Mais l'intérêt qu'ils offrent n'est pas le seul que puisse présenter la considération de ces vastes contrées : l'histoire naturelle de ces régions, la nature particulière des différens sols, des mines, des sels, enfin les animaux et les végétaux qu'on y rencontre, forment un des objets les plus importans que puisse offrir ce grand voyage ; aussi y est-il traité avec toute l'étendue et tout le soin convenable : et on peut dire que cette partie des recherches de notre célèbre Voyageur n'est pas la moins intéressante. On y trouve les détails les plus circonstanciés sur la nature, la situation, et l'exploitation des mines nombreuses que renferment ces vastes contrées, sur le sol particulier de chaque pays visité par l'auteur, sur la direction et la composition des montagnes, enfin sur les animaux et les végétaux qu'on y rencontre.

Je regrette seulement que le professeur Pallas n'ait pas eu, lorsqu'il a commencé son voyage, un peu plus d'expérience sur la Botanique, et sur-tout plus d'habitude dans l'examen et la détermination des espèces. En effet, il m'a paru que, sur la Botanique, ce savant voyageur n'avoit pas autant d'usage, autant de connoissances pratiques que dans les autres parties de l'histoire naturelle. Aussi, quoique ses découvertes sur les végétaux soient nombreuses et fort intéressantes, comme on va le voir dans cet Appendix, je crois néanmoins que si, dans le commencement de son voyage, il eût eu plus d'habitude de voir et de déterminer les plantes, il en auroit fait encore beaucoup davantage. Je présume que, sur-tout dans les deux premières années, il a rencontré une infinité de plantes peu ou nullement connues, et qu'il les a négligées, croyant ne voir que des plantes ordinaires, ou des plantes qu'il connoissoit. En effet, à la lecture de ce voyage, je fus long-tems dans la plus grande surprise, voyant notre voyageur parcourir de grands pays, et ne citant toujours, dans ses rencontres, que des plantes assez ordinaires, connues depuis long-tems, et dont cependant il paroissoit émerveillé (1). Peut-être en outre que les plantes qu'il voyoit n'étoient pas celles qu'il a citées, et qu'il croyoit voir; peut-être encore, à côté de celles qui fixoient ses regards, né-

(1) Le *draba verna*; l'*androsace lactea*, *maxima*, et *septentrionalis*; l'*anemone pulsatilla*, et *sylvestris*; le *valeriana officinalis*; le *cratægus oxyacantha*; le *lepidium latifolium*; le *lathyrus pratensis* et *tuberosus*; le *ranunculus hederaceus*; l'*hieracium sabaudum*; l'*herniaria glabra*; le *chenopodium glaucum*; le *thesium linophyllum*; le *lotus corniculatus*, etc. etc. sont des plantes très-communes dans la plus grande partie de l'Europe, et connues depuis fort long-tems des botanistes.

gligeoit-il de faire attention à des plantes plus intéressantes, qui ne le frappoient pas. Quand on a peu d'usage de voir et de déterminer des espèces, on croit souvent ne voir que peu d'objets différens dans les lieux mêmes qui en sont abondamment remplis (1). Par la suite, comme dans le milieu et sur-tout vers la fin du voyage, on s'apperçoit que le professeur Pallas, beaucoup plus exercé, regarde de plus près les végétaux qu'il rencontre : aussi fait-il alors beaucoup plus de découvertes. Je suis bien éloigné de vouloir diminuer en rien le mérite bien connu du professeur Pallas en histoire naturelle. Nos jardins, et nos collections en tout genre, attestent assez toutes les

---

(1) Par exemple, le professeur *Pallas* a vu dans la Daourie, et dans d'autres provinces de Russie fort éloignées d'Europe, des coquilles de plusieurs rivières de ces contrées. Il les a négligées, les prenant pour ce qu'il appelle des moules (c'étoit sans doute des *myes*, des *anadontites*), congéneres de celles des rivières d'Europe. Il voyoit peut-être, sans s'en douter, de nouvelles espèces très intéressantes et fort remarquables par leurs caractères ; et par cette négligence, il a manqué l'occasion, toujours trop rare, de contribuer par ses découvertes au perfectionnement de cette partie de l'histoire naturelle.

obligations qu'on lui a ; et les ouvrages qu'il a publiés sur diverses parties de l'histoire naturelle, offrent des preuves suffisantes de ses grandes connoissances sur ces objets. Il me paroît néanmoins évident que si ce célèbre naturaliste eût eu un peu plus d'expérience en Botanique, il auroit quintuplé et peut-être décuplé ses découvertes. Par exemple, ayant parcouru des contrées extrêmement humides et couvertes, infiniment riches par conséquent en plantes *cryptogames*, il nous eût fait connoître quantité de fougères, de mousses, de lichens, &c., au lieu qu'il n'en a presque point parlé.

Je trouve étonnant qu'ayant parcouru des pays si vastes, et où si peu de naturalistes avoient pénétré, il n'ait pas rencontré un seul genre nouveau. En effet, son *pterococcus*, que Linné fils a nommé *pallasia*, est évidemment une espèce de *calligonum*, genre que découvrit Tournefort, et qu'il nomma *polygonoides*, pour indiquer les rapports naturels de ce végétal. Quant au *rindera*, non seulement ce n'est pas un nouveau genre, mais je crois même que ce n'est pas une espèce nouvelle; car depuis l'examen que j'ai fait de la figure du *rindera*, publiée dans le *flora rossica* (v. II, planch. 88), je ne doute plus que ce ne soit la même plante que Tournefort découvrit dans le Levant, et qu'il nomma *cynoglossum orientale, flore roseo profundè laciniato, calyce tomentoso* (Coroll. 7). C'est au moins ce qu'indiquent les individus en fleurs que j'ai vus dans son Herbier, et d'après lesquels j'ai établi le *cynoglossum lanatum* de mon Dictionnaire (n°. 8); mais Tournefort ne vit point les fruits de sa plante.

Ce célèbre botaniste françois ne parcourut, dans le Levant, qu'une petite partie de ces contrées orientales; et cependant il y découvrit plus de quinze cents plantes qui n'étoient pas connues, et de beaux genres, tels que le *morina*, le *gundelia*, le *dodartia*, le *polygonoides* (*calligonum*), &c.

A la vérité Pallas découvrit quantité d'espèces véritablement nouvelles et bien tranchées dans leurs caractères; comme sa belle suite d'astragales et de phaca, qui, la plupart, me paroissent congénères; ses *robinia*, dont je fais un genre particulier; ses *spiraea*, dont il ne décrit que trois espèces dans son voyage (*Ap. n°*. 332,

333, 334), tandis qu'il en publie quatre fois davantage dans sa *flora rossica*; ses *salicornia*, ses *rhododendron*, &c. &c. Néanmoins cette moisson, fort riche et fort intéressante en elle-même, comme le prouve cet Appendix, me paroît cependant médiocre, en raison des pays parcourus et observés.

Au reste, il n'en est pas moins vrai que le professeur Pallas a mérité la reconnoissance de tous les naturalistes, par les résultats précieux de ses recherches, et en même tems celle du public, par l'utilité de ses observations et des ouvrages qu'il a publiés.

Quant à cet Appendix, j'ai cru que pour le rendre aussi utile qu'il peut être, et lui donner même, pour le lecteur, tous les avantages dont il est susceptible, il étoit convenable d'ajouter, sous chacun des articles qui le composent, la phrase caractéristique qui fixe la détermination de l'espèce; ce que les naturalistes nomment *sa différence spécifique*, et ce qui rend l'espèce vraiment comparative à celles qui étoient auparavant connues. J'ai cru aussi qu'il falloit y joindre un ou deux des principaux synonymes qui appartiennent à cette espèce, lorsqu'elle se trouve dans ce cas, afin d'épargner au lecteur la perte de tems qu'il seroit obligé de faire pour les trouver; et qu'après l'exposition de la différence spécifique et des synonymes essentiels de l'espèce, je devois donner, en françois, un précis très-succinct de la description de cette même espèce, de son lieu natal, et de ses qualités remarquables, si elle en offre de connues.

Cet ouvrage, que j'ai exécuté avec tout le soin possible, dans les intervalles du tems que mes occupations nombreuses ont laissé à ma disposition, m'a paru donner à l'Appendix dont il s'agit, un plus grand intérêt encore, et le rendre d'un usage plus facile, et conséquemment d'une utilité plus grande pour tout amateur d'histoire naturelle.

J. B. LAMARCK.

VOYAGES
DU
PROFESSEUR PALLAS,
DANS PLUSIEURS PROVINCES
DE L'EMPIRE DE RUSSIE.

APPENDIX,

Contenant les descriptions des Animaux et des Végétaux observés dans les Voyages du Professeur Pallas, *et citées dans les volumes précédens.*

N°. 1er.

FELIS *Manul.* Tataris et Mongolis *Manoul.*

MAGNITUDO vulpis; caput majusculum; *artus* robusti, undè facies lyncis. *Color* in toto corpore lyncis, scilicet fulvescens, albido et pilis raris fuscis inumbratus, subtùs pallidus. *Caput* in vertice punctis atris, et lineis utrinque binis obliquis, ab oculo per genas parallelis. *Pedes* lituris fuscis, vagis, obsoletissimè virgati. Maculæ in corpore omnino nullæ. *Cauda* paulò longior, quàm in cato, densisque undiquè pilis incrassata, cylindrica, apice annulisque circiter senis atris, quorum tres apici propiores, conferti, subconnexi, reliqui sensim obsoletiores et remotiores.

Frequens in rupestribus, apricis totius Tatariæ Mongoliæque desertæ, victitans animalculis variis.

* *Felis* (manul.) *cauda elongata nigro-annulata, capite punctis et fasciis duabus lateralibus nigris insignito.* Pallas, *itin. III, p.* 692, *n°.* 2. Gmel. *syst. nat.* 1, *p.* 81, *n°.* 15. (Chat manoul, ou chat sauvage de la Tatarie.)

Ce chat sauvage qui habite les déserts de la Tatarie-Mongole, se nourrit des divers animaux qu'il peut attraper, et particulièrement de l'ogoton, espèce de lièvre de Daourie. Il est de la taille du renard. *Buffon*, ni aucun autre naturaliste, n'en ont pas encore publié la figure.

Ces chats sauvages tigrés sont communs sur les montagnes près de la Selenga et sur-tout près du Dshida.

N°. 2.

MUSTELA *sarmatica.* [Belette sarmate.]

Magnitudo paulò infra putorium; *facies* simillima. *Caput*, pedes et corpus subtùs totum aterrima, cervix et corpus suprà brunneo-nigra. *Ambitus* oris albus, fascia alba supra utrumque oculum obliquè versùs parotides descendens anteriùs sæpe isthmo trans frontem connectente. *Auriculae* semiorbiculares, pilis prolixis albis fimbriatæ. *Cervix* fasciâ utrinque luteâ longitudinali, interstitio submaculoso : *fascia* lutea utrinque per scapulas obliquè divergens difformis ; aliæ sæpe ante femora ab utro hypochondrio versùs caudam concurrentes. Intermedium dorsi spatium totum pallidè luteo maculosum, ut in quibusdam plus appareat lutei, quàm brunnei coloris. *Cauda* nigricans, pilis longioribus albis, sed apice tota atra. Pedes, ungues, mystaces, ut in putorio. *Mammae* feminis 10 abdominales. Obs. in australioribus à Volga occidentem versùs.

* *Mustela* (*sarmatica*) *pedibus fissis*, *corpore suprà ex luteo et fusco vario*. Gmel. *syst.* 1, *pag.* 97. Pallas, *spic. zool. XIV*, *p.* 79, *t. IV*, *f.* 1. (Le perouaska, *Encyclop.* quadrup.. planche LXXXII, f. 4.)

La belette sarmate a beaucoup de rapport avec le putois (*mustela putorius*) ; mais elle est un peu plus basse, son corps est plus alongé, sa tête un peu plus étroite, et sa robe est panachée de brun et de jaune.

On la trouve en Russie dans les champs déserts situés entre le Tanaïs et le Volga. Elle mange des souris, des reptiles et des oiseaux.

N°. 3.

MUSTELA *sibirica*. Tataris *Kulon*.

Magnitudo ferè putorii, sed forma potiùs Ermineæ ; longiora tamen pedes et cauda. *Rostrum* ad oculos usque nigrum, sed circa nares album, guttatum versùs oculos. In reliquo toto corpore color intensè fulvus, subuniformis, tamen subtùs et versùs caput paulò dilutior. *Gula* sæpe guttis albis sparsa. *Palmae* plantæque subtùs hirsutissimæ, cano-argentatæ. *Cauda* dimidia animalis longitudine, villosissima, intentiore quàm dorsum colore. Vellus ubiquè laxius, longiusque quàm in putorio vel furone. *Longitudo* corporis 12″, caudæ 6″, sed dantur minores.

Habitat in Sibiriæ montanis sylvis densissimis, omnivorus, ad pagos hyeme non rarò accedens.

* *Mustela* (*sibirica*) *fulva*, *palmis plantisque hirsutissimis fissis.* Gmel. *syst. nat.* 1, *p.* 99. Pallas, *spic. zool.* *XIV*, *pag.* 89, *t. IV*, *f.* 2. (Le kulon, *Encycl.* quadrup. pl. 83, f. 1. Le kulon, ou le koulouki des Tatars.)

La belette de Sibérie est à peu près de la grandeur du putois; mais sa forme approche plus de celle de l'hermine (*mustela erminæa*). Néanmoins elle diffère de celle-ci en ce qu'elle a les pattes et la queue un peu plus longues; et en ce que la couleur de son poil est presque par-tout d'un fauve foncé presque brun. Son museau est blanchâtre.

Cet animal est commun dans les forêts de la Sibérie, voisines de l'Enisséi. Il est carnassier, très-vorace, et s'introduit l'hiver dans les villages pour y vivre de rapine.

No. 4.

URSUS *marinus*.

Adultorum magnitudo tanta, ut pellis longitudinem septem et octo sæpe pedum æquet. *Caput* majus, cranio convexiore, rostroque crassiore, quàm in U. vulgari: *nasus* major, aperturis patentioribus, nec rugosis. *Rictus* minus rescissus, hinc dentationes labii inferioris tantùm denæ, quùm in vulgari sint octodenæ. *Dentes* primores tantùm extimi obsoletissimè bilobi; *molares* magis inæqualiter à caninis distantes, ubiquè terni: sed supernè minutus ante reliquos accessorius, denticulusque obtusus medio inter hunc et caninum intervallo, quod non in U. terrestro. *Mystaces* vix ulli, setæ supraciliares pauciores. *Palpebrae* ciliis planè nullis. *Irides* gryseo-fuscæ. *Aures* minores multò, quàm in U. terrestri, ovato-rotundatæ. *Collum* tenuius. *Palmae plantaeque* pentadactylæ (pollice breviore), plicis inter digitos crassis semipalmatæ. *Callus* in volis pedum minor, villis undiquè mollibus, durioribus quàm in corpore, occultatus; nullus ad carpum exterior qui U. terrestri insignis. *Cauda* brevissima, crassa, truncata, vellere, nisi pilis apicis, vix emergens. *Vellus* in toto animali candido-argentatum, cum aliqua flavedinis tinctura, tenerius, nitidiusque quàm in U. terreno.

Habitat in promontoriis, insulis atque glacie fluitante Oceani hyperborei, à quo nusquam recedit. Pigrior, lentiorque U. terrestri, voce graviore, rugiente diversus. Pisces carnibus oblatis præfert, præsertim congelatos.

* *Ursus (maritimus) albus, caudâ abruptâ, capite colloque elongatis.* Erxl. *p.* 160. Gmelin, *syst. nat.* 1, *p.* 101.

(L'ours marin, l'ours blanc, *Buff.* hist. nat. suppl. III, pag. 200, pl. XXXIV.)

Quelques naturalistes regardent cet animal comme une variété de l'ours commun des montagnes (*ursus arctos*); mais je crois que c'est à tort; car outre qu'il a le cou et la tête un peu plus alongés, que son poil tout-à-fait blanc et sans mélange est plus long, il en est encore distingué par la couleur violette de sa langue et de son palais, et par des habitudes différentes. Dans ce moment il en existe deux individus vivans, au muséum national d'histoire naturelle, qui me paroissent confirmer le fondement de ce que je viens de dire.

No. 5.

LEPUS *dauricus*. Mongolo-Buraetis *Ogotona*.

Magnitudo paulò infra leporem alpinum (*Append. n.* 6, *tab.* 36.) cui simillimus. Differt formâ magis ad L. pusillum accedente, proportionibus quibusdam, colore et formâ aurium, teneritudine velleris, colore, et anatomicis quibusdam momentis, deindè moribus. *Auriculae* rotundato subtriangulæ, albidæ. *Vellus* tenerrimum, nitidum, totum suprà gryseo-pallidum, subtùs albidum. *Palmae* pentadactylæ, *plantae* tetradactylæ, dentesque, ut in cognatis. *Cauda* nulla, neque coccyx ab ipso tuberculo prominula.

Vivit in campis, montiumque declivibus arenosis, apricis, per totam Dauriam, cuniculo labyrinthico; sub autumnum fœni acervos globosos congerit et compingit. Vox ferè leporis alpini.

* *Lepus (ogotona) ecaudatus, griseo-pallidus, auriculis ovalibus subacutis concoloribus.* Pall. *glir. p.* 30, 59-70, *t.* 3 *et* 4, *f.* 14—16. Gmel. *syst. nat.* 1, *p.* 166. (L'ogoton, *Encycl.* quadrup. pl. 63, fig. 4.)

Il est un peu plus petit que le lapin des Alpes (*lepus alpinus*), et a à peine six pouces et demi de longueur. Sa couleur est d'un gris pâle ou blanchâtre; sa voix est aigue et perçante presque comme celle du lapin des Alpes. Il habite les déserts et les pentes des collines arides, pierreuses ou sabloneuses de la Daourie. Il y creuse des terriers tortueux qui ont plusieurs issues.

No. 6.

LEPUS *alpinus*. Mungalis *Ochodona*, Tungusis *Peeka*. Tab. 36.

Magnitudo muris porcelli; facies totaque structura leporis pusilli. *Caput* oblongum, ore leporis. *Dentes* primores superi sulco profundo exarati, acie incisâ, communi tridentatâ; denticuli palatini truncati. *Aures* magnæ, suborbiculatæ, intùs bilamellatæ, margine anteriore infundibuliformi-tubuloso. *Corpus* ventricosum, artusque breves, ut in L. pusillo. *Palmae* pentadactylæ, pollice brevi, *plantae* tetradactylæ; volæ omnium lanâ densissimâ atrâ vestitæ. *Cauda* nulla, sed tuberculum pinguedinosum mole nucis. *Color* lutescens, suprà fusco mixtus; *areola* parotica velleris utrinque quasi detrita, pilis brevibus vestita. *Pondus* circiter unciarum X V. Mammæ duo inguinales, quatuor thoracicæ. *Costae* in sceleto 18 parium.

Structura intestinorum mira, ut in L. pusillo. Infestatur larvis œstri subcutaneis.

Vivit in alpinis, rupestribus Sibiriæ, augusto fœnisecans, herbasque siccas inter rupes congestans. *Vox* fistulata simplex.

* *Lepus* (*alpinus*) *ecaudatus*, *rufescens*, *auriculis rotundatis*, *plantisque fuscis*. Pall. *glir. p.* 30 *et* 45—59, *t.* 2 *et* 4, *f.* 10—12. Gmel. *syst. nat.* 1, *p.* 165. (Le lièvre des Alpes, *Encycl.* quadrup. pl. LXIII, f. 3.)

Ce lapin est jaunâtre, et de la grandeur du cavi bigarré (*cavia porcellus*) qu'on nomme vulgairement cochon d'inde. Il a de grandes oreilles arrondies, le corps court, ventru, et une petite masse de graisse à la place de la queue. Il habite les trous des rochers de la Sibérie. L'été, cet animal se fait des provisions de foin pour l'hiver; il les entasse par petites meules dans son terrier. Sa voix est aigue et perçante. Le jour, lorsque le ciel est couvert de bróuillards, il sort de sa retraite et s'amuse à crier.

N°. 7.

Mus *agrarius*. [le rat des buissons.]

Paulò minor et tenerior M. *musculo*, rostroque acutiore; *mystaces* parciores, caput oblongius, auriculæ minores, intùs villosæ. *Corpus* luteum subtùs, artubusque canescenti album. *Linea* ab occipite ad caudam ferè usque spinalis atra constantissima*. *Artus* gracillimi: *palmae* unguiculo pollicari minutissimo, obtuso. *Cauda* corporis longitudine dimidia circiter; tenuior quàm in musculo, et pilosior paulò, filiformis, annulis circiter 90 notata, suprà nigricans, subtùs albescens. *Pondus* drachmarum 3—4.

* *Mus (agrarius) caudâ longâ squamosâ, corpore lutescente, strigâ dorsali nigrâ.* Gmel. *syst. nat.* 1, *p.* 130. Pall. *glir. p.* 95, *n°.* 44, *et p.* 341, *t.* 24. *A.*

Il est un peu plus petit que la souris ordinaire, et ne pese que trois gros ou environ. Son corps est jaunâtre avec une raie noire et longitudinale sur le dos. Ses pattes et le dessous de son ventre sont blanchâtres. Ces rats vivent en troupe et sont très-nuisibles par leur multitude. On les trouve dans la Russie et quelquefois en Allemagne.

N°. 8.

Mus minutus.

Totius generis minimus, vox dimidiâ mole M. musculi. *Caput* et præsertim nasus hirsutiora, quàm in præcedente. *Mystaces* teneriores, *auriculae* minores, et vellere semilatentes, orbiculatæ, intùs subvillosæ. *Corpus* gryseo-lutescens, in dorso fuscescente mixtum, subtùs cano-album. *Pedum* plantæ utrinque cano-ciliatæ, *palmarum* unguiculus pollicaris obtusissimus. *Cauda* major, quàm in præcedenti, tenuior tamen et brevior quàm M. musculo, subfiliformis, pilosa tota, circulisque ferè 130 annulata. *Pondus* plerumquè sesqui-drachmale, raró duarum drachmarum. *Interaneis*, æquè ac præcedens species, cum mure amphibio et sylvatico convenit. *Cystis*, in utroque pariter nulla. Obs. ambo ad Volgam et vicinis locis copiosissimè sub frumenti acervis.

* *Mus* (*minutus*) *caudâ longâ squamosâ, corpore suprà ferrugineo, subtùs albido.* Pall. *glir. p. 96, n°. 45, et p. 345, t. 24 B.*

C'est la plus petite des espèces connues de son genre. Ce rat nain est une fois plus petit que la souris ordinaire. Il est d'un jaune roussâtre en dessus et blanc en dessous. On le trouve dans la Russie, dans les champs voisins du Volga, sous les meules de froment.

N°. 9.

Mus *tamariscinus*.

Magnitudo ultra rattum; *habitus* ferè muris quercini. *Dentes* primores fulvi, superi sulco exarati. *Mystaces* longissimi. *Oculi* majusculi; *auriculae* magnæ, ovales, nudiusculæ. *Palmae* subtetradactylæ; verrucâ pollicari insigni, incrustatâ; plantæ pentadactylæ. *Cauda* longitudine circiter corporis, pilis vestita, apice sub-floccosa, annulis latis, fuscescentibus obsoletè variegata. *Color* suprà gryseolutescens, subtùs albus; supercilia areaque oculorum albent; *plantae*, subtùs longitudinaliter fuscæ, areaque fusca, triangula supra metacarpum. Animal elegantissimum, longitudine 6″ 6‴, cauda 5″ 1‴.

Habitat in salsis versùs mare Caspium tamarice præsertim et nitraria fruticosis, quorum sub radicibus cuniculos fodit profundissimos, biforos. Pascitur fortè fructibus tamaricis vel nitrariæ, plantisque salsis succulentis. Observata cùm sequentibus nº. 10, 11, itemque speciebus 9—11, à studioso diligentissimo *Nicera Sokolof*.

* *Dipus* (*tamariscinus*) *palmis subtetradactylis, plantis pentadactylis, caudâ obsoletè annulatâ.* Schreb. *Saeugth. IV, t.* 232. Gmel. *syst. nat.* 1, *p.* 159. (La gerboise à queue annelée, *Encycl.* quadrup. pl. LXXIII, f. 5.)

Cet animal a été placé dans le genre des gerboises, à cause de la longueur de ses pieds de derrière. Ses pieds de devant n'ont que quatre doigts et une grande verrue à la place du pouce; mais ses pieds de derrière en ont cinq. Il est d'un gris roussâtre sur le dos, et blanc sous le ventre. Sa queue, qui est presqu'aussi longue que le corps, est velue, panachée et obscurément annelée. On le trouve près de la mer Caspienne, dans les lieux salins, qui sont garnis de tamariscs et de nitraires.

Nº. 10.

Mus *meridianus*. An Mus longipes. *Lin.*

Magnitudo paulò supra murem sylvaticum; caput oblongius, rostro productiore; nasus gibbus, fossorius, pubescens. *Mystaces* longissimi, *dentes* primores lutei, superiores sulco exarati, crenaque incisi. *Auriculae* insignes, ovales, pubescentes. *Corpus* postice incrassatum, femoribus carnosissimis saltatoriis; *pedes* posteriores elongati, magni, pentadactyli. *Palmæ* subtetradactylæ, pollice vix unguiculato. Volæ omnium pedum villosissimæ. *Cauda* longitudine ferè corporis, crassa, teres, largiter pilosa, apice floccosa, tota corpori concolor. *Uropygium* sub cauda cum scroto prominentissimum. *Color* suprà pallidè fulvus, interdum subgryseus, subtùs lacteus. Sutura longitudinalis abdominis fusca. Os pedesque alba. *Longitudo* animalis 4″ 9‴, caudæ 3 1‴.

Habitat in deserto arenoso versùs mare Caspium, Iaïkum, et Volgam interjacente, ubi vix quidquam crescit præter pteroccocum infrà descriptam, cujus fortè nuculis vescitur et astragali aliqui. Cuniculi in arena ulnari circiter profunditate, trifores.

* *Dipus* (*meridianus*) *palmis subtetradactylis*, *plantis pentadactylis*, *caudâ concolore.* Schreb. *Saeugth. IV*, *t.* 231. Gmel. *syst. nat.* 1, *p.* 159. *Mus longipes.* Pallas, *glir. p.* 88, *n°.* 30, *t.* 18, b. (La gerboise de la zône torride, *Encycl.* quadrup. planc. LXXIII, f. 4.)

Cet animal, un peu plus petit que le précédent, lui ressemble assez pour la forme et même la couleur. Mais sa queue est plus courte, et n'est point panachée ni annelée. La longueur de ses pieds de derrière l'a aussi fait placer dans le genre des gerboises. C'étoit le rat à longs pieds (*mus longipes*) de Linnée.

On le trouve dans les régions brûlantes de la zône torride, ainsi que dans les déserts sablonneux situés entre l'Ural et le Volga, vers la mer Caspienne.

N°. 11.

MUS *migratorius*.

Magnitudo supra M. terrestrem; *habitus* diversissimus. *Rostrum* crassum, carnosum, obtusum; *sacci* buccarum usque ad humeros protensi, ut in criceto. *Dentes* primores minusculi, lutescentes. *Mystaces* exiles. *Auriculae* reclinatæ, nudiusculæ, ovatæ, apice rotundato posteriùsque sinu obsoletissimo exciso. *Corpus* breve, crassum. *Palmae* tetradactylæ vestigio pollicis obsoletissimo, inermi. *Cauda* brevissima, cylindrica, subpilosa. *Color* suprà gryseo-cinereus, uniformis, subtùs candidus; rostri quoque extremum circa nares, pedesque extremi albi. *Longitudo* animalculi ferè 4″, caudæ vix 8‴. Occurrit in graminosis ad Iaïkum, diciturque certis annis copiosissimè è desertis adventare, insequente insigni vulpium copiâ, quorum iis annis felicior venatio.

* *Mus* (*acredula*) *buccis sacculiferis*, *auriculis sinuatis*, *corpore griseo subtùs albido*. Gmel.[s] *syst. nat.* 1, *p.* 137. Pallas, *glir. p.* 86, *n°.* 22, *et p.* 257, *t.* 18, A. Schreb. *saeugth.* 4, *t.* 197.

Ce rat a le corps grisâtre ou cendré, et le ventre blanc. Son corps est long de quatre pouces. On le trouve dans la Sibérie, près de l'Iaïk, et dans le district d'Orembourg.

N°. 12.

Mus *sungorus*. Tab. 63, fig. 2.

'Formâ totâ criceto simillimus, sed magnitudine infra murem terrestrem. *Caput* breviculum, buccatum; mystaces copiosissimi; dentes primores lutescentes. Buccæ *sacco* utrinque maximo, ad humeros usque dilatato. *Auriculae* ovales, nudiusculæ. *Palmae* tetradactylæ rudimento pollicis mutico. *Corpus* et artus brevicula. *Cauda* brevissima, teretiuscula. *Color* in dorso et vertice cinereus, strigâ nigrâ à nuchâ ad caudam ferè ductâ, spinali, latera versicoloria, areis subintrantibus albis, liturisque fuscis interjectos angulos ad dorsum occupantibus; quarum prior ab auribus ad scapulas flexuosa, altera triangularis ante femora, ultima per clunes descendens, inter quam et angulum cinereum versùs caudamexcurrentem itidem areolæ intercedunt albæ. Subtùs omnia, pedes quoque et apex caudæ albent. *Longitudo* animalculi 3″, caudæ 4 $\frac{1}{2}$‴.

Observavi curiosissimam hancce speciem in campis claris, aridis, australioribus ad Irtin. *Cuniculi* multi loculares, canali longo, prope superficiem terræ decurrente. Masculis simplicior. Parit junio senos vel septenos, pullique cito adolescunt. Vagatur interdiù.

* *Mus* (*songarus*) *buccis sacculiferis*, *dorso cinereo*,

lineâ spinali nigrâ, *lateribus albo fuscoque variis*, *ventre albo*. Gmel. *syst. nat.* 1, *p.* 139. Pallas, *glir. p.* 86, *n°.* 25, *et p.* 269, *t.* 17, *b.* (Le rat songar, *Encycl.* quadrup. planc. LXXI, f. 1.)

Ce rat a la queue très-courte. Son dos est grisâtre, avec une raie noire qui règne dans toute la longueur de la colonne épinière. Ses côtés sont bigarrés de blanc et de brun. L'animal n'a que trois pouces de longueur. On le trouve dans les déserts sablonneux de la Sibérie, qui avoisinent l'Irtich.

N°. 13.

MUS *arenarius*. Tab. 63, fig. 1.

Præcedente paulò major, agilior, elegantior, rostro argutiore, caudâ longiore, magisque adtenuatâ. *Auriculae* majores, ovales, pubescentes. *Dentes* primores lutescentes, *nasus* acutus; buccæ *saccis* amplissimis per colli latera dilatis. *Palmae* subtetradactylæ, rudimento pollicis minutissimè unguiculato. *Cauda* tenuis, recta, nudiuscula, adtenuata. *Color* supra et in lateribus uniformis canus, fuscis pilis immixtis, subtùs candidissimus; cauda quoque tota et pedes alba. *Longitudo* animalculi 3″ 8‴, caudæ 10‴.

Hanc quoque, præcedentibus (11 et 12) et maximè sequenti affinem in australibus ad Irtin inveni; maximè colit colles arenâ fluctuante congestos, ubi profundo cuniculo biforoque nidulatur. Victum quærit ex astragalis variis, præsertim astragali physodis seminibus, quæ siliquis arrosis dexterrimè haurit, sacculisque buccarum in nidum congerit. Parit præcedente maturiùs, paucioresque pullos. Tantùm nocte vagatur. Vox irati criceti.

* *Mus* (*arenarius*) *buccis sacculiferis, corpore cinereo, lateribus subtùsque albo, cauda pedibusque albis*. Pall. *glir. p.* 36, *n°.* 24, *et p.* 265, *t.* 16, *A.* Gmel. *syst. nat.* 1, *p.* 138.

Le rat des sables est un peu plus grand que le songar, et a la queue moins courte. On le trouve en Sibérie, dans le désert sablonneux de Baraba, près de l'Irtich. Il sort la nuit, est fort agile, et se nourrit principalement des gousses de l'astragale tragacanthoïde.

N°. 14.

Mus *barabensis*.

Præcedenti toto habitu maximè similis, vixque major. *Rostrum* subacutum; *dentes* primores fulvescentes; *sacci* buccarum amplissimi, ut in criceto et præcedentibus (5 — 7). *Auriculæ* majusculæ fuscæ, limbo albido. *Palmæ* tetradactylæ, pollicis rudimento vix ullo. Cauda paulò longior quàm in M. arenario, tenuis, subadtenuata, supra fusca, subtùs albida. *Color* corporis supra lateribus gryseolutescens, murinis pilis mixtus; tæniola nigra spinalis à vertice ferè usque ad caudam; subtùs sordidè albet. Annuli lati circa tarsos pedum fusci. *Longitudo* corporis 3″ 10‴, caudæ 1‴.

Semel capta fuit in arenosis ad Ob. fluvium, non

non longè ab argentaria fabrica quæ à S. Paulo nomen habet. Interdiù vagatur.

* *Mus* (*furunculus*) *buccis sacculiferis*, *corpore suprà griseo*, *strigâ dorsali nigrâ*, *subtùs albido*. Gmel. *syst. nat.* 1, *p.* 139. Pallas, *glir. p.* 86, *n°.* 26, *et p.* 273, *t. XV*, *f.* A. (Le rat baraba, *Encycl.* quadr. planc. LXXI, f. 2.)

Il a beaucoup de rapport avec le précédent, et pour la forme et pour la taille; mais il est d'un gris jaunâtre ou roussâtre, et il a une raie noire sur le dos qui l'en distingue. On le trouve dans la Daourie et en Sibérie.

N°. 15.

Mus *lagurus*.

Magnitudo ferè M. terrestris, quo brevior omnibus partibus. *Rostrum* obtusissimum, hirsutie tumidulis labiis. *Mystaces* exiles. *Auriculae* multò minores quàm in M. terrestri, vellere planè non exsertæ, rotundatæ, nudiusculæ. *Corpus* ventricosum; artus exiles, tenues. *Palmae* subtetradactylæ, verruca cornea loco pollicis. *Cauda* omnium hujus generis brevissima, vix vellere exserta, hirsuta, truncata. *Color* suprà dilutus, murino-cinereus, striga nigra inter oculos incipiens, per dorsum ad caudam usquè ducta. Subtùs corpus, itemque artus sordidè et è cinerascente albent. *Longitudo* animalculi 3″ 8‴, caudæ $2\frac{1}{4}$‴.

Habitat hæc species ad Iaïkum rariùs australiorem, copiosissima verò in campis arenosis herbidis ad Irtin, inque deserto Tatarico, cuniculis simplicibus vel biforis latitans; imbelle animalculum, attamen mordacissimum. Pluries anno parit, primo jam vere pullificans. Herbas varias depascitur, seminaque.

* *Mus (lagurus) brachyurus, auriculis vellere brevioribus, palmis subtetradactylis, corpore cinereo, lineâ longitudinali nigrâ.* Gmel. *syst. nat.* 1, *p.* 135. Pallas, *glir. p.* 77, *n°.* 12, *et p.* 210, *t.* 13. *A.*

Il a le museau très-obtus, les oreilles fort courtes, non saillantes hors de son poil, et la queue extrêmement courte. Sa couleur est d'un gris de souris, avec une raie noire qui commence entre les yeux, et continue le long du dos jusqu'à la queue. Sa longueur est de trois pouces six ou huit lignes. On trouve ce rat dans la Tartarie, dans les champs voisins de l'Oural et de l'Irtich.

N°. 16.

Mus *socialis.* An M. gregarius? *Lin.*

Magnitudo M. terrestris minoris, eique præter colorem adeò similis, ut nisi adtenta comparatione vix distinguatur, constantissimè tamen distincta species, moribusque aliena. *Caput* ferè ut in M. terrestri, rostro paulò obtusiore. *Corpus* paulò brevius, cauda pilosior, brevior, abruptior. Reliqua ferè conveniunt. *Palmae* subtetradactylæ, unguiculo pollicari evidentiore. *Color* pallidè gryseo-cinerascens, subtùs albus. *Vellus* mollius teneriusque quàm in M. *terrestri.* Interanea diversa, costæ

12. *Longitudo* solita animalculi $3'' \ 5'''$, caudæ $9\frac{1}{2}'''$.

Copiosissima hæc abundat species locis herbidioribus desertis ad Iaïkum. Fodiunt ad spithamæ profunditatem, canalibus senis, octonis, imò pluribus, terram copiosè egerentes, ut cumuli creberrimi, in locis ubi hæc vivit species, appareant. Vivunt duo, pluresve et solitarii in eodem antro.

* *Mus* (*socialis*) *caudâ semunciali, auriculis orbiculatis brevissimis, palmis subtetradactylis, corpore pallido, subtùs albo.* Pall. *glir. p.* 77, *n°.* 13, *et p.* 218, *t.* 13, *B.* Gmel. *syst. nat.* 1, *p.* 135. (Le rat social, *Encycl.* quadrup. planc. LXIX, f. 3.)

Ce rat est d'un gris cendré en dessus et blanchâtre en dessous. Ses oreilles sont arrondies et fort courtes; sa queue n'a que six lignes de longueur. On le trouve près de l'Iaïk et dans les steppes de la Daourie. Il se nourrit des racines du lys pompone, de l'ail menu, et de l'oignon de la tulipe. Il en fait dans son terrier des magasins pour ses provisions d'hiver.

N°. 17.

Mus *subtilis*.

[A] Minutissima (præter M. minutum) species huc usque hoc in genere observata. *Habitus* M. minuti, sed auriculæ majores et cauda multò longior, minùsque pilosa. *Dentes* primores lutei. *Auriculae* magnæ, ovales, nudæ, plicatiles. *Palmae* subtetradactylæ, verrucâ insigni, callosâ loco pollicis. *Cauda* corpore multò longior, adtenuata, subvolubilis, nudiuscula, minùs tamen quàm in M. musculo, circulis circiter 170 evidentissimè annulata. *Color* suprà cinereo-canescens, fusco mixtus; fasciola latiuscula à scapulis vel ima cervice incipiens usque ad caudam, nigra. Pondus paulò ultra drachmam. *Longitudo* animalculi 2″ 1‴, caudæ 2″ 10‴.

* *Mus (vagus) caudâ longissimâ, nudiusculâ, corpore cinereo, fasciâ dorsali nigrâ, auribus plicatis.* Pall. *glir.* *p.* 90, *n°.* 36, *et p.* 327, *t.* 22, *f.* 2. Gmel. *syst. nat.* 1, *p.* 130.

[B] Semel observavi, varietatem an specie distinctum animal ex unico specimine non ausim adfirmare, simillimum, colore fulvescenti luteo, fasciolâ spinali simili caudâ longiore. Pondus huic erat drachmæ cum scrupulo, longitudo 2″ 2 ½‴, caudæ 3″ 2 ½‴.

Minutissimum animans rariusculè ad Iaïkum occurrit, abundat verò in orientale parte deserti Tatarici inter Iaïkum, Irtin et Ob. fluvios, apricis pariter atque betula obsitis in campis, cuniculis exiguis vel cavis arborum in truncis nidificans. Victitat seminibus variis, plantasque per caules adscendit victum quærens. Frigore torpescit, imò aere ad 60 gradus Farenh. calente vix animatur: adeòque brevissima vita huic in rigidissimo Sibiriæ climate.

* *Mus (betulinus) caudâ longissimâ nudiusculâ, cor-*

pore fulvo, fasciâ dorsali nigrâ, auriculis plicatis. Pall. glir. p. 90, n°. 35, et p. 332, t. 22, f. 1, Gmel. syst. nat. 1, p. 131.

Quoiqu'on ait séparé ces animaux (A et B) pour les distinguer comme espèces, il me paroît qu'ils ne sont que variétés d'une même espèce, et que le premier sentiment du professeur *Pallas* à cet égard est le plus fondé.

N°. 18.

Mus *sagitta*. Arabis *Jerboah*.

Mure jaculo majore longè inferior, sed major ejusdem varietate pygmæa et constantioris staturæ. *Mole* circiter rattum domesticum æquat. Colore, structurâ internâ, pedibus posticis, cum cauda maximis jaculo perquàm similis. Diversus capite globosiore, auriculis capite multò brevioribus, ovalibus, dentibus primoribus suprà luteis, strigâ profundè exaratis (quod non in jaculo); artubus posticis caudâque proportione brevioribus, minori quoque flocco caudam terminante. Maximè distinguitur plantis tridactylis et digitorum lateralium defectu plenario; digiti tres subtùs longis pilis hirsutissimi, ungue medii digiti minore. Postica pars corporis, femoraque minùs crassa et carnosa, uropygium quoque haud adeò longè productum quàm in jaculo. *Longitudo* animalculi 5″ 11‴, caudæ 6″ 5‴; longitudo artuum posteriorum circiter 6″. At in jaculo majore corpus 7″, cauda 9″, artus pollicis 7″ 6‴ æquant.

Minor hæc species, ut in Arabia, ita et ad Irtin cuniculatur in arena mobili, campisque arenosis aridissimis, quùm contra jaculus solum firmum et campos quærat herbidos. Cuniculi cæterùm simillimi, obliquè descendentes ad nidum, undè denuò canalis adscendit, in superficiem terræ non omninò pervius, per quem, adpropinquante periculo, pertusâ arenâ aufugit animal.

* *Dipus* (*sagitta*) *plantis tridactylis, unguiculo pollicari nullo.* Schreb. *saeught. IV*, *t.* 229. Gmel. *syst. nat.* 1, *p.* 158. (La gerboise à trois doigts, *Encycl.* quadrup. pl. LXXIII, f. 2.)

Ce rat sauteur est plus petit que la gerboise ordinaire (*dipus jaculus*), et il en est d'ailleurs bien distingué en ce que ses pieds de derrière n'ont que trois doigts. On le trouve dans les plaines sablonneuses de l'Irtich. Il se nourrit de l'oignon de la tulipe, et fait son terrier dans le sable le plus aride.

N°. 19.

MUS *œconomus*. Buraeto-Mongolis *Urugundshi-Cholgona*. Jacutis *Kutujack*.

Magnitudo, præsertim feminis, multò supra M. terrestrem; *facies* cæteroquin simillima et color idem, sed *velleris* natura tenerior atque nitidior. *Auriculæ* minimæ, planæ, nudæ, anteriùs deficientes et meatum auditorium non cingentes. *Cauda* paulò longior quàm in M. terrestri, totusque truncus planè elongatus. *Palmæ* unguiculo pollicari minimo, obtuso.

Per omnem Sibiriam etiam in borealibus, et ad orientem usque in Kamtschatkam vulgatissima, propterque promptuaria radicibus repleta, celeberrima species. Certis locis et annis turmatim migrat, præsertim è Kamtschatka.

* *Mus* (*œconomus*) *caudâ subsequiunciali, auriculis nudis in vellere molli latentibus*, *palmis subtetradactylis*, *corpore fusco*. Pall. *glir. p*, 79, *n°*. 15, *et p*. 225, *t*. 14, *A*. Gmel. *syst. nat*. 1, *p*. 134.

Ce rat est d'un brun noirâtre, et a des oreilles nues, courtes et cachées dans le duvet doux qui constitue son poil. Sa queue, beaucoup plus courte que son corps, n'a qu'un pouce et demi de longueur. On le trouve en Sibérie près de l'Irtich; il est aussi fort abondant dans les plaines qui s'étendent entre l'Ingoda et l'Argoun.

Cet animal se creuse de vastes terriers sous le gazon, avec des galeries qui communiquent à d'autres trous. Il y fait des magasins de racines qui lui servent de provisions pendant l'hiver.

N°. 20.

Mus *aspalax*. Mongolis *Monon-Zokor*.

Magnitudo paulò supra talpam; *caput* magnum, crassum, ovatum, rostro obtuso; *nasus* latus, fossorius, suprà corio convexo nudo loricatus, paulò ultra maxillam inferiorem productus. *Mystaces* exiles. *Dentes* primores fulvi, superiores apice latiores, cestriformes; inferiores rotundati, intensè fulvi. *Oculi* minusculi, sat conspicui. *Ariculae* planè nullæ, apertura vellere occultata. *Corpus* breve, depressum; artus perbreves, robustissimi antici: *palmae* pentadactylæ, maximæ, fossoriæ, nudiusculæ, *digitis* tribus intermediis majoribus: in his *ungues* præsertim medii et exterioris maximi; interioris tenuior, subulatus, (ut in mani); *plantae* pentadactylæ, mediocres. *Cauda* brevissima, nudiuscula. *Vellus* rude gryseo-cinereum, subtùs cinerascens; in quibusdam macula frontis alba.

In convallibus apricis Dauriæ, et ad Ieniseam frequens, cuniculis sub terra obambulans, cumulosque terræ per intervalla egestans, uti talpa. Victus è bulbis lil. pomponii et erythronii.

* *Mus (aspalax) brachyurus, incisoribus suprà infràque cuneatis, auriculis nullis, unguibus palmarum elongatis.* Pall. *glir. p.* 76, *et* 165, *t.* 10. Gmel. *syst. nat.* 1, *p.* 140. (Le zokor, *Encycl.* quadrup. pl. LXXII, f. 1.)

Ce rat est long de cinq à huit pouces et demi: il est singulier en ce qu'il n'a point d'oreilles extérieures, que sa queue est très-courte, nue, et que les ongles de ses pieds de devant sont fort alongés. Sa couleur est d'un jaune cendré en dessus et grisâtre en dessous. On le trouve dans la Daourie, etc. Il fait des trous et des amoncellemens de terre comme la taupe.

No. 21.

CERVUS *pygargus*. Tatar. *Saiga*.

Magnitudo supra damam, *color* ferè capreoli. *Cornua* trifurca, ut in capreolo, basi tuberculis multiformibus muricata, vernanti gemma pilis arrectis undiquè hirsutissima et barbata. *Aures* intùs albo villosissimæ. *Oculi* ciliis, pilisque circa orbitam sparsis longis, nigris. *Cauda* nulla, tantùm papilla cutacea, crassa super anum; *clunes* areâ magnâ niveâ ad dorsum usque ascendente. *Vellus* altissimum, subtùs artubusque lutescens; ambitus nasi et latera labii inferioris nigra, ipso tamen apice labii albo. Observatur in campestribus et montanis fruticosis ultra Volgam.

* *Cervus* (*pygargus*) *caudâ nullâ*, *cornibus trifurcis*. Gmel. *syst. nat.* 1, *p.* 175. Schreb. *saeugth.* V. *t.* 253. (Le pygargue, *Encycl.* quadrup. pl. LVII, f. 1.)

Ce cerf ressemble au chevreuil, mais il est plus grand. Il n'a point de queue. Sa couleur est jaunâtre sur le dos et sous le ventre, mais il a une large tache blanche sur les fesses. Ses cornes sont à trois branches, raboteuses et tuberculeuses inférieurement comme celles du chevreuil. On le trouve en Russie, sur les montagnes situées au-delà du Volga.

N°. 21 *bis.*

DELPHINUS *leucas*. [Dauphin blanc.] Le Bélouga de mer ou poisson blanc, pl. LXXIX.

* *Delphinus* (*leucas*) *rostro conico obtuso*, *deorsùm inclinato*, *pinnâ dorsali nullâ*. Gmel. *syst. nat.* 1, *p.* 232.

Ce cétacé, dont le professeur *Pallas* donne une ample description, d'après les observations de M. *Souïef*, dans son voyage à la mer Gaciale, n'a que dix-huit pieds de longueur. Son corps est gros dans le milieu, et aminci aux extrémités. Sa tête est alongée, terminée par un museau conique, presque poiutu, un peu applati. La peau de cet animal est blanche, sans poils, et par-tout aussi lisse que celle d'un homme. Les jeunes sont d'une couleur plus foncée.

On trouve ce dauphin dans les mers glaciales du pôle Arctique; on le rencontre fréquemment dans le golfe de l'Obi, et quelquefois assez avant dans le fleuve, qu'il remonte pour chasser aux poissons de passage.

No. 22.

AQUILA *leucorypha*.

Magnitudo vix supra haliætum; habitus similis, sed artus longiores. *Rostrum* basi rectiusculum, integrum; *cera* livido-cinerea, glabra, naribus ovatis, amplis; *lingua* rotundata, integra. *Irides* fusco-gryseæ, circulo nigricante inclusæ. *Corpus* subnebulosum fuscum, subtùs obsoletius. *Caput* fusco-gryseum, maculâ verticis triangulari candidâ, *gula* verò tota alba. *Area* capitis lateralis, ut in haliæto, nigrior. *Alae* obsoletè nigræ, remigibus interiùs albis. Subpulueratis, tectrices secundariæ limbo terminali, gryseæ, inferæ albæ apice nigro. *Cauda* longiuscula, rigida, æqualis, rectricibus lateralibus aliquot interiùs pallido lituratis. *Pedes* pallido-albicantes. Unguibus maximis nigris; tibiæ ad ⅓ plumosæ; digitorum plicæ intercalares nullæ. *Alae* expansæ pedes sex subæquant. *Pondus* sex ferè librarum. Obs. ad Iaïkum in australioribus.

* *Falco (leucoryphos) cerâ ex livido cinereâ, pedibus pallidè albicantibus, semilanatis, corpore subalbuloso fus-*

co, verticis maculâ trigonâ et gulâ albis. Gmel. *syst. nat.* 1, *p.* 259.

Cet aigle n'est pas beaucoup plus grand que le balbusard ; à qui il ressemble un peu ; mais il a les pattes plus longues et d'un blanc pâle. Sa tête est d'un gris brun, avec une tache triangulaire blanche, et la gorge blanche. Ses aîles sont noirâtres, mais les grandes plumes sont blanches du côté intérieur. On le rencontre dans les régions australes de l'Iaïk.

No. 23.

FALCO *regulus.* [Le faucon de Sibérie.]

Magnitudo infra falconem minutum et pondus vix semilibre. *Habitus* rostrumque bidentatum tinnunculi. *Vertex* fusco - canescens, lineolis nigricantibus ; cervix torque liturata ferruginea. Dorsum plumbeo - canum, scapis fuscis striatum, versùs caudam sensim dilutius. *Gula* alba ; reliquum subtùs albidum, guttis fusco-ferrugineis crebris adspersum. *Alae* subtùs variegatæ, margine albo. *Rectrices* subæquales plumbeo - canæ, subtùs nebuloso - fasciatæ ; extremo omnes nigricantes, sed apice albo terminatæ. *Cera* virescens, pedes flavissimi. Oculorum irides fuscæ, ut in omnibus generosioribus.

Venatur alaudas, rariùsque occurrit in campestribus Sibiriæ.

* *Falco* (*regulus*) *cerâ virescente, pedibus obscurè flavis, torque ferrugineo, corpore suprà plumbeo, subtùs albido maculis ex ferrugineo fuscis.* Gmel. *syst. nat.* 1, *p.* 285.

C'est la plus petite des espèces connues de ce genre. Il pèse à peine une demi-livre. Ce faucon ressemble à la cresserelle par son bec, et même par son aspect. On le trouve en Sibérie, quoique fort rarement.

N°. 24.

STRYX *accipitrina*. [Chouette de la mer Caspienne.]

Magnitudo circiter S. ululæ, habitus anomalus. *Caput* proportione minus quàm in congeneribus omnibus, inauritum. *Pepla* parva, antice alba, posteriùs subferruginea, maculâ ponè oculos, palpebrâque superiore atris; *rostrum* nigrum, *irides* citreæ. *Auricularum* plumæ marginales in valvulis albæ, circulus lutescente nigroque varius. *Corpus* suprà lutescens, subtùs lutescente-album, lituris ubique longitudinalibus, nigricantibus, subtùs guttatis. *Alae* subtùs et crissum alba. *Remiges* exteriùs lutescentes, interiùs albæ, nigro tessulatæ; extima sola serrata. *Tectrices* inferæ primariæ apice atræ. *Cauda* alis brevior, leviter rotundata, lateribus albida, tota nigricante transversùm fasciata. *Pedes* lutescente albi, immaculati, usque ad ungues vestiti. Obs. ad mare Caspium.

* *Strix* (*accipitrina*) *corpore suprà lutescente, subtùs ex lutescente albo, lituris utrinque longitudinalibus nigricantibus, subtùs guttatis, iridibus citrinis.* Gmel. *syst. nat.* 1, *p.* 295. S. G. Gmel. *it.* 2, *p.* 163, *t.* 9.

Cette chouette a beaucoup de rapport par sa conformation, ainsi que l'a très-bien remarqué *Latham*, avec un oiseau de la baie d'Hudson, appelé dans cette partie de l'Amérique, Caparacoch (*strix hudsonia*, Gmel. *syst. nat.* 1, *p.* 295), fort bien décrit et dessiné dans *Edwarts*, et dont *Buffon* a fait mention dans son hist. nat. des oiseaux. *Edwarts* le nomme *Hawk-owl*, chouette-épervier, ainsi que le professeur *Pallas* a nommé sa chouette. Ces deux oiseaux paroissent en effet faire tous les deux la nuance entre les éperviers et les chouettes, ou autres oiseaux de nuit. Mais les rapports que l'on peut remarquer dans leur forme générale, ne se retrouvent pas dans les nuances, ni dans les distributions de leurs couleurs, comme on peut s'en assurer, en comparant la description de *Pallas* avec le dessin d'*Edwarts*. (*la Cepède.*)

Le *strix hudsonia*, qui me paroît très-distinct du *strix accipitrina*, est figuré dans l'*Encyclopédie* (oiseaux, planc. CCIX, f. 2) sous le nom de chat-huant de la baie d'Hudson. (*Lam.*)

No. 25.

STRYX *uralensis*. [Chouette de l'Oural.]

Magnitudo aluconis, imò sæpè major; aluconi vulgari cinereo ita similis, ut, nisi longitudine caudæ, primo intuitu vix distinguatur. *Rostrum* intensè cereum, maxilla inferiore apice utrinque sinuata, superiore tamen integra. *Palpebrae* intùs, *iridesque* atræ; *pepla* cinerea, cincta circulo à fronte ad gulam, è plumis consertis, subreflexis, albis, nigroque maculatis. *Color* alucone albidior, undulatione plumarum vix ullâ, subtùs, præter lituras lineares, planè albus. *Uropygium* album. *Alae* tessulatæ. *Remiges* tres extimæ serrato-ciliatæ, quarta et quinta apice, prima perbrevis. *Cauda* longior, etiam quàm in S. ulula, cuneiformis, mollis, fasciata. *Pedes* sordidè albo lanati, plerumquè immaculati. *Plumosissima* avis, hyeme jejuna. Obs. copiosè circa Alpes Uralenses, in rupestribus.

* *Strix* (*uralensis*) *corpore albido, maculis in singularum pennarum medio longitudinalibus fuscis.* Lepech. *it.* 2, *t.* 3. Gmel. *syst. nat.* 1, *p.* 295. (Chouette à longue queue de Sibérie. *Buff.* plan. enl. n°. 463. La chouette à longue queue, *Encycl.* oiseaux pl. CCX, f. 2.)

Elle est aussi grande et souvent même plus grande que la hulotte, avec laquelle on la confondroit au premier aspect sans la longueur de sa queue. On la rencontre, en abondance, sur les montagnes de l'Oural.

N°. 26.

STRYX *pulchella.*

Minor etiam S. passerina, elegantiorque. *Caput* minùs tumidum, insigniter auritum. *Pepla* cinerea parva, supra oculos ferè deficientia; litura alba versùs nares. *Irides* citrinæ. *Rostrum* fuscum. *Corpus* supra cinereum, tenerrimè pulveratum atque undulatum, scapis plumarum fuscis, subtùs albidum, scapis latè nigris undulisque rarioribus transversis elegantissimè variegatum. *Ala spuria* serie marginali notata plumis quinis vel octonis exteriùs albis, apice nigris. *Altae* fasciato-pulveratæ, remige una extima serrata. *Cauda* alas æquans, rotundata, dorso concolor, vix albido fasciata. *Pedum* tibiæ plumosæ, corporis instar striato-undulatæ; digiti ultra carpos nudi, pallidi, unguibus fuscis. *Pondus* paulò plusquam biunciale. Obs. copiosiùs in australioribus ad Volgam, Samaram, Iaïkum, circa habitacula vel in sylvis.

* *Strix* (*pulchella*) *minima*, *corpore toto griseo*, *fusco*, *ferrugineo alboque vario*. Pall. *nov. comment. petrop.* XV, *p.* 490, *t.* 26, *f.* 1. Gmel. *syst. nat.* 1, *p.* 290.

Cette espèce est fort petite, et très-agréablement panachée. Le fond grisâtre de sa couleur est parsemé d'une multitude innombrable de taches menues, ondulées, transverses, élégamment et régulièrement distribuées. Ces taches sont les unes blanches, les autres ferrugineuses ou brunes, et rangées comme des stries. Cette chouette est commune dans les régions australes du Volga.

No. 27.

STRYX *deminuta*.

Magnitudo infra scopem et pondere ne unicam quidem libram æquat. Cæterùm omnibus structuræ et coloris momentis in minimas usque partes buboni simillima, nisi quod plerumque variegatio plumarum minùs elegans, minùsque distincta esse soleat. Observatur passim in lucis campestribus et montanis ad Iaïkum, montesque Uralenses. A S. scope diversissima.

* *Strix (deminuta) minor, corpore rufo.* Gmel. *syst. nat.* 1, *p.* 290.

Ce hibou ressemble presqu'entièrement au grand duc, pour la conformation et la couleur; mais il est beaucoup plus petit, puisqu'il pèse à peine une livre. On le trouve dans les champs voisins de l'Iaïk et sur les montagnes de l'Oural.

On prétend qu'il ne diffère pas du hibou commun ou moyen duc. (*Strix otus.*)

No. 28.

LANIUS *brachyurus.*

Magnitudo collurionis. *Caput* suprà ferrugineo-gryseum, superciliis albidis. *Fascia* nigra à rostro per oculos ad aures usque ducta. *Corpus* suprà gryseo-cinereum, uropygio ferruginescente, subtùs lutescente albidum; gula, crissum ferè alba. *Alae* nigricantes, tectricibus apice gryseo-marginatis. *Cauda* decem pennis, corpore brevior, rotundata, gryseo-fusca, rectricibus, præter medias, apice albis. In rupestribus Dauriæ rarior avis.

* *Lanius (brachyurus) capite suprà è ferrugineo griseo, superciliis albis, fasciâ nigrâ per oculos ad aures ductâ, corpore suprà ex griseo cinereo, subtùs ex lutescente albido, caudâ rotundatâ.* Gmel. *syst. nat.* 1, *p.* 309.

Cette pie-grieche est de la taille de l'écorcheur. Son corps est cendré en dessus, d'un jaune blanchâtre en dessous, et noirâtre sur les ailes. On la trouve dans la Daourie.

No. 29.

N°. 29.

LANIUS *phaenicurus.*

Magnitudo et facies collurionis. *Corpus* suprà gryseo-rufescens, fasciâ per oculos nigricante, subtùs lutescente-albidum. *Cauda* longa, rotundata, tota cum uropygio intensè rufa.

In rupestribus ad Ononem semel observata vere; sed specimen periit, antequàm accuratior descriptio fieri posset.

* *Lanius (phœnicurus) fasciâ per oculos nigricante, corpore suprà ex griseo-rufescente, subtùs ex lutescente albido; caudâ longâ rotundatâ et uropygio intensè rufis.* Gmel. *syst. nat.* 1, *p.* 309. (Pie-grieche à queue rousse.)

Elle a la taille et presque l'aspect de l'écorcheur; mais on l'en distingue principalement par la longueur et la couleur de sa queue. On la trouve dans la Daourie.

N°. 30.

GRACULA *sturnina.* [Gracle de Daourie.]

Speciosa avis; *magnitudine* ampelidis garrulæ, brachyura. *Corpus* canum, macula verticis, dorsumque inter alas pulcherrimè violaceo-atra; *alae caudaque* cum viridi nitore. *Striga* gemina per alas alba.—*Femina* decolor, sordidè cinerea, dorso fusco, alis caudâque sine splendore atris.

In salicetis Dauriæ australioris, circa Ononem et Argunum, nec alibi observata. *Nido*, oviumque colore sturni æmula, uti et habitu.

* *Gracula* (*sturnina*) *cana, verticis maculâ dorsoque inter alas violaceo-atro, caudæ alarumque nitore viridi, harum strigâ geminâ albâ.* Gmel. *syst. nat.* 1, *p.* 399.

C'est un bel oiseau qui a quelques rapports avec l'étourneau commun, par son aspect, par la forme de son nid et la couleur de ses œufs. Sa femelle est d'un gris sale, a le dos brun, les aîles et la queue noires, sans aucun éclat. On trouve ce gracle dans les régions australes de la Daourie.

N°. 31.

CORVUS *cyanus*. Mongola Dauris *Chadara*.
[Le corbeau bleu.]

Magnitudo corvi infausti, quem plumarum rara textura imitatur, sed proportione artuum, habitu, moribus, picæ fariæ simillima. *Vertex* usque in cervicem ater, nitidus. *Corpus* cinereum, subtùs albidius. *Alæ, caudaque* cyanei pulcherrimi coloris. *Rectrices* longissimæ, majori etiam proportione quàm in pica, gradatim breviores, intermediæ apice albæ. — Timidissima avis, in Dauriam gregaria adventat aprili, atque instar vulgaris picæ in arbustis et salicetis versatur atque nidificat; æque astuta et clamosa.

* *Corvus* (*cyaneus*) *cinereus, vertice splendidè atro, alis caudâque cyaneis, rectricibus longissimis, intermediis apice albis.* Gmel. *syst. nat.* 1, *p.* 373.

Il est d'une couleur cendrée, avec les aîles et la queue bleues, et le dessus de la tête d'un noir luisant. Son corps est plus blanchâtre en dessous. On trouve cette espèce de corbeau dans la Daourie où elle arrive par troupes au mois d'avril.

No. 32.

CORVUS *dauricus*. Mongolo-Buraetis *Alactu*.*
[Corbeau de Daourie.]

Magnitudo monedulæ, cui forma simillima; nec tamen varietas. *Vertex* cœruleo-ater; *cervix*, jugulum et pectus alba; *gula* per collum productè atra, ut et reliquum corpus totum. *Alae* caudaque virescenti nitore.

B. *Varietas* ferè tota nigra, cervice juguloque fuscis, non infrequens inter turmas priùs descriptarum.

Vere primo magnis gregibus ex australiore Mongolia Chinaque advolat, in regiones circa Baïkalem sitas, circa oppida et pagos usque ad Lenam frequentissima, ubi rarior monedula, et rarissima cornix.

* *Corvus* (*dauricus*) *ater, vertice ex cœruleo atro, cervice, jugulo et abdomine albis.* Gmel. *syst. nat.* 1, p. 367.

Ce corbeau ressemble beaucoup au choucas de *Buffon*, pour la forme et la taille; mais il en est bien distingué par les couleurs. On le trouve dans la Daourie, la Mongolie, &c. Il voyage par troupes, et il paroît qu'il va très-loin, si comme on le prétend, c'est le même que celui que *Buffon* appelle *corneille du Senégal.* (Hist. nat. des oiseaux, 3, p. 67, planch. enlum. n°. 327.)

N°. 33.

MEROPS *persica*. Tab. 37, an Apiaster Madagascariensis, *Brissonii*?

Magnitudo et forma omninò apiastri. *Rostrum* nigrum, superiore maxillâ longiore. *Frons* cum tractu continuo supraciliari cyanea, sed ad ipsum rostrum albet. *Lora* nigra, sed fascia ab oculis ad aures continuata obscurè viridis, sub qua itidem tractus cyaneus. *Gula* prima flava; area sub collo magna sanguineo-rufa. *Corpus* reliquum totum pulcherrimè psittaceo-viridis coloris, suprà saturatioris. *Alae* longissimæ, basi subtùs ferrugineæ: remiges rectricesque luteo-virides, interiùs fuscæ; at remiges primariæ externè versùs apicem cyaneæ. *Cauda* æqualis, præter rectrices intermedias duplo longiores, acuminatas, quarum una reliquis incumbens cyanea.

Nidulatur in ripis præruptis maris Caspii, omnium avium tardissimè gurjevum advolans.

* Il paroît que cet oiseau n'est qu'une variété du guêpier sourcilleux, dont voici le caractère ou la différence spécifique, d'après *Gmélin*.

Merops (*superciliosus*) *viridis, lineâ frontis supra infraque oculos albâ; gulâ flavicante, rectricibus duabus elongatis*. Gmel. *syst. nat.* 1, *pag.* 461. Pallrich. Buffon, *hist. nat. des oiseaux*, 6, *pag.* 495, et guêpier de Madagascar

Buffon, *planch. enlum.* n°. 259, Encyclop. *oiseaux*, *planche CV.*

B. *Merops persica.* Pallas.

La variété B est de la grandeur du guêpier commun. Elle a le front bleu, et une raie d'un vert obscur, qui se continue des yeux vers les oreilles. Sous son cou est une large tache d'un roux ferrugineux. Ce guêpier niche sur les bords de la mer Caspienne.

N°. 34.

ANSER *cygnoïdes*, spontaneus. Mongolis *Chongor-galou.* [Anser cygneus.]

Magnitudo inter cygnum et anserem media. *Rostrum* nigrum, versùs frontem rugosum, adscendens et biangulatum, non in tuber gibbum elevatum. Struma gulæ nulla. *Linea* circa basin rostri ferrugineo-alba. *Vertex*, *vasciaque* suprà per collum album longitudinalis testaceo-fusca. *Dorsum* et hypochondria cinereo-fusca, marginibus plumarum griseo-albidis squamata. *Subtùs* corpus albidum; crissum tectricesque caudæ albæ. *Pedes* coccineo-rubri.

Frequens circa lacus majores et flumina Sibiriæ orientalis.

* *Anas* (*cygnoïdes*) *rostro semi-cylindrico*, *cerâ gibbosâ*; *palpebris tumidis*. Linn. Gmel. *syst. nat.* 1, *p.* 502. *B.* idem *rostro semi-cylindrico atro basi gibbo, minor. Anser cygnoïdes spontaneus.* Pallas.

Cette variété (B) de l'oie-cygnoïde, dont parle ici le professeur *Pallas*, est d'une taille moyenne entre le cygne et l'oie commune. On la trouve fréquemment dans les parties orientales de la Sibérie, aux environs des lacs et des rivières.

N°. 35.

ANSER *ruficollis*. Ostiacis *Tschakwoï* [à voce]; Samoïedis *Tschagu*.

Magnitudo et *facies* A. canadensis. *Rostrum* parvulum, conico-obtusum, nigrum. *Caput* antice, verticeque et cervix longitudinaliter nigra. *Macula* utrinque inter rostrum et oculum ovalis alba. *Area* magna parotica, ovali-rhombea, rufa, inclusa lineâ albâ, secundùm collum utrinque descendente, jugulumque cingente, intra quam collum jugulumque totum intensè rufa. *Dorsum alaeque* nigra, hæ strigâ geminâ albâ. *Abdomen* album. *Pedes* fusci.

In boreali orâ Sibiriæ passìm vulgaris.

* *Anas* (*ruficollis*) *nigra, subtùs alba, rostro parvo conico, collo saturatissimè rufo, maculâ inter rostrum et oculos albâ.* Pallas; *spicil. fasc.* 6, *pag.* 21, *t. IV.* Gmel. *syst. nat.* 1, *pag.* 511. (L'oie à collier roux. *Enc.* oiseaux, pl. XXXII.)

L'oie à cou rouge est une des plus belles espèces de ce genre. Sa tête est noire avec une tache blanche entre le bec et les yeux, et sur les tempes. Son cou est marqué antérieurement par une large tache d'un roux vif, presque rouge. Le bec de cet oiseau est court, conique, et un peu obtus.

Cette espèce habite les parties boréales de la Sibérie. Elle va passer l'automne près de la mer Caspienne, et l'hiver, dans la Perse. Ce n'est pas l'*anas ruficollis* de Scopoli.

No. 36.

ANAS *rufina*. Cosaccis ad M. Caspium chmakovaia-outka. Anas fistularis cristata, *Brisson. sp.* 22 *Marsilii Danubiano opere*.

E. maximis anatum, trilibris et ultrà. *Rostrum* cinnabarinum, membrana inter mandibulæ ramos nuda, pallidè rubra. *Irides* fuscæ. *Pedes* fusci, anteriùs rubescentes. *Corpus* atrum, subtùs obsoletius. *Colli* pars superior cum capite saturatissimè testaceo-rufa. *Vertex* dilutè rufus, plumis confertissimis, arriguis, efficientibus cristam globosam, majusculam. Hypochondria sub alis alba, anteriùs undulata. Inter scapulas dorsum gryseo-fuscum; *alae spuriae* dilutiores basi area transversa, lunata alba. *Alae* subtùs margineque albæ, extùs fusco-nigricantes, speculo albo, nigro incluso. *Cauda* brevis, fusca, rectricibus margine albicantibus. — *Femina* fusca, decolor, cristâ planè destituta, rostro subrubro.

In mari Caspio, lacubusque vastissimis deserti Tatarici solitaria vivit.

* *Anas* (*rufina*) *atra, capite colloque superiore testaceo, vertice rufescente* (*maris*) *cristato, alis subtùs et margine albis, caudâ fuscâ.* Gmel. *syst. nat.* 1, *p.* 541.

Cette espèce est grande, longue de deux pieds, et pèse trois livres, ou davantage. Elle a la tête et la partie supérieure du cou d'une couleur de brique, le corps noir, plus pâle en dessous, et les côtés postérieurs blanchâtres. Elle habite les bords de la mer Caspienne et des grands lacs de la Tatarie, où elle vit solitairement. La femelle n'a point de crête, est brune, et moins vivement colorée.

N°. 37.

ANAS *mersa*. Tab. 38.

Magnitudo supra querquedulam. *Rostrum* magnum, latum, cyaneum, basi supra nares tumidissimâ, didymâ, inæquali in adultis, extremitate suprà striis divergentibus exaratâ. *Caput* usque ad initium colli album, sed area majuscula verticis et palpebræ nigræ. *Collum* medium atrum. *Corpus* antice fusco-luteum, nigro-undulatum; dorsum cinereo atque lutescente nebulosum, fuscoque pulveratum. *Corpus* subtùs reliquum, uropygiumque fusca, gryseo conspurcata, certoque ad lucem situ cano-nicientia. *Alae* parvulæ, compositæ, uropygio breviores, fuscæ, speculo nullo. *Uropygium* productiusculum; *cauda* elongata, rigida, angusta, cuneiformis, ut in pelecanis composita rectricibus 18 nigris, augustissimis. *Pedes* pone æquilibrium ferè ut in colymbis, fusci antice cœrulescentes; palma elongata.

In *junioribus* et feminis, qualem *tabula* simul exprimit, rostrum basi minùs tumidum, totum fuscum; caput fuscum, gula alba, expansâ versùs nucham albedine.

Non infrequens est in lacubus majoribus inter Uralenses montes, Irtin et Ob. fluvios, nec unquam in siccum exitura, quippe incedere nescio. Natat expeditissimè; *cauda* usque ad uropygium *aquae immersa* pro gubernaculo, contra congenerum morem. Vox ferè ut anatis hyemalis. *Nidus* fluitans ex arundine.

* *Anas* (*mersa*) *cinereo atque lutescente nebulosa, fusco pulverata, subtùs fusca, gryseo-conspurcata, gutture ex fusco luteo nigro-undulato, caudâ longâ nigrâ cuneiformi.* Pallas. Gmel. *syst. nat.* 1, *pag.* 520. (L'ural, *Enc.* oiseaux, pl. XXXVI.)

Ce canard est remarquable par ses ailes courtes, caractère qui le rapproche des pingoins et des manchots (*alcæ* et *aptenoditæ*), comme l'observe *la Cépède*. D'ailleurs, il est singulier, en ce qu'il nage ayant la queue entièrement plongée dans l'eau, et qu'il s'en sert comme de gouvernail. On trouve ces canards sur les lacs situés entre l'Oural et l'Irtisch. Ils sont petits, très-adroits à plonger, beaucoup moins à voler, et marchent difficilement. Leur bec est bleu.

N°. 38.

ANAS *falcaria*. Mongolis *Boro-Nogossum* et *Chartologoï-Nogossum*.

E speciosissimis sui generis. *Magnitudo* penelopis. *Macula* frontis minuta alba. *Vertex* longitudinaliter testaceus; reliquum caput totum viridi-sericeum, variabili splendidoque nitore, lateribus quasi cupreum. *Crista* à capite per cervicem longitudinalis, argutè compressa, anguloque descendente terminata. *Gula* alba, continuaque fascia collum cingens infra cristam, in qua *torquis* virescente-atra. Reliquum *corpus* cano fuscoque variegatum pulcherrimè, anterius squamatim circulis, in dorso lateribusque tenuissimè undulatum. *Subcaudales* medio atræ, utrinque candidæ. *Speculum* alare chalybeato-atrum, albo marginatum. *Remiges* quinque interiores elongatæ, deorsùm *falcatae*, violaceo alboque virgatæ.

In aquis Sibiriæ orientalis, præsertim Dauriæ frequens, ex austro migrans.

* *Anas (falcaria) ex cano et fusco variegata, cristata, speculo alarum chalybeo albo-marginato, remigibus 5 interioribus elongatis deorsùm falcatis, violaceo alboque virgatis.* Gmel. *syst. nat.* 1, p. 521.

B. (Sarcelle de Java, *Buff.* hist. nat. des ois. pag. 275, pl. enl. n°. 930, *Enc.* oiseaux, pl. XXXIX, f. 3.)

Il est muni d'une crête qui descend derrière sa tête, et qui est comprimée. Sa tête est d'un vert luisant, avec une petite tache blanche au front. Son corps est agréablement panaché de brun et de blanc, et cinq des plumes de ses ailes sont arquées en faux et saillantes. Ce canard habite les parties orientales de la Sibérie. Il passe l'hiver en Chine, et l'été dans la Daourie. La variété B. est plus petite, et n'a aucune plume de ses ailes saillante et recourbée en faulx.

N°. 39.

PELECANUS *pygmeus*. Tab. 37.

Magnitudo vix querquedulæ; forma, rostrum, pedes exactè pelecani graculi. *Corpus* in masculo atrum, cum aliquo virore colli atque pectoris. *Alarum* rectrices exsoletè fuscæ, limbo undique atro, nitido. Circa oculos atomi albi, sparsi. Per collum, pectus, latera puncta sparsa nivea, quæ consistunt penicillo setulæ tenuissimæ insidentibus, interque plumas passìm emergentibus. *Femina* tota fusca vel exsoletè nigra, punctis nullis. *Cauda* duodecimpennata, rigida, longa cuneiformis, ut in congenere graculo.

In mari Caspio pelecanis vulgaribus immixta vivit hæc species, tardiùs ex austro advolans.

* *Pelecanus* (*pygmæus*) *caudâ cuneiformi, rectricibus* 12, *corpore atro hinc indè albo-punctato.* Gmel. *syst. nat.* 1, *pag.* 574.

Ce pélican est à peine de la taille de la sarcelle commune. Son corps est noir, parsemé de points blancs, et a une teinte verdâtre sur le cou et la poitrine. L'extrémité de son bec est un peu crochue. On le trouve près de la mer Caspienne.

N°. 40.

LARUS *Ichthyaetus*. [Le goëland à tête noire.

Magnitudo anseris erythropi, imò sæpe major. *Rostrum* robustum basi livido-flavum, extremò coccineum, apice flavum, liturâ fuscâ transversâ versùs apicem; os intùs rubrum. *Irides* fuscæ; pedes fusco-rubri. *Caput* totum usque ad medium colli atrum, opacum, palpebræ albæ. *Corpus* niveum; dorsum uropygiumque dilutiùs, ala secundaria intensiùs leucophæa. *Ala* primaria alba, apice 1 — 5 nigra. *Cauda* æqualis alba.

Propria maris Caspii avis à L. ridibundo omninò diversa. *Vox* inter volandum gravis, coracina. *Ova* in arena nuda, ovato-oblonga, guttis crebris fuscis et exsoletis adspersa.

* *Larus* (*ichthyaetus*) *niveus*, *capite toto ad medium colli atro*, *palpebris albis*. Gmel. *syst. nat.* 1, *p.* 599.

Ce goëlan est de la taille de la bernacle, et quelquefois même plus grand. Il est blanc; mais il a la tête noire, ainsi que la moitié supérieure du cou. Son bec est rouge dans sa partie moyenne, et jaune à ses extrémités. On le trouve sur la mer Caspienne. Il a la voix grave des corbeaux.

N°. 41.

LARUS *minutus*.

Magnitudo turdi viscivori. *Rostrum* è fusco rubrum. *Caput* totum, cum initio colli atrum. *Irides*, *cauda* coerulescentes. *Corpus* niveum, dorso, alisque leucophæis. *Remiges* apice albæ, nigredine nullâ. *Cauda* æqualis alba. *Pedes* coccinei. *Proportiones* lari atricillæ.

Circa alveos majorum Sibiriæ fluminum, et in Russia quoque australiori passim; sed rariùs observatur.

* *Larus* (*minutus*) *niveus*, *capite cum initio colli atro*, *dorso alisque leucophæis*, *rostro è fusco rubro*, *pedibus coccineis*. Gmel. *syst. nat.* 1, *p.* 595.

Sa petitesse est ce qu'il y a de plus remarquable dans cette espèce. Elle est seulement de la taille de la draine ou grosse grive d'Europe. Elle a le corps blanc, la tête noire avec le commencement du cou, et les pieds rouges. On la trouve en Sibérie, sur les bords et à l'embouchure des fleuves.

No. 42.

GRUS *leucogeranus*. Tab. 40.

Maxima in suo genere, ipsâ grue antigone procerior; stans erecto corpore quatuor cum dimidio pedes æquat. *Rostrum* gruino majus, formâ simile, rubrum, marginibus utriusque maxillæ versùs apicem serratis, ut in antigone. *Facies* ultra oculos nuda, rugosa, rubra, setulis crebis rufis adspersa. *Irides* pallido-albæ. *Corpus* totum nivei candoris, cervix in biennibus longitudinaliter fulvescens. *Remiges* decem primariæ, cum rectricibus suis solæ in candidissima ave nigræ. *Pennae* scapulares minùs elongatæ quàm in grue vulgari. *Cauda* subæqualis, rectricibus 12 latiusculis, composita, corpori concolor. *Pedes* proceri, rubri, gruini.

Anniculae totò corpore fulvescentes, subtùs albidæ, rostro, facie, pedibusque fusco-virescentibus.

Habitat in vastissimis paludibus, campisque lacuum maximâ copiâ irrigatis circa Ischimum, Irtim, et Ob. fluvios, et in septentrionalibus. *Nidus* inter arundines inaccessas, supra cumulos cæspitosos majores, herbis congestis stratus. *Ova* duo anserinis paria, cinerascentia, lituris crebris fuscis. *Clamores* crebri, cygneis similes præsertim subvolantis. *Victitat* ranis, pisciculis, lacertis.

* *Ardea (gigantea) alba, temporibus et fronte rubris calvis, rugosis, remigibus decem primoribus splendidè nigris, rostro pedibusque rubris.* Gmel. *syst. nat.* 1, *p.* 622. Gmel. *itin.* 2, *tab. XXI.* (La grue de Sibérie, *Encyc. ois.* pl. XLVIII.)

Cette grue est une des plus grandes espèces de son genre; elle a quatre à cinq pieds de hauteur, lorsqu'elle se tient droite. Elle est blanche, avec une tache noire sur le bout des ailes, et son front, ainsi que ses tempes, sont rouges, nus et ridés. Ces grues blanches habitent les marais qui avoisinent les grands lacs et les fleuves de la Sibérie. Elles sont très-farouches, se défendent courageusement, et sont même dangereuses lorsqu'elles ont des petits. Elles font leurs nids sur les petites éminences garnies de roseaux qui sont dans les marais.

No. 43.

ARDEA *comata*. Cancrofagus luteus *Brissonii sp.* 37 ex Aldrovando. [Grue à longue crête.]

Speciem à recentioribus ferè neglectam, et à nemine autopta, præter *Aldrovandum* descriptam retractari debere credidi, pulcherrimam in suo genere. *Magnitudo* paulò supra ardeolam minimam; proportionibus inter eandem et A. stellarem media. *Rostrum* livido-rubens, extremitate fuscum; *lora* virescentia; *irides* flavæ. *Pedes* magni flavo-virescentes.

Vertex plumis elongatis albidis, nigro-striatis; *crista* nuchæ longissima, plumis productioribus, pennisque senis, lineari-adtenuatis albis, nigro-marginatis, usque in dorsum dependentibus. *Collum* dilutè ferrugineum, retrorsùm jubatum, subtùs album. *Pectus* dilutè ferruginei seu ochrei coloris; tectrices alarum interiore magis saturatæ. *Dorsum* è ferrugineo-violascens jubis alarum spuriarum longissimis, alas compositas excedentibus, rectis. Alæ, abdomen, uropygium, crissum, caudaque longiuscula nive candidiora; *unguis* anticorum digitorum medii interiùs serratus, ut in congeneribus.

Habitat circa maris Caspii sinus, et ad aquas pigras deserti australioris.

* *Ardea* (*comata*) *ferruginea, subtùs alba, cristâ occipitis longissimâ albâ nigro-marginatâ dependente.* Gmel. *syst. nat.* 1, *pag.* 633, *guacco.* Buffon, *hist. nat. des ois.* 7, *pag.* 392. (Le crabier de Mahon, *Buffon*, *pl. enlum.* n°. 348. Le guacco, *Encycl.* ois. pl. LI.)

C'est une des belles espèces de ce genre. Elle est d'un jaune foncé, presque ferrugineuse, et sur-tout remarquable par les longues plumes qu'elle a sur la tête et la partie supérieure et postérieure du cou, qui lui forment une crête longue et pendante. Elle habite les environs de la mer Caspienne, et émigre jusqu'en Italie.

N°. 44.

TRYNGA *ruficollis.*

Magnitudo alaudæ vel Tr. cincli, cui similitudine proxima. *Rostrum* capite brevius. *Caput* suprà, collumque ferrugineo nigroque striata; *subtùs* collum totum ad pectus usque intensè ferrugineum. Cætera ut in cinclo. *Pedes* nigri.

Frequens cum char. alexandrino, circa lacus salsos Dauriæ campestris; vere gregaria.

* *Tringa (ruficollis) pedibus nigris, capite suprà et collo ferrugineo nigroque striatis, gutture ferrugineo.* Gmel. *syst. nat.* 1, *p.* 780.

Ce vaneau est de la grandeur de l'alouette de mer (*Buff.* planch. enlum. n°. 851), avec laquelle il a beaucoup de rapport. Il est varié de roux et de noir. On le trouve aux environs des lacs salés, dans la Daourie.

N°. 45.

RALLUS *pusillus.* [Rale de Daourie.]

Colore et formâ perquàm similis rallo aquatico; sed *magnitudo* alaudæ vulgaris. *Facies* collum subtùs et pectus medium longitudinaliter cœrulescenti-cana, media *gula* candicat. *Litura* per oculos longitudinalis obsoletè ferruginea. *Vertex*, cervix, dorsum ferrugineo nigroque liturata; *dorsum* lineolis longitudinalibus vagis albis. *Abdomen*, crissumque nigra, tæniolis albis transversis. *Cauda* inter alas compressa, arrigua. *Pedes* virescentes.

Frequens circa lacus salsos et arundineta Dauriæ.

* *Rallus*

* *Rallus (pusillus) facie, gutture et pectore per mediam longitudinem ex cærulescente canis, gulâ mediâ albidâ, corpore suprà ferrugineo lituris nigris, subtùs nigro tæniolis albis.* Gmel. *syst. nat.* 1, *p.* 719.

Il a beaucoup de ressemblance avec le *rale d'eau*, par la conformation et la couleur : mais il n'a que la taille de l'alouette commune. La partie antérieure de sa tête, de son cou, et sa poitrine sont d'un bleu mêlé de blanc. Ce rale habite les environs des lacs salés de la Daourie.

No. 46.

CHARADRIUS *asiaticus*.

Magnitudo supra hiaticulam. Vertex, dorsum totum et alæ extùs griseo-fusci cinerascentis coloris. *Frons*, supercilia, latera capitis, gulaque alba ; item venter à medio pectore ad caudam. Jugulum à medio collo ferrugineum, terminatum fasciâ pectorali transversâ, fuscâ. *Cauda* rotundata fusca, lateribus albida, apice nigrior. Rostrum, pedesque ut in hiaticula.

Frequentat lacus salsos deserti australioris, rarior atque solitaria avis.

* *Charadrius (asiaticus) suprà fuscus, subtùs albus, jugulo ferrugineo, fasciâ pectorali transversâ fuscâ, rostro, pedibusque fulvis, caudâ rotundatâ margine albidâ.* Gmel. *syst. nat.* 1, *p.* 685.

Ce pluvier est plus grand que le pluvier à collier de *Buffon*. Il est varié de blanc, de gris, et de brun, et il a la gorge d'une couleur ferrugineuse jusqu'à moitié du cou. On le rencontre dans les déserts de la Tatarie australe, près des lacs salés, où il vit solitairement.

N°. 47.

CHARADRIUS *Tataricus.*

Species quasi germana antecedentis. *Magnitudo* turdi viscivori. *Vertex* niger, plumis passìm albo-marginatis. *Supercilia* alba, dilatata in fasciam per tempora usque ad nucham productam, latiusculam. Latera capitis atque gula alba, fusco-punctulata. *Collum* usque ad jugulum cinereo furvescit; cervix et dorsum paulò obscuriora. *Jugulum* torque transversa nigra, infrà alba; hinc pectus ferrugineum, excipiente areâ atrâ. Abdomen, crissum alba. *Alae* fuscæ, spuriæ limbis plumarum lutescentibus. *Cauda* ut in præcedente. In australioribus deserti Tatarici circa lacus salsos à Dn. Nicol. Rytschkofio; à me verò ad Irtin lecta avis.

* Ce pluvier est regardé comme une variété du *charadrius morinellus*, que *Buffon* nomme *guignard* ou *petit pluvier.* (Hist. nat. des ois. 8, pag. 87, et planch. enl. n°. 832.) Il habite les régions australes de la Tatarie, près des lacs, et émigre par troupes jusques dans l'Europe septentrionale.

N°. 48.

CHARADRIUS *gregarius.*

Magnitudo et habitus vanelli, quocum et rostro et pedibus subtetradactylis convenit.

Vertex fuscus, albido-variegatus. *Frons* alba, *fasciaque* à fronte lata, supraciliaris, in nucham coëuns. *Lora* nigra itidem ultra oculos producta. *Gula* albida. *Corpus* cinereum, colore turturis obsoletiore. Pectus imum ante crura areâ magnâ, lunatâ, atrâ, postice rufo-testaceâ tegitur; dehinc crissum et uropygium latè alba. *Remiges* primariæ atræ, secundariæ albæ. *Rectrices* æquales, albæ, areâ magnâ, transversali atrâ, in lateribus deficiente. Obs. copiosè in campestribus ad Volgam, Iaïkum et Samaram.

* *Charadrius* (*gregarius*) *cinereus, vertice fusco albido-variegato, fronte, gulâ, uropygio, crisso, remigibus secundariis, rectricibusque albis; loris nigris, pectoris arcu atro, postice ex rufo testaceo.* Gmel. *syst. nat.* 1, *pag.* 986.

Ce pluvier, qui, jusqu'à présent, paroît n'avoir été observé que par le professeur *Pallas*, ressemble au vanneau (*tringa vanellus*) par l'aspect, la taille, la forme du bec, et par ses pieds, qui n'ont que quatre doigts. On le rencontre en abondance dans les champs qui avoisinent le Volga, l'Iaïk, et la Samara.

N°. 49.

CHARADRIUS *hypomelus*. Tringa Helvetica. *Lin. Syst. Ed. XII, p.* 250. *sp.* 12, ex Brissonio.

Magnitudo tryngæ variæ *Lin.* et pariter, ut ista (cumque vanello), ad charadrios referenda, licet postici digiti rudimento exiguo instructa. Est ad char. apricarium, uti Tr. varia ad char. pluvialem. Subtùs à gula ad crissum atra, fasciâ laterali alba à fronte usque ad alas. Dorsum cinereum punctis albidis.

Colit paludes borealis oræ, cum char. apricario æstate frequentissima, moribusque eidem simillima.

* *Tringa* (*helvetica*) *rostro pedibusque nigris, subtùs nigra, crisso albo, rectricibus albis nigro-fasciatis.* Gmel. *syst. nat.* 1, *pag.* 676. (Vaneau Suisse. *Buffon*, *hist. nat. des ois.* 8, *p.* 60, *pl. enl. n°.* 853, Encycl. *ois. pl. L.VI*, f. 3.)

Ce vaneau est agréablement panaché sur la tête, les ailes, et la queue de blanc et de noir. Il a le bec, la gorge, la poitrine et les pattes noirs. Il fréquente les étangs de la Russie, de la France, et de la Suisse, dans ses diverses émigrations.

N°. 50.

CHARADRIUS *mongolus*. [Pluvier Mongol.]

Magnitudo et forma morinelli. *Frons* ad rostrum alba, hinc nigra; *fasciâ* nigrâ, à rostro sensìm dilatatâ, annulari, linea cingit gulam niveam. *Collum* extra circulum, jugulumque ferruginea; pectus obsoletius; abdomen album. *Dorsum* cinereo-fuscescens, ut in morinello.

Circa lacus salsos, versùs Mongoliæ fines non infrequens, solitarius.

* *Charadrius* (*mongolus*) *fronte ad rostrum albâ, hinc nigrâ, gulâ torque et abdomine niveis, jugulo et pectore ferrugineis, dorso ex cinereo fuscescente.* Gmel. *syst. nat.* 1, *p.* 685.

Il a la taille et la forme du guignard (pl. enl. n°. 832 de *Buffon*). Il est d'un brun cendré sur le dos, et blanc sous le ventre; et sa gorge est d'une couleur ferrugineuse. On le trouve aux environs des lacs salés dans la Mongolie, où il vit solitairement.

N°. 51.

TETRAO *arenaria*. Tataris *Dsherdk*. [Gelinotte des sables.]

Magnitudo supra perdicem, *habitus* et rostrum alchatæ. In *mare :* caput et collum usque ad prolubium canescunt : *gula* fulva, triangulo atro sub colli medio terminata. *Dorsum* albido fusco, luteoque varium. *Circulus* niger jugulum à pectore albido dirimit : sed abdomen et crissum atra. — *Femina* tota pallido-flavescens, nigro-guttata atque variegata; circulus juguli, lunula gulæ, et abdomen nigrum, ut in mare. *Alae* in utroque sexu elongatæ, acutissimæ, ut in T. paradoxa (*App. num.* 52). *Cauda* acuta, rectricum sexdecim. *Pedes* parvuli, tibiis anticè ferè usque ad digitos plumosis, postico verruciformi, ungue subulato, ceu calcare prominulo.

Habitat in arenis circa Volgam, astragalorum seminibus victitans.

* *Tetrao* (*arenarius*) *torque, abdomine et crisso atris,*

rectricibus fusco et gryseo fasciatis, apice albis, intermediis duabus fuscescentibus. Pallas, *nov. comm. petr.* 19, *p.* 418, *t. VIII.* Gmel. *syst. nat.* 1, *p.* 755.

Cette gelinotte, que le professeur *Pallas* appelle *poule des steppes*, et dont il donne une description détaillée avec une figure, dans les *Mémoires de Pétersbourg*, ici cités, est plus grande que la perdrix. Elle a le port et la taille du ganga. (*Encycl.* ois. pl. XCII.) Son dos est blanchâtre, varié de brun et de jaune. Son ventre et sa gorge sont noirs, et sa queue est panachée par des fascies rousses et grises avec du blanc à l'extrémité. On la trouve dans les déserts sablonneux des environs du Volga. Cette gelinotte jette un cri aigu en s'élevant; mais elle ne fait point de bruit dans son vol. Elle se nourrit de graines d'astragale.

No. 52.

TETRAO *paradoxa*. Tab. 39. [Gélinotte hétéroclite.]

Avis inter lagopodes et otides ambigua, multisque momentis anomala, et à norma solita aliena. *Rostrum* tenuius quàm tetraonibus, superiore maxillâ neque fornicatâ, nec inferiorem suscipiente. *Pedes* maximè insoliti, ferè usque ad ungues plumosi, breviculi, tridactyli, digitis brevissimis, coalitis, solo apice unguibusque distinctis; undè planta triloba, latiuscula, papillis corneis imbricata. *Caput* cum collo ad jugulum usque canescunt, sed gula fulvescit, maculaque in latere colli utroque intensè fulva seu potiùs aurantia. *Dorsum* inter alas et ad caudam usque, ut in otide, gryseo nigroque squamatum; circulus quoque jugulum ambiens è lineolis crebis, transversis, nigris. *Pectus* cinereo-rubescente pallidum, hinc usque ad crissum atrum, pallidè maculosum, uti et hypochondria. *Alae* maximè elongatæ, acuminatæ, subtùs albæ, suprà basi dilutè cinereo-rubescentes, punctis magnis nigris adspersæ. *Alae spuriae* strigis nigris undulatæ, apice lituris magnis, veluti cruentis, fuscis inquinatæ. *Remiges* primariæ extimæ sensìm longiores, maximèque acuminatæ omnes fuscæ, extrorsùm canescentes, margine exteriore versùs basin, interiore usque ad apicem albo; vix in extimis. Tectrices primariæ remiges breves, secundariæ totæ è ferrugineo albæ, tractu latiusculo, atro, secundùm rhachin exteriùs longitudinali usque ad apicem.

Habitat in deserto Tatarico australiore, undè ad latum specimem farctum transmisit nobil. *Nicol. Rytschkof.*

* *Tetrao (paradoxus) pedibus tridactylis, digitis hirsutis ad apicem ferè connexis.* Gmelin, *syst. nat.* 1, *p.* 755.

La particularité remarquable qu'a cet oiseau de n'avoir que trois doigts, semble le rapprocher des outardes; mais il n'en a pas d'ailleurs la conformation, et ses autres rapports en font plus véritablement une gélinotte. Cette espèce est encore remarquable par ses ailes, fort longues et très-pointues. Elle est agréablement variée dans sa couleur. On la trouve dans les déserts de la Tatarie australe.

No. 53.

LOXIA *sibirica*. [Gros-Bec de Sibérie.]

Omnium hujus climatis elegantissima avis. *Magnitudo* linariæ, sed plumosior et ob caudæ longitudinem major apparet. *Rostrum* pyrrhulæ nisi paulò longius. Circulus rostrum ambiens satturatissimè purpureus. Caput, dorsum in Altaïca avicula intensiùs cinnabarini, in hyemali Sibirica tenerrimè rosei incanescentis coloris, lituris fuscis, uti linariæ; subtùs color idem dilutior, purior, immaculatus. Circa caput plumæ omnes apicibus politissimæ, albo-argentatæ, certoque ad lucem situ splendidissimæ. *Remiges* secundariæ utroque margine, primariæ limbo latè albæ. Alarum bases albæ, tectrices albæ apice nigro, unde complicatis alis *fascia* duplex obliqua alba. Rectrices aviculâ ipsâ longiores, subæquales, alternæ paulò breviores, extimæ duæ utrinque albæ, reliquæ nigræ limbo albicantes. *Femina* colore ferè linariæ, interdùm ventre uropygioque rubentibus; similesque his anniculi pulli.

Colit fruticeta densissima circa rivos et torrentes montanos australioris Sibiriæ, victitans præsertìm seminibus artemisiæ cœrulescentis, integrifoliæ aliarumque. *Vox* rauca crepera; volatus inquietissimus. Hyeme parvis turmis volitat, et creberrima calidioraque arbustis in loca colligitur.

* *Loxia (sibirica) rubra, suprà fusco maculata, capistro purpureo, alarum fasciâ duplici obliquâ, rectricibusque extimis albis.* Gmel. *syst. nat.* 1, *p.* 849. Falk. *it.* 3, *tab. XXVIII.*

C'est un des plus jolis oiseaux de la Sibérie. Il est de la taille de la petite linotte ; mais il est mieux emplumé, et a plus d'apparence, à cause de la longueur de sa queue. Il est rouge, tacheté de brun en dessus ; sa tête est pourprée, ou quelquefois de couleur rose, et il a deux raies blanches et obliques sur les aîles. Il habite la Sibérie australe, dans les vergers.

No. 54.

FRINGILLA *calcarata.* Tab. 39, an F. Lapponica, *Lin.* [Moineau de Lapponie.]

Magnitudo montifringillæ. Rostro paululùm ad emberizas accedit : anomala *ungue postico* ipso digito ferè duplo longiore, tenui, obiter arcuato. *Vertex* ater, nucham versùs albo varius. Tractus supraciliaris usque ad mediam cervicem lutescente-albus, hinc candidus reflectitur antrorsùm, confluitque cum albedine laterum pectoris. *Latera* capitis, *gula* latè et collum subtùs longitudinaliter atra, plumis sæpe aliquot albis intermixtis. Cervicem latè occupat *area* transversa intensè rufa. *Dorsum* passerini coloris, sed margines remigum interiorum tectricumque caudæ magis rufescunt. *Pectus* et abdomen alba, sed latera lituris nigris longitudinalibus. *Cauda* subbifurca, rectrices utroque margine albicantes, duæ utrinque extimæ areâ cuneiformi adscendente albâ. Femina decolor.

Nidulatur in Sibiriæ borealibus, paulò post emberizam, n°. 57, ad primam drabæ vernæ inflorescentiam, ex austro advolans gregatim et agros frequentans. Vox ferè linariæ, volatus altior, diuturnus; humi currit instar alaudæ.

* *Fringilla* (*lapponica*) *capite nigro*, *corpore gryseo nigroque*, *superciliis albis*, *rectricibus extimis maculâ albâ cuneiformi*. Lin. Gmel. *syst*. 1, *p*. 900. (Le grand montain, *Buffon*, ois. 4, p. 134.)

Il est de la taille du pinçon d'Ardenne, et même un peu plus grand, et il est remarquable par la longueur de l'ongle de son doigt postérieur. Cet oiseau est varié de noir, de gris, et de blanc. Il habite, l'été, les parties boréales de la Sibérie et de la Laponie; il y arrive par troupes dès l'entrée du printems, venant alors des régions australes.

N°. 55.

FRINGILLA *flavirostris*. Lin.

Species constans et in borealibus Sibiriæ orientalioris vulgatissima, ut dubium de ea nequeat esse. *Rostrum* cereum, summo apice fusco; *corpus* in mare totum fusco-fuliginosum obscurum, in pectore summitatibus plumarum sæpe puniceo variantibus. Alarum remiges, tectricesque omnes nigricant, extùs albido-canescentes, veluti pruinosæ. Cauda simili colore subbifurca. *Femina* fusco cinerascit, alis caudaque similis.

Hyeme, nive in borealibus alta et intenso frigore in australiora Sibiriæ migrat, circaque horrea atque pagos versatur, stupiditate emberizæ nivali simillima.

* *Fringilla (flavirostris) fusca, rostro flavicante.* Lin. Gmel. *syst. nat.* 1, *p.* 915. (Le pinçon brun, *Buffon*, ois. 4, *p.* 121.)

Ce moineau est presque entièrement brun, avec le bec jaunâtre ; mais les plumes de sa poitrine sont quelquefois rouges à leur sommet. Il habite la Norwège et la Sibérie orientale, et se tient autour des habitations et des villages. L'hiver, il émigre vers les régions plus australes.

No. 56.

FRINGILLA *rosea*, [Moineau rose.]

Magnitudo montifringillæ. *Rostrum* linariæ. *Caput* roseum, plumis versùs rostrum quasi argenteo candore incrustatis, ut in loxia sibirica (*n*°. 53). *Collum* subtùs, uropygiumque dilutiùs rosea ; pectus obsoletius ; dorsum roseo-albidum ; lituris gryseo-fuscescentibus, ut in fringilla linaria. *Alae caudaque* nigricant, rectrices exteriore margine roseæ.

Rarior et solitaria in salicetis ad Udam et Selengam occurrit.

* *Fringilla (rosea) rosea, capistro argenteo, dorso li-*

turis ex griseo fuscescentibus vario, alis caudâque nigricantibus, rectricum margine exteriori roseo. Gmel. *syst. nat.* 1, *p.* 923.

Il est de la grandeur du pinçon d'Ardenne. Sa tête est rose, avec le front argentin. Il habite la Sibérie, dans les lieux marécageux, boisés de saules, où il vit solitairement.

No. 57.

EMBERIZA *pithyornus.* [Le bruant pithyorne.]

Magnitudo calendræ vel citrinellæ. *Vertex* fusco-nigricans, macula in medio ovata alba, nuchaque albo subvariegata. *Tractus* oculorum versùs cervicem productus, areaque magna gulam et collum occupans testaceo sanguinea. *Collum* infra eam transversè album, sæpe punctis trigonis fuscis adspersum, ast pectus ferrugineo gryseoque nebulosum. *Femina* in dorso color passerinus, uropygium ferrugineum. *Cauda* longiuscula, subforcipata, rectricibus utrinque duabus maculâ cuneiformi ex apice adscendente, albâ.

Habitat in pinetis Sibiriæ etiam borealioris, primo vere advolans, voce pipiente schoenicli.

* *Emberiza (pithyornus) verticis macula media ovata alba, nucha albo-varia, gula ex testaceo sanguinea, rectricibus utrinque duabus extimis fascia obliqua alba.* Gmel. *syst. nat.* 1, *p.* 875. *Emberiza leucocephala.* S. G. Gmel. *nov. comm. petrop.* 15, *p.* 480, *t.* 23, *f.* 3. (Le pithyorne, *Encycl.* ois. plan. CLV.)

Il est de la grandeur du bruant ordinaire, et ressemble par la voix à l'ortolan des roseaux, de *Buffon*. On le trouve dans la Sibérie, et quelquefois près de la mer Caspienne pendant l'hiver. Il a le bec et les pieds blanchâtres.

N°. 58.

EMBERIZA *aureola*.

Magnitudo ferè schoenicli. *Vertex*, cervix et totum dorsum intensè spadicei coloris. Plumæ circa nares, latera capitis et *gula* atra. *Collum* subtùs, et avicula prona tota pulcherrimè citrei coloris; sed *fascia* medium collum à cervice ambiens spadicea. *Hypochondria* lineolis fuscis. *Crissum* albet. *Alarum* bases imò fuscæ, hinc latò albæ compositis alis aream insignem efficiunt; tectrices verò, remigesque nigricant, margine rufescentes. *Cauda* subforcipata; rectrices utrinque duæ fasciâ obliquâ albâ interioris vexilli adscedennte. *Pedes* griseo-pallidi. In *feminis* omnia exsoletiora.

Habitat in populetis, insulisque salice luxuriantibus ad Irtin aliosque Sibiriæ fluvios. Vox schoenicli.

* *Emberiza* (*aureola*) *citrina*, *vertice*, *cervice*, *torque dorsoque spadiceis*, *rectricibus duabus utrinque extimis fasciâ obliquâ albâ*. Gmel. *syst nat.* 1, *p.* 875. *Emberiza sibirica*, Lépechin, *nov. comm. petrop.* 15, *p.* 483.

Il ressemble à l'ortolan des roseaux par la taille et la voix. Il est d'un rouge brun sur le dos, le col et le sommet de la tête; il a la face noire, les tempes blanches, et le dessous de la gorge citron. On le rencontre par troupes dans toute la Sibérie jusqu'au Kamtschatka.

N°. 59.

EMBERIZA *passerina*.

Magnitudo et structura schoenicli, color passerum simillimus. *Caput* sordidè ferrugineo-cinereum, in vertice parte tectâ plumarum atrâ; strigâ pone oculos pallidâ. *Collum* subtùs longitudinaliter nigrum, marginibus plumarum pallidis, utrinque verò à gula tæniola alba. *Dorsum* griseo-ferrugineum medio plumarum nigro, subtùs corpus cinerascente albet, lateribus subferrugineo-lituratis. *Remiges* maximè secundariæ, tectricesque exteriore margine ferrugineo-fulvescentes. *Cauda* subforcipata nigra; rectrices mediæ margine ferrugineæ, extima utrinque fermè ad basin, proxima ad medium obliquè albæ, rhachi tamen nigrâ, versùs apicem dilatatâ. *Pedes* corneolo fuscescentes. *Femina* caret nigredine verticis atque gulæ, ceterùm simillima. Obs. ad Iaïkum autumuo.

* *Emberiza (passerina) corpore suprà ex griseo ferrugineo, medio plumarum nigro, subtùs ex cinerascente albido, ad latera maculato, rectricibus nigris, mediis margine ferrugineis, extima utrinque fermè ad basim, proxima ad medium obliquè alba* (1). Gmel. syst. nat. 1, p. 871.

(1) Cette phrase est très-défectueuse par sa longueur; elle

On trouve ce bruant en automne, près de l'Iaïk. Il ressemble à l'ortolan des roseaux par sa taille et sa conformation, et se rapproche du moineau franc par la couleur.

N°. 60.

EMBERIZA *pusilla*.

Magnitudine vix spino æqualis. *Caput* suprà et lateribus longitudinaliter varium fasciis quinis testaceis, interjectisque nigris quatuor. *Dorsum* passerini coloris; *subtùs* albida, jugulo liturato.

Circa rivos montanos et in larycetis frigidis circa torrentes Alpium Dauricarum frequens.

* *Emberiza (pusilla) corpore suprà ex griseo ferrugineo, subtùs albido, jugulo maculato, capite fasciis alternis testaceis nigrisque longitudinaliter vario.* Gmel. *syst. nat.* 1, *p.* 871.

Ce bruant est à peine de la grandeur du tarin de *Buffon*, et est remarquable par sa tête panachée de raies roussâtres et noires. On le trouve dans la Daourie, près des torrens des montagnes.

---

présente une description plutôt qu'une différence spécifique. C'est un abus qu'il faut éviter.

En botanique je me suis astreint à ne pas employer plus de onze mots et rarement treize, dans la composition des phrases que j'employois à caractériser les espèces. Je crois qu'il convient de se faire la même loi lorsqu'on travaille dans les autres parties de l'histoire naturelle.

No. 61.

E ERIZA *rustica.*

Magnitudo schoenicli. *Caput* nigrum, *fasciis* tribus longitudinalibus albis, quarum una per medium verticem, laterales suprà oculares; *gula* quoque alba. *Cervix* humerique ferruginei; *dorsum* passerini coloris. *Subtùs* alba, jugulo punctis testaceis. *Rectrices* utrinque 2 extimæ obliquè albæ.

In salicetis Dauriæ jam martio mense frequens.

* *Emberiza (rustica) capite nigro, fasciis ejus tribus longitudinalibus, gulâ, corpore subtùs, et rectricibus duabus utrinque extimis obliquè albis.* Gmel. *syst. nat.* 1, *p.* 871.

On le trouve dans la Daourie, parmi les saules; il y est en abondance au mois de mars.

No. 62.

EMBERIZA *fucata.*

Magnitudo ciæ. *Vertex* cum parte cervicis cano-cinereus, rhachibus fuscis. *Supercilia lineaque* super oculos alba. *Macula* aurium orbiculata rufa. *Collum* subtùs album, circulo maculoso fusco gulam includente. Reliquo corpori color passerinus.

Ad Ononem et Ingodam in ripis, insulisque saliceto

saliceto obsitis copiosè vivit; aprili demùm adventans.

* *Emberiza (fucata) ex griseo ferruginea, maculâ antium orbiculatâ rufâ, superciliis, lineâ infra oculos et gutture albis, gulâ circulo maculoso fusco circumscriptâ.* Gmel. *syst. nat.* 1, *p.* 871.

On peut le nommer *bruant à cravate brune.* On le rencontre sur les bords de l'Onon et de l'Ingoda, parmi les saules. Il est de la taille du bruant fou de *Buffon.*

N°. 63.

EMBERIZA *rutila.* [Bruant cramoisi.]

Magnitudo citrinellæ. *Caput*, collum totum et dorsum intensè sanguineo-rufa; *subtùs* flavedo sulphurea. *Alae* passerini coloris. *Femina* magis decolor.

In salicetis ad Ononem, versùsque Mongoliæ fines rariùs observata.

* *Emberiza (rutila) ex sanguineo rufa, subtùs sulphurea, alis ex gryseo ferrugineis.* Gmel. *syst. nat.* 1, *p.* 872.

Il est de la taille du bruant commun. On le trouve près de l'Onon, dans les saules et vers les limites de la Mongolie.

N°. 64.

EMBERIZA *spodocephala.*

Magnitudo schoenicli. Caput et collum totum usque ad pectus cano-cinerea; *plumulae* circa rostrum nigræ. *Pectus* et abdomen pallidissimè flava. Ceterùm color passerinus.

Circa torrentes Alpium Dauricarum, parciùs occurrit vere.

* *Emberiza* (*spodocephala*) *ex gryseo ferruginea, subtùs pallidissimè flava, capistro nigro, capite colloque ex cano cinereis.*

Ce bruant habite dans les montagnes de la Daourie, près des torrens. Il est de la grandeur de l'ortolan des roseaux.

N°. 65.

EMBERIZA *chrysophrys.*

Magnitudo citrinellæ. Capitis *vertex* niger, *lineâ* utrinque superciliari citrinâ, *fasciâque* albâ à medio verticis ad nucham. Reliquus color ferè passerinus. Observata cum præcedente.

* *Emberiza* (*chrysophrys*) *ex griseo ferruginea, vertice nigro, lineâ utrinque superciliari citrinâ, fasciâque albâ à medio verticis ad nucham.* Gmel. *syst. nat.* 1, *p.* 872.

On le trouve aussi dans les montagnes de la Daourie, près des torrens. Il a une raie citrine ou d'un jaune clair au-dessus de chaque œil.

N°. 66.

HIRUNDO *alpestris.* Hirundo daurica, *spicil. Zoolog* [Hirondelle de Daourie.]

Magnitudo supra hir. domesticam, rostrumque paulò latius. *Color* verticis, inter alas, baseos alarum, tectricumque caudæ chalybeatoaterrimus. *Area* utrinque triangularis, ab oculis ad nucham tempora occupans, ferruginea; hæ sæpiùs areæ in cervice confluunt. *Uropygium* ad medium ferè usque dorsum pallidè ferrugineum. Subtùs corpus sordidè albet, rhachibus lineariter nigris striatum. Subcaudales apice atræ. *Cauda* atra, nitida, maximè forcipata; rectrices quatuor mediæ subæquales, extima præsertìm senioribus longissima, plerumquè notata interiùs maculâ albâ, oblonga. *Pedes* inter congeneres majusculi, fusci.

Nidulatur in rupibus elatis et speluncis montanis ad Altaïcas, Sibiriæque reliquæ Alpes, rarissimè in ædificiis desertis. *Nidus* maximus, hemisphæricus, tuberculis limosis eleganter purissimè que exstructus, sine ullo gramine admixto; canalis ad aliquot pollices à nido extensus pro aditu.

* *Hirundo* (*daurica*) *cœrulea*, *subtùs alba*, *temporibus uropygioque ferrugineis.* Linn. *mantiss. altera*, *p.* 528.

Elle est plus grande que nos hirondelles de cheminée. Son corps est bleuâtre en dessus, blanc en dessous, et les côtés de sa tête sont d'un roux ferrugineux. Cette hirondelle habite et fait son nid dans les grottes des montagnes de la Sibérie.

N°. 67.

TURDUS *ruficollis*. [Tourdre à col roux.]

Magnitudo turdi viscivori. *Color* suprà ut

in eodem. *Subtùs* collum jugulumque totum intensè rufum, pectus et abdomen alba, immaculata. *Cauda* æqualis, rufa, rectricibus duabus intermediis cinereis.

Habitat in summis jugis Dauriæ laryceto obsitis*, martio adventans.

* *Turdus* (*ruficollis*) *suprà fuscus*, *subtùs niveus*, *collo rectricibusque aequalibus rufis*, *intermediis duabus cinereis*. Gmel. *syst. nat.* 1, *p.* 815.

Cette tourdre ou grive à cou roux n'est encore connue que du professeur *Pallas*. Elle est de la grandeur de la draine. Elle habite les hautes montagnes de la Daourie.

N°. 68.

TURDUS *sibiricus*. [Tourdre de Sibérie.]

Magnitudo infra præcedentem. *Os flavum*. *Corpus* nigrum. Supercilia et tractus sub alis alba.

In sylvis alpinis et borealioribus Sibiriæ rarissimus, canorus, empetri baccis inhians.

* *Turdus* (*sibiricus*) *niger*, *ore flavo*, *superciliis tractuque sub alis albis*. Gmel. *syst. nat.* 1, *p.* 815.

Espèce très-rare, qui habite les bois des montagnes de la Sibérie boréale, vivant des baies de la camarine noire. Elle est plus petite que la draine.

N°. 69.

MUSCICAPA *aëdon*. [Gobe-mouche chanteur.] *M. rupicola*.

Magnitudo ferè et color turdi arundinacei,

à quo tamen diversissima; subtùs flavescenti-alba. *Rostrum* basi depressiusculum, *setis* insignibus vibrissatum, quod in muscicapis familiare. *Cauda* cinereo-fucescens, elongata, rectricibus intermediis subæqualibus, extimâ utrinquè longe breviore.

In rupestribus apricis Dauriæ crebra, canora noctu, carmine suavissimo, lusciniæ majoris, quæ in Sibiria orientali deest, æmulo.

* *Muscicapa (aëdon) subtùs ex flavescente alba, rectricibus ex cinereo-fuscescentibus elongatis, mediis subæqualibus, extimâ utrinque longè breviore.* Gmel. *syst. nat.* 1, *p.* 947.

Il est presque de la taille et de la couleur de la tourdre des roseaux. (Le junco, *Enc.* ois. pl. CLXXVIII.) On le trouve dans les rochers arides de la Daourie. Il chante la nuit comme le rossignol d'Europe.

No. 70.

MOTACILLA *maura*.

Magnitudo, character et habitus rubetræ. In masculis adultis caput et collum aterrima, interdùm vix evidentibus plumarum limbis albicantibus. Dorsum, alarumque bases atra, alis griseo-marginatis. Latera colli, subtùsque avicula tota alba, sed jugulum intensè ferrugineum. *Remiges* fuscæ, limbo obsoleto, interiùs albæ, tectrices interiores instratæque illis plumæ albo lutescunt, efficientes aream insignem, obliquam. *Cauda* æqualis, nigra, rectricibus lateralibus à basi dimidiato albis; *uropygium* album. *Feminae* et aviculæ juniores capite fusco gryseoque nebuloso, dorso scolopaceo, reliquo copore obsoletiore.

Abundat in betuletis raris circa Uralenses sylvas, inque campestribus betulâ consitis inter Tobolin et Irtin fluvios, per varia volans, sub arborum truncis inque cuniculis murium atque citillorm derelictis nidulans, insectivora.

**Motacilla* (*maura*) *atra, subtùs alba, uropygio lateribusque colli albis, jugulo intensè ferrugineo, alarum areâ obliquâ ex albo lutescente, rectricibus nigris, lateralibus à basi dimidiato albis.* Gmel. *syst. nat.* 1, *p.* 975.

Ce motteux ressemble, par la taille et par le port, au grand traquet de *Buffon*. Il est noir sur le dos et à la base des ailes; il est blanc sous le ventre, au croupion, et sur les côtés du cou, et il a la gorge d'une couleur ferrugineuse. On le trouve autour des forêts de l'Oural et dans les champs garnis de bouleaux, situés entre les fleuves Tobol et Irtin.

No. 71.

MOTACILLA *cyanurus*.

Magnitudo et habitus rubeculæ. Avicula suprà tota cinereo-flava, subvirescens, supercilia, gula et corpus subtùs è flavescenti-alba; latera pectoris versùs alas è flavo aurantii coloris. *Uropygium* cœrulescit, subcaudales albæ. *Rectrices* æquales, subacuminatæ, fuscocœrulescentes, extùs pallidè cyaneæ, undè cauda composita tota eleganter cœrulescit. *Alæ* fuscæ, remigum margine exteriore flavo-virescente, interiore flavo. *

Occurrit in arbustis rivulos fluviosque alpestres obumbrantibus australioris regionis circa Ieniseam, in hyemis usque initium præsens.

* *Motacilla* (*cyanura*) *suprà ex cinereo flava, subtùs ex flavescente alba, gulâ superciliisque ex flavescente albis, uropygio cœrulescente, crisso albo, rectricibus ex fusco cœrulescentibus, extùs pallidè cyaneis*. Gmel. *syst. nat.* 1, *p.* 976.

Ce motteux est de la grandeur et a le port de la rouge-gorge ; il est remarquable par sa croupe et sa queue bleuâtres. Son corps en-dessus est d'un gris jaunâtre, un peu verdâtre, et en-dessous, il est d'un blanc jaunâtre : mais sur les côtés de la poitrine, près des ailes, sa couleur est orangée. Ses ailes sont brunes, excepté à leur extrémité, qui est d'un jaune verdâtre. On trouve cet oiseau dans les régions australes de la Sibérie, sur les arbustes qui ombragent les collines et les bords des rivières.

N°. 72.

MOTACILLA *montanella*. [Motteux de Daourie.]

Magnitudo paulò suprà rubetram. *Caput* vertice fusco nigrum; *Striga* superciliaris et gula ochrea, aliis alba; *aures* nigræ, areolâ canescente. *Dorsum* subtestaceum lituris fuscis.

Subtùs tota pallidè ochrea, juguli plumis basi fuscis. *Alæ* fuscæ, pennis extùs subgriseis, tectricibus secundariis apice albis. *Cauda* longiuscula, cinerascens, rectricibus 2 mediis, et extimâ utrinque brevioribus.

Adventat in Dauria februario, turmis coccothraustum immixta, ad Abakanum rarior.

* *Motacilla* (*montanella*) *subtestacea fusco maculata, subtùs dilutè ochracea, vertice ex fusco nigro, superciliis et gulâ ochraceis aut albis, auribus nigris, areolâ canescente, alis fuscis, caudâ cinerascente.* Gmel. *syst. nat.* 1, *p.* 968 (1).

Le motteux de Daourie est un peu plus grand que le tarier, ou grand traquet de *Buffon*. Son corps est d'une couleur de brique en-dessus avec des linéoles brunes, et d'une couleur d'ocre pâle en-dessous. Il a les ailes brunes, la queue grisâtre, et le sommet de la tête d'un brun noirâtre. On trouve cet oiseau en Daourie, mêlé parmi des troupes de gros-becs.

---

(1) L'observation que j'ai faite dans ma note du n°. 59 (p. 62) trouve encore ici parfaitement son application. En effet, ceux qui ont quelqu'expérience en histoire naturelle, sentiront assez l'inconvénient qui résulte de ces longues phrases caractéristiques, qui, au lieu de présenter avec la concision nécessaire le caractère (*differentia specifica*) de l'espèce, ne sont que des descriptions déguisées sous la formule des phrases caractéristiques employées par les naturalistes. La lecture de ces longues phrases ne satisfait nullement au désir et même au besoin que l'on a de connoître le caractère de l'espèce qui en est l'objet : caractère que l'on doit pouvoir comparer facilement avec celui de chacune des autres espèces du même genre.

No. 73.

MOTACILLA *aurorea.* [Motteux aurore.]

Magnitudo phænicuri, sed procerior. *Vertex* cum cervice canus; *frons* exabilda, *gula*, collumque subtùs latè atra. *Dorsum* alæque nigra, hæ areâ triangulari albâ. *Subtùs* avis tota intensè fulva. *Cauda* fulva, rectricibus duabus intermediis nigris.

In salicetis circa Selengam et collaterales fluvios, usque ad Sinarum fines, ab aprili, vulgaris avicula, pagos familiariter frequentans.

* *Motacilla (aurorea) subtùs fulva, vertice et cervice canis, fronte exalbidâ, gutture atro, dorso alisque nigris, his areâ triangulari albâ notatis, rectricibus fulvis, intermediis duabus nigris.* Gmel. *syst. nat.* I, *p.* 976.

C'est, à ce qu'il paroît, un très-bel oiseau; il est de la grandeur du rossignol de muraille, de *Buffon*, mais plus élevé. Cet oiseau a tout le dessous du corps d'un rouge fauve, ainsi que la queue, qui est garnie néanmoins de deux plumes noires intermédiaires. Il a la tête blanche; le tour du bec et le cou noir; le dos noir, ainsi que les ailes : mais celles-ci sont marquées d'une tache blanche et triangulaire. On trouve ce motteux dans la Daourie, parmi les saules qui bordent le Sélenga.

No. 74.

MOTACILLA *citreola.*

Proximè affinis Mot. flavæ, quâ paulò major,

et (si varietas) saltem constans, ut videtur. *Caput* totum, collum et avis subtùs tota citrinâ flavedine tincta. Cervix media *lunulâ* cuculari nigricante, indeque dorsum totum cœrulescente-cinereum. *Alae* caudaque fermè ut in M. flava, cum qua simul adventat similesque habet mores.

In Sibiria orientaliore frequens, rarior minorque in Russia.

* *Motacilla* (*citreola*) *flava*, *nuchæ lunulâ nigricante*, *dorso ex cærulescente cinereo*, *rectricibus duabus lateralibus dimidiato-albis*. Gmel. *syst. nat.* 1, *p.* 962. Falck. *it.* 3, *t. XXIX.* Lepechin, *it.* 2, *t. VIII*, *f.* 1.

Il a beaucoup de rapport avec le motteux jaune, que *Buffon* nomme *bergeronnette de printems*; mais il est un peu plus grand, et en paroît constamment distinct. On le trouve assez fréquemment dans les parties orientales de la Sibérie. Cet oiseau a la tête entière, le cou et le dessous du ventre d'un jaune citrin.

No. 75.

MOTACILLA *campestris*.

Magnitudo et facies M. flavæ. *Suprà* tota cinereo-virescit, uropygium viridius. *Ductus* supraciliaris, cum palpebris, albido flavot. *Gula* et crissum pallidissimè, reliqua subtùs intensiùs flavescunt. *Annulus* gulam cingens è punctis lituratis, sæpe obsoletissimus, præsertim feminis. Pennæ alarum albido marginatæ. *Cauda* longa, æqualis, rectricibus utrinque duabus albis, interiore margine nigris. Ad nucham utrinque pili aliquot ultra plumas eminent.

Frequens in desertis graminosis, siccis, inter gramina cursitans, ut sæpe murem mentiatur. *Videtur esse* MOT. *Boarula* SCOPOL. *Ann.* 1, *p.* 154. LINN. *Mantiss. page* 527. Motacilla cinerea WILLUGHBEII, sed EDWARDSI icon. (*Tab.* 258.) aliena.

* *Motacilla (boarula) suprà cinerea, subtùs flava, rectrice primâ totâ, secundâ latere interiori albâ.* Linn. *mant. alt. p.* 527. Gmel. *syst. nat.* 1, *p.* 997. (Bergeronnette jaune, *Buffon*, oiseaux 5, p. 268, pl. enlum. n°. 28, f. 1.)

B. Motacilla campestris, Pallas.

Le motteux, dont parle ici le professeur *Pallas*, est regardé comme une variété du *motacilla boarula* de *Linné*. Il faut bien prendre garde que l'identité de nom ne le fasse confondre avec le *motacilla campestris*, ou l'habit uni de *Buffon*, qui en est très-différent, et qui habite la Jamaïque. Celui dont il est ici question ressemble, par la grandeur et l'aspect, au motteux jaune, que *Buffon* nomme *bergeronnette de printems*. Il est d'un cendré verdâtre en-dessus, de couleur jaune en-dessous, et a la queue longue, noire et blanche. Ce motteux habite la Daourie.

N°. 76.

MOTACILLA *melanope*.

Habitus Mot. flavæ, sed pedes minores; cauda ferè longior, ipsâque paulò minor. *Caput* et *suprà* tota cœrulescenti cinerea. *Linea* superciliaris à rostro ad tempora alba, sub qua lora nigra, tum linea alba à rictu per collum utrinque longitudinalis; interque has gula usque ad jugulum nigra. Reliqua subtùs flava. *Cauda* longissima, æqualis; rectrices utrinque tres albæ, præter extimam margine externo nigræ.

In Dauria circa ripas glareosas rariùs occurrit, neque in occidentalioribus visa. EDWARDSII icon (*tab.* CCLIX) hanc ipsam videtur exprimere, et à præcedente admodùm differt.

* *Motacilla* (*melanope*) *ex cærulescente cinerea, subtùs flava, loris et gutture nigris, superciliis et rectricibus utrinque tribus lateralibus albis, præter extimas margine exteriore nigris.* Gmel. *syst. nat.* 1, *p.* 997.

Cette espèce est d'un bleu cendré en-dessus, et jaune en dessous. Elle a le port du motteux jaune; mais elle est un peu plus petite, et a une queue fort longue, et égale. Elle est remarquable par une ligne blanche qui part de chaque côté de l'ouverture du bec, et descend le long du cou. On la trouve dans la Daourie.

N°. 77.

MOTACILLA *calliope*.

Magnitudo supra phœnicurum. *Corpus* colore lusciniæ, subtùs flavescenti album. Gula pulcherrima, splendidè cinnabarei coloris, utrinque stipata lineâ à rostro ductâ nigrâ et albâ. *Lora* item nigra, striga superciliaris alba. *Cauda* mediocris, rotundata, dorso concolor. *Pulli* ante completum annum gulâ simpliciter albâ ignobiles.

Saliceta densissima colit, circa fluenta Alpina, à Jenisea usque ad Lenam; in summis arborum viminibus suavissimè canora.

* *Motacilla* (*calliope*) *mustelina olivaceo-maculata, subtùs ex flavescente albâ, gulâ miniatâ lineâ albâ nigrâque cinctâ, loris nigris, superciliis albis*. Gmel. *syst. nat.* 1, *p.* 977.

Il est plus grand que le rossignol de muraille, de *Buffon*. Sa couleur en-dessus est la même que celle du rossignol ordinaire; mais il est en-dessous d'un blanc jaunâtre, et il a la gorge d'une belle couleur de cinabre. Ce motteux habite les parties orientales de la Sibérie, comme depuis l'Enisséï jusqu'à la Léna. On le rencontre toujours seul. Il chante très-agréablement.

No. 78.

MOTACILLA *cyana*.

Magnitudo præcedentis. *Suprà* tota, cum alis caudaque saturatè cyanea; *subtùs* nive candidior. A rostro ad alas colores distinguit striga atra. *Proportiones* currucæ.

In Dauriæ extremis campis inter Ononem et Argunum rariùs observata vere. Proximè affinis Mot. cœruleæ (EDWARD. *Glean* II. *pag.* 194.

Tab. CCCII) americanæ, quæ strigâ superciliari atrâ, rectricibusque lateralibus albis præcipuè differt.

* *Motacilla* (*cyana*) *tota cyanea, subtùs nivea, strigâ à rostro ad alas atrâ.* Gmel. *syst. nat.* 1, *p.* 992.

Il faut bien prendre garde de ne pas confondre cette espèce avec celle du n°. 1, qui est le *motacilla cyanura* de *Gmélin* (vol. I, pag. 976), ni avec le *motacilla cyanea* du même auteur (v. I, pag. 991) : erreur à laquelle l'analogie des noms pourroit porter.

Celui dont il est question dans cet article est d'un beau bleu en-dessus, ainsi que sur les ailes et la queue, et en-dessous il est blanc comme la neige. Cet oiseau est de la taille du précédent; on le trouve vers les confins de la Daourie, entre l'Onon et l'Argoun.

N°. 79.

ALAUDA *tatarica*. Tab. 37.

Magnitudo sturni. *Rostrum* omnibus congeneribus crassius et convexius, corneo-flavescens, apice fuscum. *Nares* et oris anguli plumis arctis pilosis arctè tectæ. *Color* senioribus in toto corpore aterrimus, opacus, in capite et cervice limbi plumarum vix evidentes albent; in dorso plumæ acutæ latiùs albæ, vix supra ba.in alarum; sub alis posteriùs plumæ albæ, disco nigræ. *Remiges* atræ 10 --- 19, cordatim emarginatæ, omnes summo apice exsoletæ. *Cauda* mediocris, subbifurca, rectricibus mediis limbo tenuissimè albis, proximis apicis limbo albescente, lateralibus aterrimis. *Pedes* nigri, ungue postico elongato, rectiusculo, aciculari.

Anniculis et feminis color ferè alaudæ, fuscus, marginibus plumarum gryseo albidis variegatus; verùm subtùs albidæ, discis plumarum nigris maculatæ. Plumæ circa rostrum pallidæ. *Remiges* albo-marginatæ; rectrices duo extimæ margine latiusculo albo, reliquæ limbo canescentes, subtùs alæ atræ. *Pedes* fusci.

Habitat in desertis aridissimis salsis, inter Volgam et Iaïkum, itemque in toto deserto Tatarico australiore; hyeme ad loca habitata accedens, subgregaria, æstate solitaria, desertissimos campos colens, vixque canora.

* *Alauda* (*tatarica*) *caudâ subbifurcâ, rectricibus intermediis duabus limbo tenuissimo albis, proximis apicis limbo albicante, lateralibus aterrimis.* Gmel *syst. nat.* 1, *p.* 795. Alauda nigra, *Falck.* itin. 3, p. 393, t. XXVII. (L'alouette noire, *Enc.* ois. pl. CXII, f. 4.)

Cette alouette est de la grandeur de l'étourneau commun, qu'on nomme vulgairement *sansonnet*. Les plus vieux individus mâles sont entièrement noirs, même sur les pattes; mais les femelles et les jeunes individus mâles, c'est-à-dire, ceux de l'année, sont simplement bruns, avec l'extrémité des aîles pâle, ou un peu blanchâtre. Elle habite les déserts arides et salins de la Tatarie, situés entre le Volga et l'Iaïk, ainsi que dans les régions désertes les plus australes, ou qui avoisinent la mer Caspienne.

N°. 80.

ALUDA *calandra.*

Magnitudo supra congeneres reliquas Europæas. *Rostrum* lividum, apice fuscum. Vertex, aures, humerique alarum et caudæ tectrices luceo-ferruginea, jugulum ferrugineo varium. Reliquus color alaudæ, subtùs sordidè albidus. *Remiges* secundariæ pleræque albæ, expansâ alâ maximè conspicuæ; primarium extima margine alba. Rectricum extima tota alba, proxima margine. *Pedes* grysei.

Abundat in campis apricis ad Irtin, humi nidificans. Volatu haud excelso, cantuque ineptiore, A. arvense inferior.

* *Alauda (sibirica) remigibus secundariis albis, vertice, auribus humerisque luteo-ferrugineis, rectrice extimâ exteriùs totâ albâ.* Gmel. *syst. nat.* 1, *p.* 799.

Quoique cette grosse alouette à tête jaune ait beaucoup de rapport avec l'*alauda calandra* des ornithologistes, je crois, ainsi que l'a pensé *Gmélin*, qu'elle en est véritablement distinguée comme espèce : 1°. parce que sa tête et le dessus de son corps sont d'une autre couleur ; 2°. parce qu'elle ne vole qu'à une petite hauteur, et qu'elle chante mal.

Cette alouette est plus grosse que les autres alouettes d'Europe. On la trouve en Sibérie, dans toutes les landes qui bordent l'Irtisch jusques vers les montagnes. Elle fait son nid sur la terre, comme les autres, se tient volontiers sur les bords des chemins, et se nourrit de vermisseaux.

N°. 81.

ALAUDA *mongolica*.

Magnitudo etiam supra calandram veram cui summoperè affinis. *Rostrum* crassum, ut in A. *nigra*. *Caput* cum cervice ferrugineum; intensiùs vertex, *vitta* albâ annulari cinctus, mediâ *maculâ* albâ. *Jugulum* area magna, biloba, nigra. Reliqua ferè calandræ. *Unguis* posticus digito ferè brevior, sed crassus, rectus, triqueter.

In campis salsis inter Ononem et Argunum abundat, humi cantillans suaviter.

* *Alauda* (*mongolica*) *vertice ferrugineo, vitâ albâ annulari cincto, mediâ maculâ albâ.* Gmel. *syst. nat.* 1, *p.* 799.

L'alouette de Mongolie est plus grande que la calandre avec laquelle elle a beaucoup de rapport. Elle a la tête d'une couleur ferrugineuse avec une raie blanche annulaire et une tache blanche. Sa gorge offre une grande tache noire, à deux lobes. Cet oiseau habite les champs salins situés entre les fleuves Onon et Argoun. Il chante étant par terre, et avec mélodie.

N°. 82.

LACERTA *helioscopa*.

Facies lacertæ mauræ, longitudo digiti. Caput totum callis verruculosum, retusissimum, vix labiis paululùm prominulis naribusque frontalibus. *Supercilia* subsquamata, palpebræ æquales, punctulatæ, margine grossiùs granulato. *Collum* quasi filo constrictum, subtùs plica transversa; cervix ad ipsos humeros tuberculo obliquo muricato, cum areola sæpe coccinea adjacente. *Corpus* breve, lateribus ventricosum, subtùs squamulis acutis æqualibus, suprà minoribus prominulis, sparsisque verrucis muricatis maximè versùs latera obsitum. *Cauda* æqualiter squamata, basi crassâ, dein subfiliformis, in apicem adtenuata. *Color* suprà ex albido gryseus cinereusve, guttulis fuscis glaucisque sæpe adspersus, et araneosus, subtùs albidus; apex caudæ suprà fuscus, subtùs miniaceus, coccineusve, raró pallidus. In deserti australioris collibus ardentissimis copiosa, insolatur capite surrecto et plerumquè soli obverso; cursu celerrima, sed minùs serpentino quàm lacerta agilis.

* *Lacerta (helioscopa) caudâ imbricatâ, basi crassâ, apice acutâ, collo subtùs plicâ transversâ, capite callis aspero.* Gmel. *syst. nat.* 2, *p.* 1074.

Ce lézard est de la longueur du doigt. Il est d'un gris cendré ou blanchâtre en dessus, et souvent parsemé de taches brunes ou glauques. Il est blanchâtre en dessous; mais le dessous de sa queue est couleur de cinabre ou rarement d'un rouge pâle. Ce reptile a la tête hérissée de callosités. On le trouve dans les déserts de la Sibérie australe, sur les collines exposées à l'ardeur du soleil. Il court avec beaucoup d'agilité.

La Cépède pense que c'est la même espèce que le *Lacerta plica.*

N°. 83.

LACERTA *velox*.

Multò *minor* et gracilior lacertâ agili, sed facie simillima. Caput, collare squamosum, monile per femora, caudaque verticillata, ut in illa. *Color* constans suprà cinereus, strigis longitudinalibus quinis, paulò dilutioribus, quibus adstant atomi fusci copiosi, sed mediâ vix ultra cervicem continuatâ. *Latera* corporis longitudinalibus maculis majoribus nigris, interspersisque punctis cœrulescenti-nitidis. *Pedes* postici areolis orbiculatis dilutioribus. — Inter saxa circa Inderskiensem lacum, atque in deserti locis æstuosissimis vagabunda, telo velocior.

* *Lacerta (velox) caudâ verticillatâ longiusculâ, collari subtùs squamis constructo, corpore suprà cinereo, strigis 5 longitudinalibus dilutioribus punctisque fuscis vario, ad latera nigro maculato et cærulescente punctato.* Gmel. *syst. nat.* 2, *p.* 1072.

La Cépède pense que ce lézard n'est qu'une variété du lézard gris, qui est le *Lacerta agilis* de Linné. (*Voyez* l'histoire naturelle des quadrupèdes ovipares, tom. 1, in-4°. p. 307.) *Pallas* convient qu'il lui ressemble, mais il dit qu'il est beaucoup plus petit et plus grêle. On le trouve parmi les rochers des environs du lac Inderskoï, et dans les lieux brûlans de ces contrées. Quand il court, sa vîtesse est comparable à celle d'un trait qu'on a lancé.

N°. 84.

LACERTA *cruenta*. [Lézard ensanglanté.]

Forma circiter præcedentis, ferè triplò minor et capite acutiore. *Collare* nullum nisi plica transversa, neque monile per femora. *Corpus* subtùs album, suprà fuscum, strigis cervicis septem albis, quarum elisa media et lateribus, quatuor per dorsum ad caudam usque continuantur. *Artus* maculis orbiculatis lacteis. *Cauda* verticillata, suprà cinerea, subtùs coccinea, extremitate sensim albicante. — Circa lacus salsos australes passìm occurrit rarior.

* *Lacerta* (*cruenta*) *caudâ verticillatâ suprà cinereâ, subtùs coccineâ, apice albicante, colli subtùs plicâ transversâ.* Gmel. *syst. nat.* 2, *p.* 1072.

Il a la forme du précédent, mais il est presque trois fois plus petit, et a la tête plus pointue. Ce lézard a quatre raies blanches sur le dos, et sa queue qui est cendrée par dessus et blanchâtre à son extrémité, est par-dessous d'un rouge écarlate, et comme ensanglantée. On le rencontre autour des lacs salés de la Sibérie australe. *La Cépède* le regarde comme une variété du lézard algire.

N°. 85.

LACERTA *mystacea*. Lacerta aurita. Tab. 100, *fig.* 1.

Magnitudo adultis ferè supra gekkonem. *Caput* retusum. Anguli oris dilatati utrinque in *cristam* semiorbiculatam mollem, extùs punctis scabram, margine dentatam, in vivo animale sanguine turgescentem. *Parotides* utrinque muricatæ; plica gulæ transversa subgemella. *Corpus* ventricosum, depressum, cum cauda totum punctis acutè prominulis scabrum, quæ majora in pedibus. *Caudae* latera (in tractu utrinque longitudinali) callulis muricata. *Digiti* pedum unguiculati, intermedii tres serrati, duo bifariàm, interior uno versu. *Color* suprà cinereo et lutescente nebulosus, atomis creberrimis fuscis; *subtùs* sordidè albus, litura sterni apiceque caudæ subtùs atris.

In collibus arenosis Naryn, ut et in deserti Comani sabuletis non infrequens.

* *Lacerta (aurita) caudâ tereti mediocri utrinque ad latus callosis punctis asperâ, plicâ gulæ transversâ subgemellâ, oris angulis utrinque in cristam semiorbiculatam mollem, scabram dilatatis.* Gmel. *syst. nat.* 2, *p.* 1073.

Ce lézard est remarquable par les deux oreillettes semi-orbiculaires et en crête qui accompagnent la base de sa gueule, une de chaque côté, et qu'il peut mouvoir à volonté. Il est d'un gris jaunâtre en dessus, parsemé de très-petites taches brunes; en dessous il est d'un blanc sale, avec quelques lignes noires sous la poitrine et la queue. On le trouve sur les collines sabionneuses de la Sibérie australe, et particulièrement dans le désert de Naryn.

No. 86.

LACERTA *apoda*.

Forma anguis et pedes nulli, sed verè lacerta. *Caput* corpore crassius, linguâ, dentibus obtusis, oculis palpebratis, aurium aperturis insignibus, ut lacertam decet. *Corpus* à capite ad anum cylindricum, squamis osseis loricatum, digestis in annulos, tractu utrinque laterali, molli interruptis. *Pedunculus* utrinque ad anum, subdidactylus, minimus. *Cauda* corpore multò longior, rigidissima, fragilis, adtenuata, squamis seriatis, argutè carinatis, multangulò-prismatica. *Color* pallidus. *Anatome* lacertæ, non anguis.

Habitat in convallibus herbidis deserti Naryn, et ad Sarpam, Kumam, Terekum fluvios.

* *Lacerta (apus) capite et corpore continuis unà cum cauda teretibus, imbricatis, pallidis; pedibus anterioribus nullis, posteriorum subdidactylorum vestigio.* Gmel. *syst. nat.* 1, *p.* 1079. Pall. *nov. comm. petrop.* 19, *p.* 345, *t.* 9. (Le sheltopusik, *La Cépède*, quadrup. ovip. p. 617.)

On pourroit nommer ce singulier reptile le *lézard serpent*, parce qu'ayant la conformation des lézards, il est presqu'entièrement dépourvu de pattes, ce qui lui donne l'aspect d'un petit serpent. Il manque entièrement des pattes de devant, et il n'a que des ébauches des deux pattes de derrière. En effet auprès de l'anus de cet animal, on voit de chaque côté une très-petite patte couverte de quelques écailles, et dont le bout se partage en deux sortes de doigts un peu aigus. On trouve ce reptile auprès du Volga, dans le désert sablonneux de *Naryn*, ainsi qu'aux environs de Terekum près de Kuman; il aime les vallées ombragées où l'herbe croît en abondance.

N°. 87.

LACERTA *arguta*.

L. agili brevior, ventricosior, rostro acutiore. *Collare* squamis obsoletis, ast plica sub collo duplex, insignis; callosa puncta in femoribus obsoleta, pauciora. *Cauda* longè brevior, basi crassiuscula, subitò adtenuata, extremo filiformi. *Color* subtùs albus, suprà glaucus, fasciis crebris transversis nigris, in corpore sæpe confluentibus, per caudæ basin semper distinctissimis, quarum singula continet puncta ocellaria quaterna, quinave, dorsi colore.

Habitat in aridis, glareosis, apricis ad Irtin australiorem, rariùs circa M. Caspium, inque deserto arenoso finitimo.

* *Lacerta* (*arguta*) *caudâ verticillatâ brevi, basi crassiusculâ, apice filiformi; collari squamis obsoletis plicâque sub collo duplici insigni.* Gmel. *syst. nat.* 2, *page* 1072.

Il est plus court et plus ventru que le lézard agile, et a le museau plus pointu. Son corps est blanc en dessous, d'une couleur glauque en dessus avec des raies noires, transverses, nombreuses, et un peu confluentes. Ces raies sont tout-à-fait séparées vers la base de la queue. On trouve ce lézard dans les lieux arides et pierreux des parties australes du fleuve Irtisch.

N°. 88.

RANA *ridibunda*. [Grenouille rieuse.]

Maxima, pondere haud rarà semilibri, et latitudine ferè manûs. *Forma* ranæ temporariæ; sed latior et brevior. *Caput* præsertim latius, plagioplateum. *Palpebra* superior convexa, poris adspersa; inferioris loco periophtalmium latum exactè connivens. *Tympana* plana. *Dorsum* adspersum poris, latera verruculis obsoletis; subtùs cutis glabra. *Palmæ* tetradactylæ, pollice basi crasso, divaricato, digito promixo reliquis omnibus breviore. *Plantae* palmatæ, callo interiùs accedente subhexadactylæ, *digiti* omnes apice subgloboso-mutici, subtùs ad articulos verrucâ notati. *Color* suprà cinereus, maculis majoribus crebris fuscis, interspersisque minoribus varius; lineâ spinali sæpe flavâ vel subviridi. *Artus* postici subfasciati. *Subtùs* corpus albidum, lituris sparsis fuscis; sed clunes potiùs fusci, maculis minoribus lacteis.--Copiosissima versùs mare Caspium; Volgæ et Iaico communis, in siccum nunquam exiens; vox vespertina humani risus effusioris è longinquo æmula.

* *Rana* (*ridibunda*) *corpore fusco maculato, suprà cinereo, lineâ dorsali flavâ vel subviridi, subtùs albido glabro, clunibus fuscis lacteo maculatis.* Gmel. *syst. nat.* 2, *p.* 1051.

Elle est fort grande, de la largeur presque de la main, et pèse souvent une demi-livre. Son corps en dessus est d'une couleur cendrée, marqueté de grandes taches brunes qui se touchent, et a une raie dorsale jaune ou verdâtre. Cette grenouille se trouve en abondance aux environs de la mer Caspienne, dans le Volga et l'Oural. Son croassement entendu de loin, imite un peu le bruit que l'on fait en riant. *La Cèpède* la regarde comme le même animal que son crapaud brun. (*Quadrup ovip. vol.* 1, *p.* 590.)

N°. 89.

RANA *vespertina*.

Magnitudo bufonis*, sed *forma* potiùs ad ranas accedit, quamvis propter posticorum artuum brevitatem non nisi ægrè saltet. *Caput* breve. *Corpus* suprà papillis sparsis subverrucosum, cinereum, maculis longitudinalibus subconfluentibus, fuscis, viridi variantibus varium, subtùs albidum, cinerascente inquinatum. In capite macula constanter transversa inter oculos, postice bicruris, et obliquè ab oculis ad nares. *Palmæ* tetradactylæ, simplices; plantæ palmaæ pentadactylæ, cum callo pollicari longitudinali crasso.

* *Rana* (*vespertina*) *maculâ inter oculos transversâ, posteriùs bicruri aliisque obliquè ab oculis ad nares, corpore suprà cinereo maculis longitudinalibus subconfluentibus fuscis, viridi variantibus vario, subtùs albido cinerascente inquinato.* Gmel. *syst. nat.* 2, *p.* 1051.

Dans son histoire naturelle des quadrupèdes ovipares (v. I, pag. 528), *la Cépède* regarde le *rana vespertina* de *Pallas* comme la même espèce que sa grenouille rousse. Elle est distinguée des autres grenouilles par une tache noire qu'elle a entre les yeux et les pattes de devant.

N°. 90.

RANA *sitibunda*.

Forma bufonis, sed major. *Caput* breve, retusum, melancholicum, pone orbitas tumidulas quasi filo constrictum. *Oculi* palpebris subcarnosis; superior lata, nictitans, inferior angusta, periophtalmio nictitante acuta. *Corpus* breve, ventricosum, punctis prominulis fuscis et verruculis ad latera dorsi majoribus, per inguina verò et hypochondria creberrimis adspersum. *Palmæ* plantæque subtùs verrucosæ; palmæ tetradactylæ, pollice divaricato; *plantae* semifissæ, subheptadactylæ, callo ad metatarsum utrinque prominulo. *Color* subtùs sordidè albus, suprà glauco-cinerascens, maculis subrotundis, difformibusque crebris, è viridulo nigricantibus inæqualibus variegatum. In desertis siccis ad Iaicum non infrequens, oppida et fortalitia quoque colens; interdiù variis antris latens, vesperi circumsaltitans.

* *Rana* (*sitibunda*) *suprà ex glauco cinerascens, maculis ex viridente nigricantibus varia, subtùs sordidè alba, plantis semi-palmatis subheptadactylis.* Gmel. *syst. nat.* 2, *p.* 1050.

Ce crapaud ressemble, par sa forme, au crapaud commun; mais il est plus grand. Son corps est d'un vert glauque cendré, parsemé de taches vertes et noires, inégales. *La Cépède* le regarde comme le même que son crapaud vert (*quadrup. ovip.* pag. 586). On le trouve près de la mer Caspienne, dans les lieux secs qui avoisinent l'Iaïk.

N°. 91.

COLUBER *scutatus*. [Couleuvre cuirassée.]

Longitudo sæpe quadripedalis; facies natricis. *Tela* in ore nulla, sed dentium utrinque series in utraque maxilla acicularium, exsertorum, majorumque, pecten duplex in palato longitudinale. *Irides* fuscæ. *Suprà* totus ater, minimè lucidus; *subtùs* scutæ polite atra, sed paria alterna, alterutra extremitate flavescenti-alba, tessulatum ventrem reddunt. *Caudae* vix una alteraque squama alba. *Scuta* abdomen latè, ferèque ad $\frac{2}{3}$ totius circumferentiæ tegentia, utroque latere quasi plicam longitudinalem efficientia, numero 190, præter squamam geminam magnam, anum obtegentem. *Cauda* obsoletissimè triquetra, squamarum paribus circiter 50. — In Iaico aquaticus, in terram tamen exiens.

* *Coluber* (*scutatus*) 190—50. Gmel. *syst. nat.* 2, *p.* 1102. La Cépède *hist. nat. des serp. p.* 242.

Cette couleuvre a cent quatre-vingt-dix plaques au-dessous du corps, et cinquante paires de petites plaques sous la queue. Elle est longue de quatre pieds. Sa couleur est noire. Le dessous de son corps, qui est de même couleur, offre des taches blanchâtres presque carrées, placées alternativement à droite et à gauche, et en très-petit nombre sous la queue. Elle passe souvent un tems très-long dans l'eau ou sur les bords des rivières, et souvent aussi sur les terres seches et élevées. On la trouve sur les bords de l'Iaïk.

N°. 92.

COLUBER *hydrus*.

Longitudo subtripedalis; facies anguis, et

tela nulla; sed palatum pectine gemino dentium acicularium, reclinatorum instructum. *Lingua* longissima nigra. *Caput* haud buccatum, parvum. *Oculi* parvi circulo flavo. *Color* suprà olivaceo-cinereus. *Cervix* fasciâ utrinque ad occiput in angulum confluente, interjectisque duabus maculis oblongis nigricantibus; reliquum corpus maculis orbiculatis per quatuor series in quincunces dispositis, quarum laterales nigriores, scutis adnexæ. *Scuta* flavescente et nigricante tessulata, versùs anteriora decrescente nigredine, caudâ verò totâ, ferè nigricante. *Scuta* abdominalia 180, præter squamam quadrigeminam ani; subcaudalium squamarum paria 66, et apex caudæ mucrone gemino, uno supra alterum, minutissimo terminatus. Aquaticus Rhymni et usque in mare Caspium observatus, in terram nunquam egressus.

* *Coluber* (*hydrus*) 180—66. Gmel. *syst. nat.* 2, *p.* 1103. La Cepede, *serp. p.* 240.

L'hydre a cent quatre-vingts plaques au-dessous du corps, et soixante-six paires de petites plaques sous la queue. La longueur de cette couleuvre est de trois pieds. Sa couleur est olivâtre, mêlé de cendré, et elle a quatre rangs longitudinaux de taches noirâtres disposées en quinconce. Le dessous de son corps a des taches jaunâtres et noirâtres. Cette couleuvre habite la mer Caspienne et ses environs. Elle est preque continuellement dans l'eau.

No. 93.

COLUBER *melanis*.

Facies colubri beri, et magnitudo, et tela in ore. *Irides* fuscæ ; *pupillae* verticaliter lanceolatæ, margo argenteus. *Corpus* atrum, opacum, subtùs politum, sed obsoletius maculis obscurioribus, et ad latera versùsque gulam cœrulescente nebulosum. Loricæ abdominales 148. *Cauda* brevis conica, squamarum paribus 27. In fimetis locisque suffocatis ad Volgam et Samaram observatus.*

* *Coluber* (*melanis*) 148 — 27. Gmel. *syst. nat.* 2, *p.* 1087. La Cepede, *serp. p.* 114, et *hist. nat. p.* 60.

Cette couleuvre a cent quarante-huit plaques au-dessous du corps, et vingt-sept paires de petites plaques sous la queue. Elle est noire; mais le dessous de son corps est de couleur d'acier avec des taches plus obscures, et d'autres bleuâtres. Ces taches sont comme nuageuses vers la gorge et des deux côtés du corps. C'est sur les bords du Volga et de la Samara que l'on rencontre cette couleuvre; elle s'y plaît dans les endroits humides et marécageux au milieu des végétaux pourris.

No. 94.

COLUBER *halys*.

Brevior crassiorque et magis torvus C. bero, squamis subcarinatis confertis horridus. *Caput* subcordatum, *telis* in ore. *Color* pallidè gryseus, maculis transversis olivaceo-fuscis, minoribusque versùs latera, subtùs pallidus. *Scuta* 164. Squamarum subcaudalium paria 34. Cauda $\frac{1}{9}$ totius longitudinis.

In aridissimis deserti australis rariùs occurrit, proque maximè venenoso habetur.

* *Coluber* (*halys*) 164— 34. Gmel. *syst. nat.* 2, *p.* 1094.

Elle a cent soixante-quatre plaques ou écailles au-dessous du corps, et trente-quatre paires de petites écailles sous la queue. On la trouve vers Astrakhan, dans les déserts arides. Elle passe pour être très-venimeuse.

N°. 95.

COLUBER *scytha.*

Sesquipedalis vel ultrà; cauda longitudinis $\frac{1}{10}$. *Caput* subcordatum, os *telis* simplicibus. *Irides* subauratæ. *Corpus* crassitie digiti suprà aterrimum, opacum, subtùs politum, lacteum. *Scuta* abdominalia 153. *Squamæ* sub cauda 31 parium.

Habitat in sylvis Sibiriæ montanæ, etiam borealioribus, minori gradu virulentus.

* *Coluber* (*scytha*) 153 — 31. Gmel. *syst. nat.* 2, *p.* 1091.

Elle a cent cinquante-trois plaques au-dessous du corps, et trente-une paires de petites plaques sous la queue. Elle est noire en-dessus, et a le dessous du corps très-blanc. Sa longueur est d'environ treize pouces. On la trouve dans les bois des parties montagneuses de la Sibérie.

N°. 96.

COLUBER *dione*.

Corpus gracile, tripedale, caudâ ferè sextam longitudinis partem explente. *Tela* nulla, pecten palati quadruplex. *Caput* parvum, tetragonum, suturis plerumquè fuscis reticulatum. *Color* suprà amœnè cinereus, imò sæpè exalbidus; strigis tribus longitudinalibus candidioribus, inter quas dispositæ lituræ alternæ fuscæ, vel fusco-reticulatæ, sæpè subconfluentes; subtùs color albidus, lituris minutis livido-fuscis, atomisque sæpè rubicundis adspersus. Scuta 190-206. *Squamæ* in cauda 66-58 parium.

Elegantissima et innocua species in desertis salsis versùs mare Caspium, iterumque in aridis, salsis, montosis ad Irtin observata.

* *Coluber* (*dione*) 190—66, 206—58. Gmel. *syst. nat.* 1, *p.* 1106. La Cepede, *serp. p.* 244.

Cette espèce varie dans le nombre de ses plaques; car elle a ordinairement depuis cent quatre-vingt-dix jusqu'à deux cent six grandes plaques au-dessous du corps, et depuis cinquante-huit jusqu'à soixante-six paires de petites plaques sous la queue.

Sa parure est très-élégante. La couleur du dessus de son corps est d'un gris très-agréable, tirant un peu sur le bleu. Elle est relevée par trois raies longitudinales d'un blanc éclatant, entre lesquelles ressortent des raies brunes. Le dessous du corps est blanchâtre avec de petites raies brunes, et souvent de petits points rougeâtres.

Cette couleuvre habite la mer Caspienne et les déserts de ses environs, ainsi que les collines arides situées près de l'Irtisch.

N°. 97.

ANGUIS *miliaris*.

Crassities digiti minimi, longitudo tantùm 14 unciarum, quarum duæ in caudam absumptæ. *Forma* scythales. Caput gryseum nigro adspersum. *Cauda* corpore paulò tenuior, cylindrica, obtusa, tota albo variegata. *Corpus* atrum, latera squamulis discoloribus seu punctis creberrimis pallidis, ad dorsum gryseis conspersa. *Squamæ* in corpore subtùs 170, subcaudales 32.

Habitat versùs mare Caspium.

* *Anguis* (*miliaris*) 170 — 32. Gmel. *syst. nat.* 2, *p.* 1120.

Ce serpent est de l'épaisseur du petit doigt, et long d'environ quatorze pouces. Il a cent soixante-dix rangs d'écailles sous le corps, et trente-deux sous la queue. Sa tête est grise, tachetée de noir. *La Cépède* le regarde comme une variété de l'*anguis meleagris* de *Linné*. On le rencontre sur les bords de la mer Caspienne.

N°. 98.

ACIPENSER *stellatus*.

Magnitudo solita quadripedalis, pondus librarum plus minus 30. Sturione, imò *acipensero rutheno* gracilior, corpore perfectè pentædro.

Caput

Caput asperrimum, tuberculis submucronatis, et stellis dentatis, subtetragonum productum *rostro* osseo longissimo plusquàm spithamali, subcylindrico-depresso, obtuso, subtùs basi glabro et mucoso, cæteroquin striis serratis asperrimo. *Cirri* quatuor antè os, ut in congeneribus omnibus. *Os* longius emissile quàm in reliquis, tubulosum. *Pori* auditorii lunati, insignes. *Corpus* inde à brachiis sensìm adtenuatum, pentædrum; *cauda* teres, obsoletissimè exhædra. *Ossicula* carinis mucronata, dorsalia 13; lateralia qualibet serie 35, minora; ventralia tantùm usque ad pinnam ani utrinque 12. Insuper ponè anum ossicula tria, prætereàque dorsum adspersum callis albidis asperato stellatis, majoribus minoribusque crebris; totum corpus squamulorum rudimentis crenatis, inordinatè dispositis asperrimum. *Pinnæ* longiores, quàm in aliis speciebus, caudæ præsertim lacinia superior longissima, falcata. *Color* suprà nigricans, sensim obsolescens; infra ossicula lateralia albo guttatus et variegatus, subtùs niveus. — E mari Caspio innumeris gregibus flumina adscendit ineunte maio. *Feminæ* omnibus partibus majores, at vix longiores. *Ovaria* decem circiter librarum, ovulorum rudi calculo continent ultra 300,000.

* *Acipenser (stellatus) rostro spatulato subrecurvo, diametro oris transverso sextuplo longiore, cirris ori pro-*

pioribus, *labiis integris*. Guldenst. *nov. comm. Petrop.* 16, *p.* 533. Gmel. *syst. nat.* 1, *p.* 1489.

Cette espèce d'esturgeon habite la mer Caspienne, et remonte, au mois de mai, par grandes troupes dans les fleuves. On en rencontre aussi dans le Danube, qui ont quatre ou cinq pieds de longueur.

N°. 99.

CALLIONYMUS baïkalensis.

Dodrantalis, totus mollis et infirmus oleo difluens. *Caput* magnum, basi subtetragonum, vertice plano, temporum carina bituberculata. *Rostrum* latum, plagioplateum. *Os* amplissimum; *maxillarum* margo crassus, uncinulis confertis scaber, inferior apice glabro, subaculato prominula. *Membrana* branch. laxa, sexradiata, radiis remotissimis, cartilagineis. *Oculi* majusculi, ad frontem, nigri. *Corpus* alepidotum fluxum, gracile, à capite sensim decrescens, compressiusculum. P. *pectorales* laxæ, longissimæ, dimidio corpori æquales, rad. 13 tenuissimis, rigidis. *Ventrales* nullæ. *Dorsalis* prior minima, octoradiata; secunda radiis rigidioribus, extremo quasi cirrhiferis 28, quorum 15 longissimi. P. *Ani* huic opposita, rad. 33, quorum 2 — 16 longissimi. *Linea* lateralis dorso propior. *Cauda* pinnis robustior, biloba, radiorum 13.

Habitat in abysso lacus Baïkalis, unde æstivis tempestatibus exturbata, catervatim in littora subindè egeritur.

* *Callionymus* (*baïkalensis*) *pinnis ventralibus nullis, dorsali primâ minimâ, secundæ radiis cirrhiferis.* Gmel. *syst. nat.* 2, *p.* 1153.

On trouve ce callionyme dans le lac Baïkal ; il paroît qu'il en habite les gouffres profonds qui existent vers le centre de ce lac ; car on ne le pêche jamais dans les filets, et on ne l'a pas encore vu en vie. Mais dans les tempêtes, les grands ouragans, ces poissons sont alors jetés à la surface de l'eau, et poussés sur le rivage. Ce poisson est mou, ressemble à un peloton de graisse ; et lorsqu'on le met sur le gril, il se fond entièrement en huile, ne laissant que les arètes.

N°. 100.

PLEURONECTES *glacialis.*

Dodrantalis, facie flesi. *Oculi* à latere dextro fusco, subaspero; latus album læve. *Spinae* nullæ, nec ad pinnas, neque in linea laterali. *Tractus* capitis osseus, ponè oculos prominulus, scaber, sed non in tubercula divisus. *Radii* medii pinnæ dorsi anique à latere fusco, quasi spinulis minutissimis hispidati. *Radii* p. dorsi 56, ani 39.

Frequens in oris arenosis Oceani glacialis.

* *Pleuronectes* (*glacialis*) *lævissimus, suprà fuscus, subtùs albus, pinnæ dorsalis analisque radiis mediis spinis minimis hispidis.* Gmel. *syst. nat.* 2, *p.* 1233.

Cette espèce de sole se trouve fréquemment sur les bords sablonneux de l'Océan glacial.

N°. 101.

PERCA *asper.*

Magnitudo, *facies* et structura tota inter

percam fluviatilem et luciopercam adeò exactè media, ut hybridam ferè diceres, constanti naturæ lege productam speciem. — *Forma*, nisi paulò crassior luciopercæ. *Oculi* majores, iridibus argenteis ponè latioribus. *Dentes* longè minores, sed antici pariter aliquot, et infrà duo in apice maxillæ majores. *Corpus squamis* majoribus asperisque, uti percæ; *color* quoque *percæ*, areis sex transversis nigris et abruptis. *Membrana* branchialis septemradiata. *Pinnæ* numero radiorum exactè ut in lucioperca (dors. 13. 23, pectoral. 14, ventr. 6, caud. 15); dorsales quinque fasciatæ, radiisque robustioribus et rigidioribus, uti in perca. In Volga et Rhymno vicinisque aquis frequens, aquâ extracta momento moritur, uti lucioperca.

* *Perca* (*volgensis*) *ex viridi aurea, pinnæ dorsælis secundæ radiis* 23. Gmel. *syst. nat.* 2, *p.* 1309.

Cette perche du Volga est moyenne pour la grandeur et la conformation entre la perche commune et le sandat. Elle est marquée de six taches noires transverses, et son corps est hérissé de grandes écailles. On la trouve dans le Volga et dans les rivières qui en sont voisines.

N°. 102.

SALMO *nelma.*

E majoribus sui generis, biulnari sæpe major. *Caput* omnium ferè maximè elongatum, maxillâ inferiore multò longiore in rostro depressiusculo. *Os* majusculum, laminæ mistaceæ magnæ, latæ. *Pupilla* iridium argentearum oblonga, nec angulata. *Membrana* branchialis rad. 10. *Pinna* dorsalis radiorum tredecim, ani 14. *Cauda* bifurca. *Corpus* (alboargenteum) macrolepidotum.

Abundat in majoribus Sibiriæ fluviis.

* *Salmo* (*nelma*) *ex albo argenteus*, *capite maximè elongato*, *mandibulâ inferiore multò longiore*. Gmel. *syst. nat.* 2, *p.* 1372. Lepech. *itin.* 2, *p.* 192. *t. IX.*, *f.* 1, 2, 3.

C'est une des plus grandes espèces de son genre; car elle a souvent plus de deux aunes de longueur. Sa tête est fort alongée, et elle a la mâchoire inférieure plus longue que l'autre, formant un museau en bec un peu applatti. Son corps est d'un blanc argenté. On trouve ce saumon dans les grandes rivières de la Sibérie.

No. 103.

SALMO *taïmen*.

Caput elongatum, pingue ut in trutta, rostro depressiusculo; maxilla inferior paulò longior, utraque uncis dentata, ut et lingua cum palato. *Corpus* pingue, teres, tantùm versùs caudam compressum, microlepidotum. *Lineæ* lateralis recta, dorso paulò propior per caudam æqua. *Pinnæ* dorsi fuscæ, prior radiorum 12 — 13. P. *pectorales* rad. 15 — 18, *ventrales* 10, albidæ, stipatæ appendiculis majusculis, lanceolatis, triquetris. P. *ani* ruberrima rad. 10 præter accessorios. *Cauda* bifurca, obscurè rubra. *Color* dorsi fuscescens, versùs latera subargenteus, ventri albus; *guttae* crebræ fuscæ per dorsum sparsæ, majores in operculis. *Magnitudo* summa sesquiulnaris, pondus 10 -- 15 librarum. Adscendit flumina Sibiriæ facilè omnia Oceanum glacialem influentia, et præruptos maximè Alpestrium tractuum torrentes petit. In Russia Cis-Uralensi non datur. Caro alba.

* *Salmo (taïmen) fuscescens, guttis crebris fuscis adspersus, caudâ bifurcâ.* Gmel. *syst. nat.* 2, *p.* 1372.

Il a le corps alongé, cylindrique, graisseux comme celui de la truite, et le museau un peu déprimé. Sa longueur est d'une aune et demie. On le trouve dans les fleuves de la Sibérie, qui coulent vers l'Océan glacial.

N°. 104.

SALMO *lenok*.

Facies ferè fincæ, forma coregoni. *Maxilla* superior paulò longior, utraque denticulata, ut et lingua cum palato. *Irides* flavescenti-argenteæ, *pupilla* antice angulata. *Corpus* microlepidotum, latiusculum, crassum; linea lateralis æqua, recta. *Pinnae* dorsales maculosæ, præcertim maculis, prior rad. 12 13. P. *pectorales* lutescentes, rad. 16, *ventrales* subrubræ r. 10. *Appendicula* lanceolata, plana; P. *ani* intensiùs rubens rad. 12. *Cauda* fusco-rubescens, bifida. *Color* subaureolus, in dorso fuscescens, punctis in masculo sparsis fuscis; abdomini flavescens.

Abundat in fluentis atque torrentibus saxosis rapidissimis Sibiriæ montanæ orientalioris, colligiturque præsertim circa cataractas; vulgatissimus præsertim piscis in Jenisea fluvio eumque influentibus aquis. *Magnitudo* summa ulnaris. *Caro* alba sapidissima.

* *Salmo* (*lenok*) *subaureolus punctis sparsis fuscis, suprà fuscescens, subtùs flavescens.* Gmel. *syst. nat.* 2, *p.* 1373.

Cette truite a une aune de longueur. Elle a le corps un peu large, épais, d'une couleur un peu dorée avec des points bruns épars. On la trouve dans les torrens et les rivières rapides de la Sibérie montagneuse et orientale, Sa chair est blanche, d'un goût exquis.

N°. 105.

SALMO (Coreg.) *Schokur.* Ostracis *Schohor.* Samoiedis *Hirdtschà.*

Bipedalis, simillimus S. lavareto, sed major paulòque latior, capite minùs compresso, rostro obtusiore, rotundato, obsoletè bituberculato. *Lamina mystacea* magna, ut in lavareto. *Dorsum* versùs pinnam anteriorem angulatum. *Radii* membr. branchiostegæ 9, pinn. pectoralium 17, ventralium 11, ani 14, dorsi 12. *Appendiculae* ad ventrales pinnas breves obtusæ.

* *Salmo* (*schokur*) *maxillâ superiore longiore, capite parvo, radiis pinnæ dorsi anteriùs angulati.* Gmel. *syst. nat. p.* 1378.

Il a deux pieds de longueur, ressemble beaucoup au lavaret,

mais il est plus grand et plus large. Il a la tête petite et la mâchoire supérieure plus longue que l'inférieure. Ce saumon est un poisson de passage, qui remonte habituellement dans l'Obi.

N°. 106.

SALMO an *Lavareti* varietas? Ostiacis *Pidschian*. Samoiedis *Polcur*.

Bispithamalis, lavareto latior et dorso inde à nucha gibbo diversus. *Irides* flavo-argenteæ. *Radii* membr. branchiostegæ 10, pinn. pectoralium 14, dorsalis 13, ventralium 11, ani 16. *Appendices* ad ventrales primas longiores, triquetræ, acutæ.

B. *Varietas* alia, Ostiacis *Muschsun*. Samoiedis *Sjumbunga*. Sola latitudine, atque gibbositate dorsi subangulati differt. Pinna ani radiorum vulgo 14. — Hi licet inter se et cum præcedente (n°. 105) proximè convenire videantur, omnibusque partibus et radiorum numero admodùm consentiant, distinctis tamen turmis capiuntur et circum cæsura constanter differunt.

* *Salmo* (*pidschian*) *maxillâ superiore longiore, radiis pinnæ dorsi gibbi* 13. Gmel. *syst. nat.* 2, *p.* 1377.

Il a beaucoup de rapport avec le lavaret, et n'en est peut-être qu'une variété; mais il est plus large. Ses yeux ont l'iris d'un jaune argenté. On le trouve dans l'Obi, qu'il remonte habituellement.

No. 107.

SALMO (Coreg.) *nasus*. Ostracis *Kegchull*. Samoiedis *Chychalle*.

Magnitudo sesquipedalis ; *forma* lavareti. *Caput* corpore crassius, vix compressum, maxillâ superiore longiore, usque ad oculos gibbâ, convexâ, obtusâ. *Corpus* macrolepidotum, latiusculum, crassum, dorso versùs pinnam angulato. *Radii* membr. branchiostegæ 8--9; pinn. pectoralium 18, ventralium 11 -- 13, ani 13, dorsi 12. *Appendices* ad ventrales brevissimæ, triquetræ. *Cauda* bifurca.

Cum præcedentibus Obensis alvei anadroma species, sed ultra sinum Obensem non adscendit.

* *Salmo (nasus) maxillâ superiore longiore, radiis pinnæ dorsi* 12, *capite crasso*. Gmel. *syst. nat.* 2, *p.* 1378. Lepech. *itin.* 3, *p.* 227, *t.* XIII.

Il est long d'un pied et demi, et ressemble au lavaret par sa forme. Sa tête est plus épaisse que son corps. Sa mâchoire supérieure, plus longue que l'autre, est obtuse, convexe, gibbeuse jusqu'auprès des yeux. On trouve ce saumon dans l'Obi, qu'il remonte comme les précédens.

No. 108.

SALMO (Coreg.) *autumnalis*. Samoïedis *Ssangchalle*.

Corpus subsesquipedale, obesum, compressum, dorso vix angulato. *Os* edentulum; maxillâ inferiore longiore. *Hiatus* branchiarum amplissimi, undè mors extra aquam præsentissima. *Irides* pallidè auratæ. *Squamae* majusculæ, argentatæ. *Radii* membr. branchiostegæ 9, pinn. pectoralium 16, ventralium 12, ani 13, dorsi 11. *Appendices* ad ventrales magnæ, longitudinis ferè dimidia pinnæ. *Cauda* bifurca.

Ex Oceano glaciali fluvios Petschoram et Jeniseam adscendit; per Angaram in Baïkalem, perque Tubam fl. in Madsharem lacum delata, eorundem alveis multiplicata est indeque per fluenta secundaria migrat autumno immensis copiis.

* *Salmo* (*autumnalis*) *maxillâ inferiore longiore*, *radiis pinnæ dorsi* 11. Gmel. *syst. nat.* 2, *p.* 1378. Lepech. *itin.* 3, *p.* 218, *t.* *XIV*, *f.* 1.

Ce saumon, que les Sibériens nomment *omoul*, est long d'environ un pied et demi. Son corps est comprimé et couvert d'écailles argentées un peu grandes. Il a la mâchoire inférieure plus longue que la supérieure. Dès qu'il est hors de l'eau, il meurt promptement. Il habite la mer Glaciale, et remonte dans l'Enisséï et l'Angara, et pénètre jusqu'au lac Baïkal. Il pénètre aussi dans le lac Madshar par la Touba. On en pêche, en automne, des quantités prodigieuses.

No. 109.

SALMO (Truttac.) *kundscha*.

Vulgò bipedalis, erioci simillimus, sed *cauda*

bifurca. —*Irides* flavo-argenteæ. *Color* argentatus ; latera suprà, paulòque infra lineam lateralem cœrulescunt, *guttis* albis sparsis. *Radii* membr. branchiostegæ 11, pinn. pectoralium 14, ventralium 9, ani 10, dorsalis 11—12. adiposa parva, serrata. *Appendix* ad ventrales dimidia pinnarum longitudine.

In sinubus Oceani Arctici æstate abundat, fluvios non subintrans.

* *Salmo* (*kundscha*) *argenteus*, *guttis albis*, *caudâ bifurcâ*. Gmel. *syst. nat.* 2, *p.* 1373.

Cette espèce est ordinairement longue de deux pieds, et ressemble beaucoup à l'ériox ; mais sa queue est fourchue. Elle est d'une couleur argentée bleuâtre avec de petites taches blanches. On la trouve fréquemment, l'été, dans les golfes de l'Océan boréal, ne pénétrant qu'à l'embouchure des fleuves.

N°. 110.

SALMO (*Truttac.*) arcticus.

Longitudo digitalis ; *forma* thymalli junioris. *Caput* vix compressum, fronte planâ, rugis tribus longitudinalibus porcata. *Rostrum* rotundatum, simulum, maxillis subæqualibus. *Irides* argenteæ. *Corpus* microlepidotum, argentatum, punctis lineolisve fuscis, per quatuor utrinque series digestis. *Radii* membranæ branch. 9, pinn. pectoralium 16, ani 10, dorsalis 18. *Cauda* bifurca.

In rivulis saxosis jugi Arctici frequentissima species.

**Salmo* (*arcticus*) *argenteus*, *punctis lineolisque fuscis per 4 utrinque series digestis, caudâ bifurcâ.* Gmel. *syst. nat.* 2, *p.* 1373.

Cette truite est de la longueur du doigt, et a la forme d'une jeune ombre de riviere. Sa couleur est argentée avec des points et de petites lignes de couleur brune. Ces points et ces petites lignes sont disposés de chaque côté en quatre rangées distinctes. Ce poisson est commun dans les ruisseaux qui sortent des montagnes boréales de la Sibérie.

N°. 111.

CYPRINUS *rivularis*.

Magnitudo aphyæ, circiter bipollicaris. *Caput* obtusum, subtetragonum, vertice poris sparsis magnis excavato. *Corpus* tereti-compressiusculum, squamis vix conspicuis. *Linea lateralis* recta, ad caput subadscendens. *Pinna* dorsi pone æquilibrium rad. 8, pectorales rotundatæ, ventrales anique rad. 8. præter accessorium. Pinnæ omnes caudaque bifurca pallidæ. Color subargenteus, lituris fuscis maculosus. *Irides* argenteæ.

Habitat cum cobitide barbatula in rivulis minimis lacunisque montanis circa montes Altaïcos, aliorumque piscium penuria cribris capitur.

* *Cyprinus* (*rivularis*) *pinnâ anali dorsalique radiis* 8, *corpore fusco-maculato.* Gmel. *syst. nat.* 2, *p.* 1420.

La couleur de ce cyprin est argentée, avec de petites taches ou linéoles brunes. Sa tête est obtuse, un peu tetragona, avec des fossettes éparses sur le vertex. Il habite les petits ruisseaux et les étangs des montagnes des environs de l'Altaïk.

No. 112.

CYPRINUS *labeo*.

Magnitudo ulnari semper minor. *Caput* crassum, rostro conico, obtuso, subcarnoso; *os* sub rostro, ferè acipenserinum. *Oculi* majusculi, iridibus flavo-argenteis. *Corpus* teretiusculum, subcompressum, macrolepidotum. *Radii* membranæ branchiostegæ 3; *pinnarum*: dorsalis 8 (quorum primus robustus, osseus, inermis), pectoralium 19, ventralium 9, ani 7. Pinnæ pectorales, ventrales, et analis rubræ. *Cauda* bifurca fusca.

In fluviis saxosis, rapidis, versùs Oceanum orientalem tendentibus frequens piscis atque sapidissimus; natat gregatim et velocissimè, undè nomen Russicum, et captura difficilis.

* *Cyprinus* (*labeo*) *pinnâ ani radiis* 7, *dorsali* 8, *pectoralibus* 19. Gmel. *syst. nat.* 2, *p.* 1420.

Il n'a jamais une aune de longueur. Son corps est un peu cylindrique, légèrement comprimé, et couvert d'écailles assez grandes. Il a la tête épaisse, le museau conique et obtus. Ce cyprin habite les torrens et les rivières rapides de la Daourie, qui coulent vers l'Océan oriental. Sa vivacité est si grande, qu'il faut être très-attentif pour le retenir dans les filets lorsqu'on le pêche. Il a un goût exquis.

N°. 113.

CYPRINUS *leptocephalus*.

Magnitudo præcedentis. *Corpore* coregonum refert; capite subsimilis esoci. *Rostrum* valdè productum, depressum, rotundatum, maxillâ inferiore longiore. *Irides* flavescenti-argenteæ. *Squamae* mediocres. *Pinnae*, præter dorsalem, omnes rubræ, cauda obscurius. *Radii* membranæ br. 3, pinnarum pectoralium 20, ventralium 10, analis 9, dorsalis 8; *cauda* bifurca.

Habitat cum præcedente, tardior et captu facilis.

* *Cyprinus (leptocephalus) pinnâ ani radiis 9, dorsali 8.* Gmel. *syst. nat.* 2, *p.* 1420.

Il est de la grandeur du précédent, et il ressemble un peu au corregon par le corps, et à l'ésoce par la tête. Ce cyprin se trouve dans la Daourie avec le *labeo;* mais il n'en a pas la vivacité, et se laisse prendre plus facilement.

N°. 114.

CYPRINUS *sericeus*.

Minutus, sesquipollicaris, adeòque vix aphyâ major, sed latior, *forma* carassii. *Color* maximè in vivo splendidissimus, cœrulescenti, vel violascenti argenteus, versùs abdomen pallidè roseus. *Striga* utrinque versùs caudam latiuscula, longitudinalis, viridic-yanea, subargentea. *Pinnae* ventrales et analis cinnabarinæ, apice atræ. *Cauda* fusco rubens. *Radii* pinnæ dorsalis 10, ani 11. *Irides* aureæ, litura supra pupillam miniacea.

In aquis pigris Dauriæ copiosissimus pisciculus.

* *Cyprinus* (*sericeus*) *pinnâ dorsali radiis* 10, *anali* 11, *caudâ ex fusco rubente.* Gmel. *syst. nat.* 2, *p.* 1418.

Ce cyprin est très-petit, et remarquable par la beauté et la variété de ses couleurs. Il a un pouce et demi de longueur, et ressemble au carassi par la forme. Son corps est bleuâtre ou violet, argenté, très-brillant, d'un rose pâle vers l'abdomen, avec une raie d'un vert bleuâtre de chaque côté. On le trouve dans les eaux tranquilles ou stagnantes de la Daourie.

No. 115.

CYPRINUS *clupeoïdes.*

Magnitudo paulò supra harengum, eoque latior aliquantùm et obesior. *Caput* cyprinaceum. compressnm. *Maxilla* inferior longior, obtusè carinata apice obtuso, conoïdeo prominula; superiores *laminae mystaceae* exiles, sinu reconditæ. *Membranae branchialis* radii lati 3. *Oculi* majusculi, *iride* flavo-argentea. *Corpus* lanceolatum, compressum, submacrolepidotum, argentatum, abdominis carinâ convexâ, sed in siccatis argutâ. *Linea lateralis* à capite descendens, hinc usque ad caudam abdomini propior et parallela. *Pinna dorsalis* pone æquilibrium, novem-radiata; *analis* posterior rad. 17, pectorales 17, ventrales 9. *Appendix* lanceolata ad ventrales pinnas, ut in coregonis. *Cauda* bifurca fuscescens, uti pinnæ reliquæ. —Sic in pisce Caspio, quotannis hyeme per Terecum anadromo.

B. Siccatum piscem *argunensem* nuperrimè misit amicus Selengiensis, qui collatus per omnia simillimus est visus, etiam situ pinnarum et numero plerarumque. Sed pinna ani radiorum 29, et carina ventralis paulò magis rectilinea, quàm in Terekiensi. Magnitudo haud multò supra spithamam; neque tamen specie distinctum dixerim.

* *Cyprinus* (*clupeoides*) *pinnâ dorsali 9, anali 17, corpore compresso, caudâ bifurcâ.* (*Cyprinus chalcoides*, Guldenst. *nov. comm. petrop.* 16, *p.* 540, *t. XVI.*)

Il est un peu plus grand et plus large que le hareng, et il a la tête comprimée, et la mâchoire inférieure un peu plus alongée que la supérieure. Il habite la mer Caspienne l'hiver, on le trouve dans l'Argoun.

N°. 116.

SCARABÆUS *polyceros.*

Magnitudo et facies scarabæi stercorarii maximi; piceus, elytris subtestaceis. *Forcipes* lati, tricuspidati, exserti, ut in lucanis. *Galea* tridentata; laciniâ mediâ productâ, acumine et corniculo disci conico adsurgens. *Thorax* retusus, convexus, ad nucham cornuto-bidentatus, clypei lateribus impressis. Lectus in lacu salso Inderiensi.

* *Scarabæus* (*dispar*) *cornu thoracis subulato protenso, capitis subulato subrecurvo, scutello cordato.* Fabr. *spec. ins.* 1, *p.* 5, *n°.* 7. *Mant. ins. p.* 4, *n°.* 7. Olivier, *coleop.* 1, *p.* 58, *pl. III*, *fig.* 20, *a*, *b*, *c*.

Il est un peu plus grand que le scarabé typhée. La tête est armée d'une petite corne subulée, un peu recourbée; et le corcelet a aussi une corne subulée, mais qui est presque droite. Ce scarabé se trouve en Sibérie, près du Volga. *Voyez* le n°. 125.

N°. 117.

SCARABÆUS *cephalotes*.

Magnitudo paulò supra chrysomelas maximas, totus ater, glaberrimus, opacus. *Abdomen* brevissimum, ut in *scarabaeis coprideis*; *elytra*, ut abdomen, brevissima, coalita, abdomen includentia, obsoletissimè striata. *Thorax* convexus, magnitudine abdominis, eoque latior, antice excisus. *Caput* maximum, lamellâ utrinque ante oculos horizontali auriculatum. *Forcipes* exserti maximi, triquetri; sinister usque ad basin fissus. *Pedes* magni, priores maximè dentati. Lectus cum præcedente, cum eoque lucanos scarabæis adnectit.

* *Scarabæus* (*cephalotes*) *clypeo emarginato bilobo.* Gmel.

syst. nat. 3, *pag.* 1587. (Lucanus apterus, *Pallas*, ic. ins. ross. 1, *t. A*, *f.* 1.)

Ce scarabé a une grosse tête, et l'abdomen court comme dans les bousiers. Ses élytres sont réunies, et enveloppent l'abdomen. On le trouve dans les lieux arides de la Tatarie, sur la terre. Il est noir, et ne peut voler.

N°. 118.

SCARABÆUS *bidens*.

Magnitudo scarabæi stercorarii, *facies* scarabæi nasicornis feminæ, sed magnis piceus, et thorax inermis punctulatus, convexus. *Mas* galeâ anticè bidentatâ, verticis centro gemino, subcornuto, quod vix in femina. Lectus cum præcedentibus.

* *Scarabæus* (*bidens*) *galeâ anticè bidentatâ, thorace punctulato.*

Ce scarabé, qui est de la taille du fouille-merde, a l'aspect du nasicorne femelle. On le trouve dans la Tatarie.

N°. 119.

SCARABÆUS *humerosus*.

Magnitudo scarabæi lunaris, coprideus, exscutellatus, totus obscurè viridi, violaceove sericeus. *Galea* lineis eminentibus, aream quadratam efficientibus, angulata, in qua centrum cornutum. *Thorax* utrinque ad caput productior, inermis, ad latera, et in regione scutelli impressione notatus. *Elytra* grysea, suturâ costisque binis viridi-violaceis. Asiaticus cum præcedentibus.

* *Scarabæus (humerosus) exscutellatus, thorace antice utrinque productiori, elytris griseis.* (An scarabæus sphinx, *Fabr.* sp. ins. p. 24, n°. 138.)

Il est d'une couleur verdâtre ou violette un peu soyeuse. Ses élytres sont grisâtres. Il manque d'écusson, comme les vrais bousiers. On le trouve en Asie, avec les précédens.

N°. 120.

SCARABÆUS *oxypterus.*

Magnitudo paulò supra scarabæum hortulanum. Thorax oblongior S. arboreis reliquis et abdomine vix angustior, convexus, violaceo viridique varians. *Elytra* grysea, abdomine angustiora, apice acuminato, mucronata et distantia, strigis extremitatis in apicem confluentibus, cano-tomentosis radiata. Pedes primores brevissimi, tibiis profundè pectinatis.

* *Scarabæus (vittatus) cyaneus, pilosus, elytris testaceis, lineis tribus albicantibus.* Fabr. *sp. ins.* 1, *pag.* 47, *n°.* 74 (Scarabæus acuminatus, *Lepech.* itin. 1, pag. 508, t. XVI, f. 9)

Ce scarabé est violet ou bleuâtre, velu. Il a les élytres étroites, acuminées, testacées ou couleur de brique, avec trois lignes blanches. On le trouve dans la Russie.

N°. 121.

SCARABÆUS *albellus.*

Magnitudo media inter scarabæum *auratum*

et sticticum. Thorax utrinque spinâ adpressâ*, ut in illo. *Corpus* atrum; clypei latera longitudinaliter latè alba; elytra maculis sparsis, transversis albis.

* *Scarabæus* (*albellus*) *ater, thorace, margine elytrisque maculis sparsis albis.* Fabr. *spec. ins. p.* 60, *n°.* 55. Pallas, *ic. ins. ross.* 1, *p.* 17, *t. A*, *f.* 18.

Il est moyen entre le scarabé doré (l'éméraudine) et le scarabé stictique, que Geoffroy nomme *le drap mortuaire.* Son corps est noir, les côtés du chaperon sont blancs, et les élytres sont parsemées de taches blanches transverses. On le trouve en Russie.

N°. 122.

SCARABÆUS *vertumnus.*

Magnitudo et facies *scarabaei solstitialis. Corpus* fulvo-testaceum; *thorax* lanâ fulvâ, copiosâ; *scutellum* ferrugineo-villosum; *clypeus* fulvo pubescens, puncto utrinque impressè fusco. *Caput* et *elytra* obscuriùs testacea. *Artus* testacei. *Antennae* triphyllæ, clavâ masculis sextuplo majore. E primis vernalibus insectis apparuit aprili, in fruticetis apricis circa Samaram.

B, VARIETAS, simillimus, sed subtùs totus et artus pallidi coloris: villi thoracis et scutelli pallidi; *clypeus* item pallidus, solo triangulo medio longitudinali, et puncto utrinque impresso testaceis. Paulò tardiùs et ad occidentem Volgæ tantùm observatus, circa fruticeta,

* *Scarabæus* (*vertumnus*) *villoso-pubescens, clypeo puncto utrinque impresso.*

Il ressemble, par la grandeur et l'aspect, au petit hanneton d'automne. Il est velu d'un roux testacé, et a de chaque côté un point enfoncé sur l'écusson. On le trouve en Russie, près du Volga.

No. 123.

SCARABÆUS *albus*.

Magnitudo media inter fullonem et melolontham; forma omninò prioris, nisi oblongior. *Antennae* masculis itidem lamellis septenis maximis. *Corpus* totum, thorax, elytra, pedes squamulis minimis albis farinosum atque candidum, quibus detritis apparet color piceus vel subtestaceus. Albissimum præsertim abdomen. Thorax, femoraque priora albo-lanata.

Noctivagus, post medium junii apparet in arenosis elymo abundantibus ad Irtin et Iaïkum, in australioribus.

* *Scarabæus* (*albus*) *squamulis minimis albo-farinosus, antennis heptaphyllis.* (Scarabæus hololeucos, *Pallas*, ic. ins. ross. 1, p. 19, t. B, f. 21.)

Il tient le milieu entre le scarabé-foulon et le hanneton commun. Il est couvert de très-petites écailles, qui le font paroître blanc et comme farineux. Le mâle a les lames de ses antennes fort grandes. On trouve ce scarabé dans les parties australes de la Russie.

N°. 124.

SCARABÆUS *spireae.*

Inter sc. arboreos minimus, vix chrysomelam mediocrem æquans, forma horticolæ. *Corpus* et thorax nigra, cano-pubescentia; *elytra* grysea, suturâ et margine fusca, tenerrimè pubescentia, abdomine paulò breviora. *Pedes* picei.

Apparet maïo, junioque in floribus variis, præsertim spireâ crenatâ, rarior ad Volgam, in Sibiria campestri frequens.

* *Scarabæus* (*spireæ*) *niger, cano-pubescens, elytris griseis margine suturâque fuscis.*

Ce scarabé est petit, et a la forme du hanneton horticole d'*Olivier* (n°. 85). On le trouve en Sibérie sur différentes fleurs, et principalement sur celle de la spirée crênelée.

N°. 125.

SCARABÆUS *ammon.*

Sc. stercorario paulò major, circumscriptione simillimus. Totus aterrimus, nitidus. *Maxillae* prominentes, simæ, apice bifidæ, exteriùsque dente insigni adsurgente, unde aliqua affinitas cum lucanis. *Clypeus* convexus, scutellum cordatum. Elytra sulcata. — *Mas* cornu frontis surrecto, thoracisque antrorsùm protenso, subulatis, longissimis. *Feminam* descripsi. *Append. n°.* 116, nundùm totâ masculi conformatione.

In arenis Naryn ineunte æstate abundè ubicumque pascuntur equi, noctu convolat.

* Selon l'opinion de *Pallas*, ce n'est ici que le mâle de son *scarabæus polyceros*, n°. 116, qui est le *scarabæus dispar* de *Fabricius*. Il a des mâchoires saillantes presque comme les lucanes. Il faut bien prendre garde de ne point confondre cette espèce avec le *scarabæus ammon* de *Linné*, qui est le *scarabæus silenus* de *Fabricius*.

N°. 126.

ATTELABUS *polymorphus*.

Simillimus *attelabi* seu *meloës cichorii* et affinibus, sed brevior, et magnitudine vix *attelabi apiarii*. *Atra* tota, et lanugine nigra pubescens. *Elytra* subcompressa, rotundata, flexilia; maculâ baseos ovali, prope suturam, fasciis 2 transversis undulatis, areâque apicis transversâ cereis. Fascia prior secundùm marginem plerumque diffluit; imò quibusdam priores vel omnes fasciæ latè confluunt, ut supersint tantùm maculæ nigræ.

B. varietas distinctior cui: *elytra* grysea; macula cujusvis longitudinali ad basin prope marginem exteriorem: puncta insuper nigra, primum solitarium, hinc bina, et versùs apicem terna, quorum duo interiora minuta. *Limbus* apicis elytrorum niger. Constans naturæ lusus, promiscuè cùm specie in variis floribus lectus ad Volgam.

* *Attelabus (polymorphus) ater, nigrâ lanugine pubescens, elytris flexilibus cereo-maculosis.*

Cet insecte ressemble beaucoup au clairon à bandes rouges, de *Geoffroy*, ou au méloë de la chicorée; mais il est plus court que celui-ci, et a à peine la taille du premier. Il est noir, et chargé d'un duvet de même couleur. Ses élytres sont molles, et ont des taches onduleuses et transverses couleur de cire. On le trouve sur les fleurs, près du Volga.

N°. 127.

ATTELABUS *bimaculatus.*

Forma præcedentis, oblongior. *Magnitudo* dimidia. Tota è nigro-cyanea, nitidissima, fuscâque lanugine pubescens. Macula in singulo elytro irregularis, oblonga, fulva versùs apicem interiùs. Cum præcedente meloë cichorii et affinibus ob antennas et habitum adjiciendum attelabis insectum. In floribus euphorbiæ non infrequens.

* *Attelabus (bimaculatus) nigro-cyaneus, nitidus, pubescens; elytris maculâ fulvâ distinctis.*

Il ressemble un peu au précédent, par la forme; mais il est plus oblong, et de moitié plus petit. Cet insecte est d'un noir bleuâtre, luisant, chargé d'un duvet brun. On le rencontre assez souvent sur les fleurs de l'euphorbe, en Russie.

N°. 128.

ATTELABUS *senex*.

Magnitudo infra altel. formicarium, totus aterrimus, lanugine copiosâ, sed fugaci vestitus, quæ vel in toto corpore atra, vel in capite thoraceque cana. In femina postici pedes majores, arcuati. *Antennae* extrorsùm vix crassiores. *Thorax* subglobosus.

Hæret in spicis elimi arenarii.

* *Attelabus* (*senex*) *aterrimus, lanuginosus, thorace subgloboso.*

Il n'est pas si grand que l'attelabe-fourmi. Sa couleur est noire, et son corps est abondamment chargé de duvet, quelquefois par-tout très-noir, et quelquefois blanc sur la tête et le corcelet. On trouve cet insecte en Russie, sur les épis de l'élyme des sables.

N°. 129.

CURCULIO *ireos*.

Forma C. scrophulariæ, sed triplò major. *Corpus* totum candidum. Rostrum, vertex, thoracis macula magna biloba, alboque bipunctata nigricant aliis fulvescenti-fusca. *Elytra* ejusdem coloris, fasculata, transversa, utrinque dentata, alba, punctisque duobus minutis ad basin, majoribus in apice. *Pedum* geniculi annulo nigro, extrema tibiarum pesque nigrent.

Habitat in iride salsa (n°. 269) germina arrodens, quæ à larvis exeduntur.

* *Curculio* (*ireos*) *totus candidus.* Gmel. *syst. nat.* 3, *p.* 1771.

Il est trois fois plus grand que le charanson de la scrophulaire, auquel il ressemble par la forme, et son corps est entièrement blanc. On le trouve sur l'iris jaunâtre, qui croît en Sibérie, près de l'Irtisch, vers la forteresse de Schelesenskaia.

N°. 130.

CURCULIO *nomas*.

E maximis sui generis, oblongus, alatus. *Rostrum* longum, crassum, cylindraceum, supra biporcatum, apice crassius. *Thorax* totus muricato-scaber, stria longitudinalis et utrinque vitta albida. *Elytra* rore canescentia, striis punctatis sulcata. *Corpus* subtùs tomento album; emicantibus abdominis punctis nitidissimis atris, majoribus et minoribus, ordinatim positis. *Pedes* albidi, mutici. *Copiosissimus* circa lacum Inderiensem, deserti cultor.

Curculio (*nomas*) *albus, rostro crasso biporcato, thorace scaberrimo, elytris fusco obliquè literatis.* Gmel. *syst. nat.* 3, *pag.* 1796. Pallas, *ic. ins. ross.* 1, *p.* 27, *t. B*, *f.* 6.

C'est une des plus grandes espèces de ce genre. Elle est oblongue, ailée, et sa tête se termine antérieurement par une trompe cylindracée, alongée, presque semblable à celle des brentes. Le corcelet est muriqué, très-scabre, avec une raie blanchâtre de chaque côté. On le trouve dans les lieux arides, vers la mer Caspienne, aux environs des lacs salins.

No. 131.

CURCULIO *candidatus*.

E majoribus, æqualis circiter *curculioni sulcirostri* vel *antiquo*. Alatus, brevirostris, oblongus, subtùs pedibusque albus. *Thorax* strigâ longitudinali et utrinque maculâ orbiculatâ albâ. *Elytra* tota albo, quasi per maculas, conspersum, intervallis fuscescentibus, substriatis. *Femora* mutica. Cum præcedente vulgaris.

* *Curculio* (*candidatus*) *albo-nebulosus, rostro crasso: striâ bifurcâ, thoracis dorso cinereo: lineâ punctisque duobus niveis.* Gmel. *syst nat.* 3, *p.* 1796. Pallas, *ins. ross.* 1, *p.* 28, *t. B*, *f.* 7.

Ce coléoptère est un peu plus grand que le charanson à trompe sillonnée. Il est tacheté de blanc en-dessus, et tout-à-fait blanc en-dessous. On le trouve en Russie, dans les déserts qui avoisinent la mer Caspienne.

No. 132.

CURCULIO *pictus*.

Alatus minor, pulcherrimus, albus. *Rostrum* breve, uniporcatum. *Thorax* fasciis tribus longitudinalibus, sed elytra arcu communi, disci bicurvato, fuscis. Lectus cum præcedentibus, sed rarior.

* *Curculio* (*pictus*) *albus, rostro crasso, thorace fasciis*

tribus longitudinalibus, elytrorum arcuata fuscis. Gmel. *syst. nat.* 3, *p.* 1797. Pallas, *ins. ross.* 1, *p.* 35, *t. H*, *f. B*, 18.

Il est ailé, blanc, petit, fort beau, à trompe courte. On le trouve, avec les précédens, dans les lieux déserts et salins, vers la mer Caspienne.

N°. 133.

CURCULIO *piceus.*

Circulioni palmarum egregiès imilis, sed quadruplo minor, et elytris abdomen æquantibus, totus piceus.

* *Curculio* (*piceus*) *piceus, elytris abdomen æquantibus.* Gmel. *syst. nat.* 3, *p.* 1756. Pallas, *ins. mus.* 1, *p.* 13, *t. B*, *f.* 3.

Il ressemble beaucoup au charanson des palmiers; mais il est quatre fois plus petit, et ses élytres sont de la longueur de l'abdomen. On le trouve vers la mer Caspienne, près le lac salé Inderskoé.

N°. 134.

CURCULIO *crucifer.*

Æqualis circiter *curculioni scrophulariae* et assimilis, vel magis ovatus. *Subtùs* flavo-cinereus tomento nitido; *suprà* fuscus, *elytris* apice albido nebulosis, notâque transversâ exteriùs in medio, et communi, *cruciformi* ad scutellum. *Femora* omnia dentata. Lectus in cynoglosso florente.

* *Curculio* (*crucifer*) *fuscus, subtùs ex flavo cinereus*

nitenti-tomentosus, elytris ad suturam cruce notatis. Gmel. *syst. nat.* 3, *p.* 1771.

Ce charanson est brun en-dessus, et d'un jaune cendré en-dessous, où il est garni de duvet, et luisant. Ses élytres sont marquées d'une tache en croix à leur suture. Cette espèce a été observée en Sibérie, sur les fleurs de la cynoglosse. Elle est à-peu-près de la grandeur du charanson de la scrophulaire.

No. 135.

CURCULIO *inderiensis.*

Brevis torosus majusculus, curculione antiquo crassior, apterus, femoribus muticis, totus albus. *Abdomen* ovato-subglobosum subtùs bifariàm fusco lituratum, elytris coalitis inclusum. *Rostrum* breve, crassissimum tetraëdrum. *Thorax* scaberrimus et mucrone utrinque conico cornutus. *Elytra* striis profundè punctatis, atomisque aliquot fuscis subaraneosa. Locum nomen indicat, ubi copiosè legitur.

* *Curculio* (*inderiensis*) *apterus, ovatus, opalino-albus, thorace utrinque mucronato, elytris excavato-punctatis.* Pall. *ins. ross.* 1, *p.* 26, *t. B*, *f.* 5. Gmel. *syst. nat.* 3, *p.* 1796. Lepechin, *it.* 1, *p.* 508, *t.* 16, *f.* 5.

Cette espèce est blanche, ovale, aptère, de la grandeur d'une petite fève. Son corcelet est scabre, et a de chaque côté une pointe conique. Les élytres ont des stries profondément ponctuées. On trouve ce charanson aux environs du lac Inderskoë.

N°. 136.

COCCINELLA *axyridis*.

C. septempunctata major, nigra. Abdominis margo ruber. *Caput* lunulâ verticis albâ. *Clypeus* lateribus albus. *Elytra* guttis majusculis sex coccineis, in quincunces positis, terminali majore. *Alae* fuscæ.

Cum axyride amarantoïde circa Jeniseam abundat.

* *Coccinella (axyridis) nigra, septem-punctata, punctis coccineis majusculis.*

On trouve cette coccinelle sur l'axyris amarantoïde, près de l'Enisséï.

N°. 137.

COCCINELLA *ocellata*.

Maxima inter Europæas. *Clypeus* niger, puncto scutellari gemino et utrique notâ numerali *5*, albis; hæ per marginem anticum album inter se connectuntur. *Vertex* capitis nigri albo bipunctatus. *Elytra* coccinea, punctis nigris, halone pallido cinctis, primo ad axillam majusculo, hinc duplici serie senis in quolibet elytro, octavo in apice obsolescente.

Lecta hujus et *varietas*, minor, maculis pallidis loco ocellorum, ocello unico axillari.

Occurrunt in pinnetis Sibiriæ temperatioris.

* Cette coccinelle me semble n'être qu'une variété de la

coccinella ocellata de *Linnée*, qui a les élytres jaunes, avec quinze points noirs, un peu oculés. *Voyez* Gmel. *syst. nat.* 3, *p.* 1654.

N°. 138.

COCCINELLA *cimicifugae.*

Magnitudo paulò supra C. bipunctatam. *Vertex* areolâ albâ. *Clypeus* niger angulis anticis albis. *Elytra* rubrâ fasciâ ab basin communi, ad margines non perductâ, maculisque cujusvis elytri binis, transversìm oblongis, nigris albo marginatis.

Hibernat copiosiùs in capsulis cimicifugæ vacuis.

* *Coccinella* (*cimicifugæ*) *elytris rubris, fasciâ interruptâ maculisque binis nigris albo-marginatis.*

Cette espèce est un peu plus grande que la coccinelle à deux points. On la trouve en Sibérie, dans les capsules vuides de la chasse-punaise, pendant l'hiver.

N°. 139.

CHRYSOMELA *longimana.*

Major et oblongior C. quadripunctata, thorace latiore. Caput, pectus, abdomen, scutellum nigra. *Thorax* testaceo-gryseus, liturâ obsoletissimâ fuscâ. *Elytra* dilutiùs grysea, puncto magno disci, et minori ad axillam nigris. *Antennae* breves, articulo basilari gibbo, testaceo, reliquis nigris, depressis, antennulam seratam efficientibus. *Pedes* testacei, articulis nigris, tarsis fuscis; primores longissimi $\frac{1}{3}$, reliquis majores.

Lecta in australibus ad Volgam et Iaïkum.

* *Cryptocephalus* (*longimanus*) *obscurè æneus*, *elytris testaceis*, *puncto baseos nigro*. Fabr. *spec. ins.* 1, *page* 140, *n°.* 16. *Mant. ins.* 1, *p.* 80, *n°.* 19.

Si cette chrysomèle de *Pallas* est la même espèce que la *chrysomela longimana* de Linnée (*syst. nat. XII. vol.* 2, *p.* 599, *n°.* 95), ou n'en diffère que comme variété, c'est alors le *cryptocephalus longimanus* de *Fabricius*, qu'on peut nommer en françois, gribouri à longues pattes. On le trouve dans les parties australes de la Sibérie, près du Volga et de l'Iaïk.

N°. 140.

CHRYSOMELA *atraphaxidis.*

Affinis Ch. quadrimaculatæ, *Lin.* Corpus, cum capite, femoribusque nigrum. Tibiæ tarsique testacea. *Abdomen* tomento incanum. *Thorax* coccineus, maculâ magnâ nigrâ quæ scutello adjuncta triangulum efficit, et utrinque ad hujus angulos punctum nigrum. *Elytra* coccinea, puncto axillari oblongo, altero disci, maculâque posteriùs transversâ, inæquali nigris. Thoracis macula quibusdam deest, vel puncta tantùm tria minuta. *Antennae* breves, extrorsùm crassiores, planæ.

Abundat in atraphaxide vel polygono frutescente camporum arenariorum ad Irtin autraliorem julio.

* *Cryptocephalus*

* *Cryptocephalus* (*atraphaxidis*) *niger*, *thorace rubro trimaculato*, *elytris testaceis*, *maculis tribus nigris*, *tibiis rufis*. Fabr. *sp. ins.* 1, *p.* 138, *n°.* 4. *Mant. ins.* 1, *p.* 79, *n°.* 5.

Ce gribouri ressemble par la taille et par quelques autres rapports à la chrysomèle à quatre points. Il a la tête, le corps, et les cuisses noirs, le corcelet écarlate, et les élytres couleur de brique. On le trouve dans la Sibérie, sur l'atraphace ou sur la renouée frutescente, dans les champs sablonneux voisins de l'Irtisch.

N°. 141.

CHRYSOMELA *asclepiadea*.

Ch. polygoni æquat, in occidentalioribus regionibus minor. Tota quanta nitidissimè et obscurè cœrulea. *Antennae* nigræ. Thorax *poris* sparsis, elytra per series digestis pertusa, qui tacto insecto omnes gutulâ minutissimâ olei limpidi, acris plorant, ut superficies appareat quasi perlata.

Minor olim lecta ad Volgam in vincetoxico, maxima et pulcherrima ad Irtin circa asclepiadem Sibiricam, abundat sub finem junii.

* *Chrysomela* (*asclepiadea*) *obscurè cœrulea*, *nitida*, *antennis nigris*, *thoracis punctis sparsis*, *elytrorum lineatis*. Gmel. *syst. nat.* 3, *p.* 1688.

Cette chrysomelle est d'un bleu obscur et luisante. Elle est chargée de points concaves qui sont épars sur le corcelet, mais qui, sur les élytres, sont disposés par séries ou par lignes. On la trouve en Sibérie sur l'asclépiade dompte-venin et sur l'asclépiade de Sibérie.

No. 142.

CHRYSOMELA *absinthii.*

Persimilis Chr. tanaceti, sed minor. *Caput* gryseum, oculis, vertice, antennis nigris. *Pectus* fuscum, abdomen testaceum, tomento canescens. *Pedes* testacei, geniculis tarsisque fuscis. *Clypeus* planiusculus, gryseo-pallidus, macula transversa, subtripartita, nigra. *Elytra* gryseo-pallida, planiuscula, marginata, nervis tribus atris, postice coëuntibus intra apicem. *Abdomen* feminis ventricosissimum, elytris multò longius, nigro annulatum. At mares multò copiosiores.

Abundat in montanis, siccis, australibus ad Irtin, in absinthio vulgari et rupestri, julio.

* *Chrysomela (absinthii), oblonga, pallida thorace maculá, elytris lineis tribus nigris.* Fabr. *spe. ins.* 1, *page* 129, *n°.* 73. *Mant. ins.* 1, *p.* 74, *n°.* 98.

Elle ressemble beaucoup à la chrysomelle de la tanaisie, mais elle est plus petite. Elle est pâle ou grisâtre en dessus, avec une tache noire sur le corcelet et trois lignes de même couleur sur les élytres. On trouve cette chrysomelle sur l'absinthe, dans les lieux secs et montagneux de la Sibérie australe, près de l'Irtisch.

No. 143.

CHYSOMELA *adonidis.*

Magnitudo et *facies* chrysomelæ collaris.

Caput exsoletè rubrum, ore, oculis, et puncto verticis nigro. *Clypeus* medio niger, lateribus obsoletè rubris, cum puncto nigro. *Elytra* obsoletè rubra, sutura omnibus nigra, plerisque etiam fascia ab humeris per discum elytri longitudinalis, apicem non attingens, attamen acuta. *Alae* fuscæ. Victitat adonide vernâ; maio copiosè lecta ad Volgam.

* *Chrysomela* (*adonidis*) *atra*, *thoracis margine flavo*, *puncto nigro*, *elytris flavis*, *suturâ vittâque nigris*. Fabr. *spec. ins.* 1, *p.* 117, *n°.* 10. *Mant. ins.* 1, *p.* 67, *n°.* 12. Gmel. *syst. nat.* 1, *p.* 1683.

Elle ressemble par sa grandeur et son aspect à la *chrysomela collaris* de Linné. Elle est d'un rouge obscur avec un point noir sur la tête, une tache noire sur le corcelet, et sur chaque élytre une raie et des bordures noires. On la trouve dans la Sibérie, près du Volga, sur l'adonide du printemps.

N°. 144.

CHRYSOMELA *asiatica*.

Magnitudo scarabæi solstitialis; ovata, thorace subgloboso. *Corpus* pedesque viridi-aurata, *thorax* obscurior; *caput* subcupreum. *Elytra* lævia polita, violaceo-atra. *Antennae* filiformes: *pedes* priores paulò majores. Lecta ad lacum Inderiensem.

* *Chrysomela* (*asiatica*) *viridi-ænea*, *nitidissima*, *elytris cyaneis*. Fabr. *spe. ins.* 1, *p.* 118, *n°.* 15. *Mant. ins.* 1, *p.* 68, *n°.* 20.

Cette chrysomelle est de la grandeur du petit hanneton

d'automne. Elle est d'un verd cuivreux, très-luisante, et a les élytres bleuâtres. On la trouve en Sibérie, près du lac Inderskoë.

N°. 145.

MELOE *erythrocephalus*.

Magnitudo et forma meloës vesicatorii; niger, subtùs canus. *Caput* rubrum, oculis, maculâ verticis, ore, antennisque nigris. *Elytra* nigra, suturâ, limbo laterali, et fasciâ mediâ longitudinali cœrulescenti-albâ. Ad Volgam in floribus passim.

* *Lytta (erythrocephala) atra, capite testaceo, thorace elytrisque cinereo-lineatis.* Fabr. *spec. ins.* 1, *p.* 329, *n°.* 8. *Mant. ins.* 1, *p.* 216, *n°.* 9. Gmel. *syst. nat.* 3, *p.* 2014.

Cet insecte ressemble par la grandeur et la forme au proscarabé. Il est noir en dessus, blanc en dessous, et sa tête est d'un rouge de brique. On le trouve sur les fleurs, en Russie près du Volga.

N°. 146.

MELOE *fenestrata*.

Facies cantharidis. *Corpus* mediocre, totum glabrum, testaceo-pallidum. *Thorax* depressus. *Elytra* grysea, apice nigra, singulaque maculis duabus quadratis. *Antennae* filiformes, tenues, extremique pedes fusci.

Lecta cum præcedente.

* *Lytta (fenestrata) glabra, pallidè testacea, thorace*

depresso, elytris griseis apice nigris, maculis duabus quadratis hyalinis. Gmel. *syst. nat.* 3, *p.* 2015.

Il a l'apparence d'une cantharide. Il est glabre, d'une couleur de brique pâle. Ses élytres sont grisâtres, noires au sommet et ont chacune deux taches quarrées comme transparentes. On le trouve près du Volga.

N°. 147.

MELOE *quadrimaculata.*

Magnitudo et facies omninò præcedentis. Nigra, glabra, solo pectore pubescente. *Elytra* gryseo-lutea, nigra bimaculata. Maculæ subquadratæ, quibusdam minusculæ, imò priores, quandoque obliteratæ. *Antennae* filiformes.

* *Lytta (quadrimaculata) nigra glabra, pectore pubescente, elytris ex gryseo luteis, maculis duabus subquadratis nigris.* Gmel. *syst. nat.* 3, *p.* 2015.

Cette espèce est de la grandeur et a l'aspect de la précédente. Elle est noire, glabre, excepté sur sa poitrine, qui est pubescente. Elle a deux taches noires sur les élytres. On la trouve en Sibérie.

N°. 148.

MELOE *necydalea.*

Forma antecedenti subsimilis, sed caput cum thorace angustius. Nigra tota, præter elytra intensè rubra, abdomine paulò breviora, apice dehiscentia et subacuta. Quibusdam punctum fuscum versùs apicem.

Not. His tribus facies, antennæ, glabrities cantharidum; sed caput magis inflexum, volatus rarus, genicula pedum oleo odorato sudantia meloïdum.

* *Meloë (necydalea) nigra, elytris ruberrimis, abdomine paulisper brevioribus, apice distantibus.* Gmel. *syst. nat.* 3, *p.* 2020.

Il est noir; mais ses élytres sont d'un rouge foncé. Elles sont un peu plus courtes que l'abdomen, et s'écartent à leur sommet, qui est légèrement pointu. Cet insecte répand une liqueur huileuse et odorante par ses articulations. On le trouve dans la Russie orientale.

No. 149.

MELOE *sibirica.*

Elongata, teretiuscula, similis M. *albivitti*, sed sæpe major. *Corpus* totum atrum, vix nitidum, glaberrimum, M. vesicatoriæ subæquale. *Caput* à thorace valdè discretum, rubrum, oculis, ore, antennis nigris, quod itidem in M. albivitti. *Elytra* extremo rotundata limbo albicante. *Feminis* antennæ filiformes. In *maribus* articuli intermedii 3—7 plani, antrorsùm dente producti, unde antennæ medio latiores serratæ.

Abundat in Sibiria campestri, circa mellilotum et astragalos varios gregatim collecta, turbata discurrens.

* *Lytta (sibirica) atra, opaca glaberrima, elytris margine albis, capite rubro, oculis, ore antennisque nigris.* Gmel. *syst. nat.* 3, *p.* 2015.

Il est très-glabre, non luisant, à élytres bordées de blanc, et à tête rouge. On le rencontre en quantité, et comme par troupes, sur le mélilot, et sur différentes espèces d'astragale, en Sibérie.

No. 150.

MELOE an *algira?* Linn.

Forma simillima M. vesicatoriæ, quam et magnitudine subæquat, tota tenuissimè pubescens. Caput, thorax, artus chalybeato-atra, nitida. *Elytra* dilutè testacea vel grysea immaculata, mollissima. *Pectus* lanugine largiore candicat. *Antennae* filiformes.

In sola clematide orientali occurrit ad Irtin.

* *Lytta (clematidis) ex chalybeo atra nitida, elytris dilutè testaceis immaculatis.* Gmel. *syst. nat.* 3, *p.* 2015.

Ce proscarabé a des rapports avec l'espèce commune. Il est noir, luisant, finement pubescent, et a les élytres très-molles, testacées ou grisâtres. On le trouve en Sibérie, sur la clématite orientale.

No. 151.

MELOE *trifascis.*

Magnitudo ferè M. schæferi, at forma similior M. cichorii. *Antennae* subclavatæ. *Corpus* totum virescente-chalybeum, sericeum, cano-lanuginosum. *Elytra* gryseo-pallida, fasciis virescente-atris longitudinalibus, communi suturali, extremò subcapitatâ, lateralibus per

I 4

medium elytrum, apicem non attingentibus, interdùm mediæ connexis.

Lecta in australibus versùs M. Caspium.

* *Meloë (trifasciata) ex virescente chalybea, sericea, cana, elytris griseo-pallidis : fasciâ communi alterâque ex virescente atrâ.* Gmel. *syst. nat.* 3, *p.* 2020.

Il est presque de la grandeur de la cérocome de *Geoffroy*; mais il se rapproche, par la forme, du proscarabé de la chicorée. Il est d'un vert soyeux, avec un duvet blanc, et a ses élytres grisâtres, marquées de fascies longitudinales d'un vert brun. On le trouve dans les régions australes de la Russie.

N°. 152.

MELOE *ocellata*.

Habitus præcedentis, quâ ferè duplò major. *Corpus* cano-lanuginosum, nigrum; pedes testacei. *Caput*, thorax lanugine cano-flavescente colorata. *Elytra* dilutè gryseo-flavescunt punctis nigris, halone diluto cinctis, interque halones fuscescente obnebulata. Puncta in quovis elytro trium parium, quorum in posterioribus exteriora majora.

Lecta cum præcedente rariùs.

* *Lytta (ocellata) nigra, lanuginosa, pedibus testaceis, capite, thorace elytrisque flavescentibus, elytris ocellis sex medio nigris.* Gmel. *syst. nat.* 3, *p.* 2016.

Il a le port du précédent; mais il est d'une grandeur presque double. Son corps est noir, chargé d'un duvet lanugineux et blanchâtre. Ses élytres sont d'un gris jaunâtre, avec des points noirs ocellés. Il habite la Russie australe.

No. 153.

MELOE *festiva*.

Magnitudo supra præcedentem, M. cichorii oblongior, magisque glabra, pulcherrima. *Antennae* tenues, subincrassatæ. Caput, thorax, corpus cyaneo-atra, nitida, lanugine fusca. *Elytra* subcompressa, modò coccinea, modò lateritii coloris, maculis cyaneo atris, in singulo elytro ad basin axillari oblongâ et rotundâ suturali, tribus subcohærentibus in medio, duabus versùs apicem nigro-marginatum.

B. VARIETAS hujus constans, coïtuque distincta, plus dimidio major, teretior, elytris intentiùs coccineis, ad suturam sæpe longitudinaliter exsoletiore colore; maculæ huic majores, pleræque confluentes connexæque lymbo elytri, circumcirca nigro.

Utraque varietas promiscuè et copiosè occurrit in australioribus ad Irtin., maximè circa robiniam halodendron, frequentans item rosam, astragalos, et glicyrrhizam florentes.

* *Lytta* (*festiva*) *viridi-ænea*, *nitida*, *elytris testaceis maculis viridi-æneis*. Fabr. *sp. ins.* 1, *pag.* 329, *n°.* 4. *Mant. ins.* 1, *pag.* 219, *n°.* 6. Gmel. *syst. nat.* 3, *p.* 2014.

Cet insecte est fort beau; il est plus grand que celui qui précède, plus alongé que le méloë de la chicorée, et moins velu. Son corps est d'un vert cuivreux ou d'un bleu noirâtre, luisant, avec un duvet brun. Ses élytres sont rouges, avec des taches de la couleur du corps. On le rencontre dans les régions australes de la Sibérie.

No. 154.

MELOE *lutea*.

Magnitudo sæpe ferè M. *syriacae*; atra cum lanugine. *Elytra* ventricosa, subcompressa, intensè lutea. *Puncta* nigra in singulo elytro trium parium, medio sæpe subconfluente in maculam transversam. Sic ad Irtin.

E Iaïcensi deserto habui maximas, punctis tantùm ad basin distinctis, mediis et extremis in duas maculas transversas coalitis; quæ fortè species distincta.

* *Lytta* (*lutea*) *atra*, *lanuginosa*, *elytris ventricosis subcompressis luteis*, *punctis sex nigris*. Gmel. *syst. nat.* 3, *p.* 2016.

Il est noir, chargé de duvet, et a les élytres jaunes, avec six points noirs sur chacune d'elles. On le trouve près de l'Irtisch. Il en existe une variété près de l'Oural, qui est plus grande, et dont les taches supérieures des élytres sont confluentes en taches transverses.

No. 155.

MELOE *atrata*.

Magnitudo ferè M. trifascidis; habitus præcedentis. Tota aterrima, etiam lanugine, nitidula. *Elytra* fasciâ versùs apicem undulatâ, maculâque in apice flavis. *Antennae* subclavatæ.

Copiosè colligitur circa gypsoph. paniculatam, et veronicam florentes, præsertim in clematide orientali ante hujus florescentiam.

Not. Hæ n°. 151 — 155, geniculis oleum stillantibus verè meloïdes, licet attelabis hirsutie et antennis affines; ad quos tamen non pertinere fatendum.

* *Meloë* (*atrata*) *aterrima, nitens, elytris fasciâ flavâ versùs apicem undulatâ.* Gmel. *syst. nat.* 3, *p.* 2020.
Il a le port du précédent, et se rapproche de l'espèce (n°. 151) par la grandeur. Ce proscarabé est très-noir, velu, luisant; mais ses élytres ont une fascie jaune, onduleuse vers son sommet. On le trouve en Russie, vers la mer Caspienne.

N°. 156.

MELOE *uralensis.*

Magnitudo vix muscæ carnariæ, imò sæpe vix muscæ domesticæ; tota atra, parùm nitida, sed lævis et glaberrima. *Forma* proscarabæi, sed elytra longiora, lævia, exteriùs carinata, et caput latius. *Antennae* in utroque sexu filiformes, integræ; pedes majores feminis.

Primo veris initio, ante proscarabæum, totoque aprili cum eodem promiscuè abundabat uphæ in collibus, inque Uralensium montium apricis.

* *Lytta* (*uralensis*) *nigra opaca, glaberrima.* Gmel. *syst. nat.* 3, *p.* 2015.

Cet insecte paroît avoir de grands rapports avec le proscarabé ordinaire (*meloë proscarabæus*), et même le C. *la Cépéde* le regarde comme appartenant à cette espèce. Il me semble, malgré cela, qu'il en diffère au moins comme variété, puisqu'outre qu'il est plus petit, il a les élytres plus longues, et qu'on le dit simplement noir, sans aucune teinte de violet. On le rencontre en Russie, sur les montagnes de l'Oural.

N°. 157.

TENEBRIO *leucogrammus*.

Apterus, ater, nitidulus, ovatus, subtùs gibbus, formâ et magnitudine T. muricato simillimus. *Clypeus* punctis prominulis scaberrimus, margine laterali deflexo. *Elytra* coalita, utrinque latera carinata, strigis singula quinis lævigatis, usque ad basin, vel extremitate tantùm albo polline, vel tomento incrustatis, quarum intervalla S. porci, punctis prominulis exasperantur. *Tibiae* anticæ latiùsculæ, externis serratæ. Abundat in arenis ad Irtin australiorem.

* *Pimelia* (*leucographa*) *ovata*, *thorace scaberrimo difformi*, *elytris carinatis scabris*, *fasciis longitudinalibus albatis lævibus*. Gmel. *syst. nat.* 3, *page* 2012. *Tenebrio leucographus.* Pallas, *ic. ins. ross.* 1, *page* 54, *t. C*, *f.* 20.

Cette pimélie est noire, ovale, un peu luisante, et dépourvue d'ailes. Elle est de la grandeur et de la forme de la pimélie muriquée (*pimelia muricata*, Fabr.). Son corcelet est très-scabre, inégal ; les élytres sont réunies, carinées, et marquées de raies blanchâtres. On le trouve dans la Russie, près de l'Irtisch.

No. 158.

TENEBRIO *buprestoïdes*.

Magnitudo scarab. fossoris; ovalis, depressus, apterus, ater, glaber. *Clypeus* convexus, corpore paulò latior, utrinque insigniter marginatus, vix evidenter punctatus. *Elytra* connata, postice subacuta, lævissima. *Tibiae* anticæ compressæ, exteriore margine denticulatæ.

Vivit in arenis fluctuantibus ad Irtin, in tuberibus glareosis ab astragalo, No. 375, collectis, quæ perfodit.

* *Tenebrio* (*buprestoïdes*) *ater*, *thorace ovali marginato*, *elytris connatis lævibus*. Fabr. *sp. ins.* 1, *p.* 323, *n°.* 10. *Mant. ins.* 1, *p.* 212, *n°.* 13. Gmel. *syst. nat.* 3, *p.* 1996.

Ce ténébrion est de la taille du scarabé-fossoyeur (*Oliv. n°.* 78); il est noir, glabre, ovale, déprimé, dépourvu d'ailes. Son corcelet est marginé. Il vit dans les sables mouvans, voisins de l'Irtisch.

No. 159.

TENEBRIO *echinatus*.

Apterus, totus ater, magnitudine supra T. mortisagum, eoque crassior sive brevior. *Elytra* connata, exteriùs angulata, verruculis acutè prominulis, crebris muricata, postice sensim obsolescentibus. *Tibiae* primores latæ, exteriore margine denticulatæ, reliquæ ciliatæ.

In sabuletis, cum præcedenti, frequens.

* *Pimelia* (*muricata*) *nigra, coleoptris obtusis, striis muricatis.* Fab. *sp. ins.* 1, *p.* 316. *mant. ins.* 1, *p.* 208, *n°.* 63. *Tenebrio muricatus.* Pallas, *ic. ins. ross.* 1, *p.* 48, *t. C, f.* 14. Gmel. *syst. nat.* 3, *p.* 2003.

Cette pimélie est toute noire, dépourvue d'ailes, un peu plus grande et sur-tout plus épaisse que le ténébrion lisse à prolongement, de *Geoffroy*. Ses élytres sont connées et garnies de stries muriquées, c'est-à-dire, hérissées de verrues pointues, prominulentes nombreuses. On la trouve dans les sables, avec le précédent.

N°. 160.

STAPHYLINUS *tataricus*.

E maximis Europæis, sed gracilis, longus, glaberrimus totus. *Caput* thorace latius, ovatum; forcipes insignes, simplices. *Thorax* cylindraceus. *Elytra* subtilissimè punctata. Totus ater, nitidulus; alæ albidæ.

Species lecta circa lacum salsum Inderiensem deserti Tatarici, à studioso N. *Sokolof.*

* *Staphylinus* (*tataricus*) *totus ater nitidus, thorace cylindrico, capite augustiore, elytris subtilissimè punctatis.* Gmel. *syst. nat.* 3, *p.* 2034.

Ce staphylin est de la taille des plus grandes espèces d'Europe; mais il est grêle, long, et entièrement glabre. Sa couleur est noire. Ses élytres sont finement ponctuées. On le trouve dans les déserts de la Tatarie, qui avoisinent le lac Inderskoé.

No. 161.

CERAMBYX *hieroglyphicus.*

Forma C. scalaris, quo major. Subtùs cœrulescenti-canus; pedes polline cœrulescunt; antennæ cœrulescenti, nigroque annulatæ. Caput et thorax magis lanuginosa, areâ magnâ longit. atrâ, et thoracis utrinque puncto. *Elytra* glabra, nigra: *suturâ* cœrulescenti-albâ, ramis utrinque quinis, obtusis, quorum priores et ultimus transversi, tertius radice duplex antrorsùm recurvatus, quartus. Præterea puncta exteriùs sparsa quinque.

Occurrit in sylvis Sibiriæ borealioris.

* *Cerambyx* (*hieroglyphicus*) *subtùs canus*, *capite thoraceque lanuginosis*, *areâ nigrâ*, *elytris nigris glabris*, *suturâ utrinque ramosâ punctisque quinque ex cœrulescente albis.* Gmel. *syst. nat.* 3, *p.* 1864.

Ce capricorne est lanugineux, principalement sur la tête et le corcelet. Il est d'un blanc bleuâtre en-dessous. Ses élytres sont glabres, et marquées de points et de taches rameuses d'un blanc bleuâtre de chaque côté de leur suture. Il habite les bois des régions boréales de la Sibérie.

No. 162.

CERAMBYX *perforatus.*

Magnitudo et forma præcedentis, suprà pulvere albidus, subtùs lanugine flavus. *Antennae* cœrulescentes, nigro annulatæ. *Thorax* nigro punctatus, utrinque ductu nigro. *Elytra* pulvere albida ductu atro ab axilla ad medium, punctisque à dorso per longitudinem dispositis quinis, aterrimis, ut quasi foramina appareant. *Punctum* unicum extra strigam axillarem.

Cum præcedente occurrit rariùs.

* *Cerambyx (perforatus) suprà pulvere albidus, subtùs lanugine flavescens; elytris punctis quinque dorsalibus mediis nigerrimis.* Gmel. *syst. nat.* 3, *p.* 1864.

Ce capricorne semble comme perforé, à cause des points qu'on voit sur ses élytres. Il est de la grandeur et de la forme du capricorne hyéroglyphique. Son corps est chargé en-dessus d'une sorte de poussière blanchâtre, et en dessous d'un duvet lanugineux de couleur jaune. Il habite les bois de la Sibérie boréale.

N°. 163.

CERAMBYX *glicyrrhizae.*

Forma C. pedestris, sed sæpiùs major. Antennæ et quibusdam caput picea, pedes cano irrorati testacei. *Corpus* subtùs nigrum, sed totum polline albo irroratum. Vertex atque thorax areâ aterrimâ albo marginatâ, quam dividit linea nivea, per suturam elytrorum continuata. *Elytra* aterrima, opaca, exteriùs carinata, fasciis singula duabus, lineâque albis longitudinalibus. In quibusdam albedo pallet, elytraque à dorso nigro conspurcata, velut à muscis. Apterus.

Habitat

Habitat in deserto aridissimo inter Iaïcum et Irtin, inter glicyrrhizam, cujus fortè radicibus pascitur larva.

* *Cerambyx (glicyrrhizæ) niger, thorace spinoso, elytris albo-lineatis bicarinatis, pedibus ferrugineis, antennis brevibus.* Fab. *sp. ins.* 1, *p.* 222, *n°.* 33. *Mant. ins.* 1, *p.* 140, *n°.* 42. Gmel. *syst. nat.* 3, *p.* 1833.

Il a la forme du C. *pedestris* (*Gmélin*, p. 1835); mais souvent il est d'une plus grande taille. Son corps est noir, et comme saupoudré d'une poussière blanche. Ses élytres sont rayées de blanc, et bicarinées. Ses antennes sont un peu courtes. Cet insecte habite la Sibérie, et se rencontre autour de la réglisse. On présume que sa larve se nourrit de ses racines.

N°. 164.

CERAMBYX *halodendri*.

Affinis C. Kæhleri, sed minor. Totus ater, poris excavatis punctatus. *Thorax* albid. lanugine pubescens, angulo utrinque obsoleto. *Elytra* atra, margine exteriore maculâque ovali baseos prope suturam rubris.

Lectus in robinia halodendro ad Irtin.

* *Cerambyx (halodendri) ater, punctis excavatis, thorace albido villoso, elytris margine maculâque baseos rubris.* Gmel. *syst. nat.* 3, *p.* 1862.

Il a des rapports avec le capricorne rouge, de *Geoffroy*; mais il est plus petit. Son corps est noir, avec des points concaves; son corcelet est blanchâtre et pubescent, et ses élytres sont bordées de rouge, avec une tache de même couleur à leur base. On le trouve près de l'Irtisch, sur le caragan argenté.

N°. 165.

CERAMBYX *floralis*.

Magnitudo supra cerambycem, qui leptura arcuata, *Lin.* *Corpus* subtùs totum pulcherrimè citrinum. *Antennae* pedesque testacea, pulvere canescente pruinosa. *Caput* flavo annulatum; *thorax* flavus zonâ latâ flavâ. *Elytra* nigra, fasciis pulcherrimè flavis, transversis, primâ arcuatâ, tribus variè undulatis; apex elytrorum flavus. *Thorax* stridulus.

Colligitur in floribus, maximè cheiranthi montani; frequens in australioribus ad Iaïkum et Irtin.

* *Cerambyx* (*floralis*) *thorace globoso albo-fasciato, elytris nigris, fasciis quinque albis, secundâ tertiâque lunatis.* Fabr. *sp. ins.* 1, *p.* 241, *n°.* 33. *Mant. ins.* 1, *p.* 155, *n°.* 48. Gmel. *syst. nat.* 3, *p.* 1852.

Cet insecte, que *Fabricius* rapporte à son genre *callidium*, a des rapports avec la lepture aux croissans dorés, de *Geoffroy*, et la surpasse un peu par la taille. Son corps, en-dessous, est d'une belle couleur citrine. Sa tête est ornée d'un anneau jaune, et son corcelet d'une fascie de même couleur. Les élytres sont noires, avec des fascies jaunes et transverses, dont quelques-unes sont arquées. On trouve cet insecte dans les régions australes de la Sibérie, sur les fleurs de la giroflée de montagnes.

N°. 166.

CERAMBYX *carinatus*.

Facies *cerambicis fuliginarii*, sed triplo major, oblongior, totusque ater, nitidulus et lævis. *Antennae* crassæ, corpore breviores. *Caput* sulco longitudinali, per thoracem obsoletiùs excurrente. *Thorax* tuberculo utrinque conico. *Elytra* coalita, scabriuscula, obtusa, exteriùs carinâ longitudinali obtusè angulatâ. *Alae* nullæ. Primo vere in campis fruticeto obsitis circa Volgam observatus, plerumque supra terram ferè immobilis.

* *Cerambyx* (*carinatus*) *niger*, *thorace spinoso*, *elytris piceis : carinâ laterali elevatâ albidâ*, *antennis brevibus*. Fabr. *sp. ins.* 1, *p.* 222, *n°.* 35. *Mant. ins.* 1, *p.* 140, *n°.* 46. Gmel. *syst. nat.* 3, *p.* 1834.

Cette espèce ressemble au capricorne ovale cendré, de *Geoffroy*; mais elle est plus grande, plus alongée, tout-à-fait noire, lisse et un peu luisante. Son corcelet est armé de chaque côté d'un tubercule conique. Les élytres ont chacune une carêne latérale et longitudinale, obtusément anguleuse. On trouve cet insecte en Sibérie, près du Volga.

N°. 167.

LEPTURA *violacea*.

Magnitudo lepturæ aquaticæ. *Caput*, thorax, pectus atro-subænea; *elytra* latiuscula, obscurè violaceo-cœrulea. Abdomen sanguineum; artus nigri.

In sylvis Sibiriæ borealioris circa rosam et in umbellatis frequens.

* *Leptura* (*violacea*) *ex atro subaenea*, *elytris ob-*

scurè violaceis, abdomine sanguineo. Gmel. *syst. nat.* 3, *p.* 1867.

Cette lepture est de la grandeur de la stencore dorée, de *Geoffroy*. Elle est violette, à ventre rouge et à pattes noires. On la trouve en Sibérie, sur les rosiers et les ombellifères.

N°. 168.

CICINDELA *cœrulea.*

Magnitudo C. sylvaticæ. *Os* uti congeneribus album. Cæterùm corpus totum, artusque obscurè, nitidissimèque cœrulea, sericea, immaculata. Subtùs et in pedibus pubescit pilis albis. Variat colore violaceo-atro et planè nigro.

In desertis arenosis australioribus ad Irtin copiosissima, more generis fugax, raptuque vivens.

* *Cicindela (cærulea) cærulea nitens, ore albo.* Gmel. *syst. nat.* 3, *p.* 1924.

Elle est bleue, très-luisante, soyeuse, et a la bouche de couleur blanche. On la trouve dans les déserts sablonneux de la Sibérie australe.

N°. 169.

CICINDELA *gracilis.*

Magnitudo paulò infra C. germanicam; congeneribus omnibus gracilior. Fusco-nigra tota et subænea, præsertim à dorso. *Elytra* punctis duobus marginalibus albis, uti C.

germanica, areâque magnâ, ovatâ, communi, rufâ versùs anum. *Pedes* longi, tenuissimi.

In arenis ad Schulbam lecta.

* *Cicindela* (*gracilis*) *nigro-ænea*, *elytris punctis duobus marginalibus albis*, *disco posteriùs rubente.* Gmel. *syst. nat.* 3, *p.* 1924.

Cette cicindèle est plus grêle que les espèces connues du même genre. Elle est d'un noir cuivreux, et ses élytres ont, près de leurs bords, deux points blancs. On la trouve en Sibérie, dans les champs sablonneux. Ses pattes sont fort longues.

N°. 170.

CICINDELA *lacteola*.

Magnitudo et nitor *cicindelae hybridae*. *Elytra* margine laterali undique latè lacteo; medius discus subrepandus, fusco-viridi-inauratus. — E lacu Inderiensi rariùs lecta.

* *Cicindela* (*lacteola*) *elytris ex fusco-viridi-aeneis, margine laterali undique latè lacteo.* Gmel. *syst. nat.* 3, *p.* 1925.

Elle ressemble, par sa grandeur et son éclat, à la cicindèle hybride. Ses élytres sont d'un blanc de lait sur leurs bords, et d'un brun verdâtre et cuivreux sur leur disque. On la trouve vers le lac Inderskoé.

N°. 171.

CICINDELA *atrata*.

Magnitudo et forma germanicæ. Tota quanta,

sine ullo nitore atra. Lecta cum præcedente copiosiùs.

* *Cicindela* (*atrata*) *tota atra opaca.* Gmel. *syst. nat.* 3, *p.* 1924.

Elle est toute noire, non luisante, et de la grandeur et de la forme de la cicindèle germanique. On la trouve aux environs du lac Inderskoé.

N°. 172.

BUPRESTIS *aurata.*

Magnitudo B. ignitæ, sed latior. *Corpus* viridi-auratum, nitidissimum. *Elytra* obtusa, integerrima, decem-striata, cupreo-viridula. *Antennae* thorace vix longiores, tibiæ angulatæ. *Habitat* in australioribus ad Iaïkum et Volgam rariùs.

* *Buprestis* (*inaurata*) *viridi-ænea nitidissima, elytris obtusis integerrimis decem striatis æenis.* Gmel. *syst. nat.* 3, *p.* 1939.

Ce richard est d'un vert doré ou cuivreux très-luisant. Ses élytres sont entières, et à dix stries. On le trouve dans les régions australes de la Russie, près de l'Iaïk et du Volga. Il ne faut pas le confondre avec le *buprestis aurata*, de *Fabricius*, qui est d'Amérique, et a les élytres dentées.

N°. 173.

BUPRESTIS *picta.*

B. octo-guttatæ subæqualis, sed latior, posticeque acutior. *Corpus* atque thorax nitidula, ænea; elytra violaceo-nigra, maculis symmetricis flavescentibus picta, punctis nempè tribus ad basin, maculâque subconfluentibus, hinc puncto subquadrato ad suturam mediam, minore ad marginem; punctis in apice duobus, sæpe in lunulam coalitis.

Observatur in australioribus ad Iaïkum, circa flores.

* *Buprestis* (*picta*) *ænea nitens, elytris violaceo-nigris; maculis symmetricis flavescentibus.* Gmel. *syst. nat.* 3, *p.* 1939.

Il est presque de la taille du richard à points blancs, de *Geoffroy*; mais il est un peu plus large et plus en pointe postérieurement. Son corps et son corcelet sont luisans et cuivreux; ses élytres sont d'un violet noirâtre, avec des taches d'un jaune pâle distribuées symétriquement. Il habite les régions australes, voisines de l'Oural.

N°. 174.

BUPRESTIS *variolaris*.

Magnitudo scarabæi melolonthæ, seu paulò supra *buprestem fascicularem*, cujus formam habet, totus nigro-æneus. *Thorax* scaberrimus, rugâ longitudinali. *Elytra* punctato scabra, et adspersa areolis inæqualibus, orbiculatis, impressis (non ut in *bupreste fasciculare*, penicillo electrico occupatis), sed simpliciter tomentosis. *Pedes* primores longiores. Lectus in lacu Inderiensi; sed vidi olim ex India et Africa australi adlatum.

* *Buprestis* (*variolaris*) *elytris integris obscuris, punc-*

tis impressis numerosis, thorace carinato. Pallas, *ic. ins. ross.* 2, *t.* D, *f.* 2. Fabr. *spec. ins.* 1, *p.* 278, *n°.* 34. *Mant. insc.* 1, *pag.* 181, *n°.* 50. Gmel. *sys. nat.* 3, *p.* 1934.

Cette espèce est de la grandeur du hanneton, et par-tout d'un noir cuivreux. Son corcelet est scabre et cariné longitudinalement. Ses élytres sont parsemées de points enfoncés et nombreux. On le trouve en Russie, près du lac Inderskoé.

N°. 175.

BUPRESTIS *tatarica.*

Magnitudo summa *bupestris marianae*, sed brevior, crassior et obtusior congeneribus omnibus. *Subtùs* æneus, glaber, *suprà* nigrior. *Thorax* brevis, inæqualior. *Elytra* vix striata, glabra, fasciâ exteriùs et strigâ marginali parallelis, impressis, scabris et subtomentosis, deraso autem tomento aureölis.

* *Buprestis (tatarica) nigra, subtùs aenea, elytris lævibus aureis, vittâ marginali lineâque margini parallelâ impressis tomentosis.* Gmel. *syst. nat.* 3, *p.* 1939.

Il est presque de la taille du richard de Maryland, et il est moins pointu que tous ses congénères. Son corps est cuivreux et glabre en-dessous; mais en-dessus il est presque noir. Ses élytres sont lisses, dorées, avec une fascie et une raie marginale excavées et tomenteuses. On le trouve dans la Tatarie.

N°. 176.

BUPRESTIS *cariosa.*

Magnitudo inter B. giganteam et marianam

media; forma potiùs posterioris, depressa, durissima, nigra, nitida. *Thorax* corpore haud latior, supra albido-cariosus, relictis areolis lævigatis 2 ad caput, totidem orbiculatis in disco, tribus ad posticum marginem, quarum mediæ insculptum punctum cordatum, profundè excavatum. *Elytra* obtusa, striis grossiùs punctatis, sparsisque lituris albido-cariosis, passim inauratis.

In arenis deserti Cumani circa Rh. cotinum florentem frequens.

* *Buprestis (cariosa) atra, elytris integris: atomis albis, thorace varioloso.* Fabr. *Mant. ins.* 1, *pag.* 182, *n°.* 63. Pallas, *ic. ins. ross.* 2, *t. D*, *f.* 6. Gmel. *syst. nat.* 3, *p.* 1932.

Ce richard est de la stature du *buprestis tenebrionis*, de *Linné*; mais il est une fois plus grand. Il est noir, luisant, déprimé ou applati, très-dur. Ses élytres sont entières, obtuses, mouchetées de blanc. On le trouve dans les régions australes de la Russie, autour du fustet fleuri.

N°. 177.

CARABUS *marginatus*.

Inter mediocres major, *subtùs* ater, pedibus testaceis; *suprà* obscurè viridis, parùm nitidus. *Elytra* striata, margine laterali gryseo-lutescente. Circa lacum Inderiensem non infrequens.

* *Carabus (inderiensis) obscurè viridis, subtùs ater,*

pedibus testaceis, elytris striatis, margine laterali ex griseo lutescente. Gmel. *syst. nat.* 3, *p.* 1985.

On trouve ce carabe aux environs du lac Inderskoé. Il est verdâtre en-dessus, noir en-dessous, et a les élytres bordées latéralement d'un gris jaunâtre.

No. 178.

CARABUS *pictus.*

E mediocribus, valdè depressus. *Thorax* corpore multò angustior, testaceo-rufus. *Caput* cum antennis testaceum; *pedes* pallidè grisei et abdomen subtùs. *Elytra* latè obtusa, subtiliter striata, grysea, fasciâ suturali nigricante, in medio utrinque areolam angulatam exferens, et quasi cruciata, in variis vario modo deformata. — In campis aridissimis sub cadaveribus torrefactis non infrequens.

* *Carabus* (*pictus*) *depressus testaceus, elytris striatis pedibusque griseis.* Gmel. *syst. nat.* 3, *p.* 1935.

Ce carabe est de taille médiocre, et fort applati. Il est d'un roux testacé ou couleur de brique. Ses pattes et le dessous du ventre sont grisâtres. Ses élytres sont aussi grisâtres, et finement striées. On le trouve dans les champs arides de la Sibérie, sous les cadavres desséchés.

No. 179.

CARABUS *bucida.*

E maximis sui generis, magnitudine et circumcæsura subsimilis lucano interrupto, carabisque minoribus tenebrionoïdeis. *Longitudo*

1'' 6'''. Totus aterrimus, nitidus, politissimus. Caput magnum, quadratum, maxillis forcipatis maximis, validè dentatis. *Thorax* cordatus, postice adtenuatus, et collo quasi distinctus ab alvo. *Elytra* striis lævigatis arata, coadunata; adeòque alæ nullæ. *Pedes* breves, tibiis extremitate dentatis, primores palmato-digitati (ut lucani), reliqui pilis ferrugineis ciliati.

In sabuleto Naryn, sub stercore * sicco vel cuniculis arenæ solidatæ latens, nec alibi usquam repertus. Reverso semper et arrecto capite morsum minatur, quem venenatum ferunt, aliàs tardiusculus.

* *Carabus (bucida) ater nitidus, thorace cordato, pedibus brevibus, tibiis anterioribus palmato-digitatis.*

C'est une des plus grandes espèces de son genre. Elle est noire, luisante, et dépourvue d'ailes, et a de grandes mandibules dentées comme les *scarites* de *Fabricius*. Ce carabe habite les déserts sablonneux de Naryn. Il se tient dans les trous des collines de sable les plus sèches. Il est très-vorace.

N°. 180.

FORFICULA *riparia*. [Forficule des rives.]

F. auricularia duplo major, pallidè grysea, molliuscula. *Thorax* marginatus, fasciis duabus longitudinalibus fuscis, per elytra et alulas, (elytris paulò longiores) continuatis. *Caput* vertice testaceum, oculis fuscis. *Abdomen* medio dorso fuscum. *Segmentum* ultimum magnum, durum, pallidè gryseum, margine postico inter forfices bidentato. *Forfices* rectiusculi, subulati, apice fuscescentes, dente unico circa medium. *Pedes* et antennæ pallidissimæ. Habitat in ripis præruptis, arenosis, præcipuè ad Irtin copiosissima, canalibus horizontalibus latens.

* *Forficula (riparia) grisea, fasciis duabus longitudinalibus fuscis, ano bidentato, forcipe rectiuscula unidentata. Conf. cum forficula gigantea* Fabricii.

Cette forficule est une fois plus grande que la perce-oreille commune. Elle est un peu mollasse, grisâtre, et a deux fascies brunes longitudinales, qui se prolongent du corcelet sur les élytres, et même sur les ailes qui dépassent un peu les élytres. Cette grande perce-oreille habite les rives sablonneuses de l'Irtisch. Les pinces de sa queue sont presque droites, subulées, et munies d'une dent vers leur milieu.

N°. 181.

BLATTA *asiatica*.

B. germanica major, oblonga. *Elytra* cum alis abdomine longiora, extremò angustata. *Color* totius gryseus. *Thorax* maculis duabus longitudinalibus nigris. *Ovum* depressiusculum, utrinque truncatum, suturis binis carinatum.

Domestica ex australi Asia in Sibiriam translata.

* *Blatta (asiatica) grisea oblonga, elytris alisque*

abdomine longioribus, apice angustatis. Gmel. *syst. nat.* 3, *p.* 2046.

Elle est grisâtre, oblongue, plus grande que la blatte germanique. Elle a deux taches noires et longitudinales sur son corcelet. Ses élytres et ses ailes sont plus longues que l'abdomen, et rétrécies à leur extrémité. Cette blatte, maintenant naturalisée en Sibérie, y a été transportée des régions australes de l'Asie, par la voie des marchandises qui viennent de ces contrées. Cet insecte destructeur y infeste maintenant toutes les maisons.

No. 182.

MANTIS *pennicornis.*

Forma et color M. gongylodis. *Vertex* item spinâ conicâ, sed breviore, capitis longitudine, acuminatus. *Antennæ* angustè pennatæ, lineares gryseo-pallidæ. *Pedes* viridi-flavescentes, fusco-annulati; secundi tertiique paris femora extremo auriculam ut in M. gongylode.

Occurrit rariùs in desertis australibus versùs mare Caspium.

* *Mantis (pennicornis) verticis spinâ conicâ, antennis pennatis linearibus, femoribus posterioribus lobo terminatis.* Gmel. *syst. nat.* 3, *p.* 2055.

Cette mante ressemble, par la forme et la couleur, à la mante gongyloïde. Sa tête est munie d'une épine conique; ses antennes sont linéaires, et en forme de plume. On la rencontre dans les parties australes de la Russie, vers la mer Caspienne.

N°. 183.

MANTIS *brachyptera.*

Omnibus partibus major, crassior et robustior M. oratoria, quacum promiscuè habitat. *Thorax* toto margine valdè dentatus. *Corpus* totum cinereum, quasi araneosum; pedes et alæ fusco-nebulosæ. *Abdomen* lineolis longitudinalibus albidis eleganter striatum. *Alae* in perfecto et nubili insecto abdomine plus dimidio breviores, non tamen, uti larvis, imperfectè, sed explicatè, et sic in utroque sexu.

In aridissimis salsis et arenosis ad Irtin copiosè humi currit, rapax; ad Iaikum rarior.

* *Mantis* (*brachyptera*) *cinerea*, *thorace dentato*, *alis abdomine dimidio brevioribus.* Gmel. *syst. nat.* 3, *p.* 2055.

Elle est, dans toutes ses parties, plus grande et plus robuste que la mante oratoire. Sa couleur est cendrée; son corcelet est denté sur les bords. L'abdomen, qui est une fois plus long que les ailes, est strié par de petites lignes blanchâtres et longitudinales. On rencontre cette espèce dans les déserts arides et salins, situés près de l'Irtisch. On la trouve plus rarement près de l'Oural.

N°. 184.

GRYLLUS locusta *fuscus.*

Magnitudo grylli italici; femina multò major. *Thorax* à dorso triangulatus, carinis lateralibus albis. *Elytra* gryseo fuscescunt, extremitate tenuiore nigra. *Alae* totæ fusco-nigricantes. *Femora* postica gryseo-fuscoque variegata; tibiæ rubræ. *Feminis* elytra abdomine dimidio breviora, alæ parvulæ. *Abundat* in campestribus Sibiriæ, levi susurro volans, copiosus julio et augusto.

* *Gryllus (fuliginosus) thoracis dorso triangulo, elytris ex gryseo fuscescentibus, alis fuliginosis.* Gmel. *syst. nat.* 3, *p.* 2083.

Il est de la grandeur du grillon d'Italie. Sa couleur est brune. Son corcelet est à dos triangulaire, et les deux angles latéraux sont blancs. Ce grillon se trouve en Sibérie, dans les champs. La femelle est beaucoup plus grande que le mâle.

No. 185.

GRYLLUS LOC. *salinus.*

Forma ferè G. cœrulescentis, quo plerumque major. *Color* magis gryseus, variegatio similis; tibiæ pallidæ. *Alae* arcu lato nigro, à medio crassioris marginis ad angulum ani, intra quem alarum basis rosea, extra arcum apex hyalinus, liturâ magnâ apicis nigricante.

Occurrit ad Iaïkum et Irtin, locis aridissimis salsisque, præsertim junio.

* *Gryllus (salinus) thorace subcarinato, alis fasciâ nigrâ latâ, basi roseis, apice hyalinis.* Gmel. *syst. nat.* 3, *p.* 2083.

On rencontre cette espèce dans les déserts arides et salins qui avoisinent l'Irtisch et l'Oural. Elle a presque l'aspect du grillon bleuâtre, c'est-à-dire, du criquet à ailes bleues et noires, de *Geoffroy*, mais sa couleur est plus grise.

No. 186.

GRYLLUS LOC. *tibialis.*

Forma atque magnitudo præcedentis. *Thoracis* segmentum anterius in cristam rotundatam adsurgit, posterius vix carinatum; fasciâ utrinque fuscâ. Elytra nebulosa. Alæ cœrulescentes fusco reticulatæ, nisi basi. *Tibiae* albidæ, spinis solito longioribus pectinatæ.

Habitat in australibus ad Iaïkum.

* *Gryllus* (*tibialis*) *elytris nebulosis, alis cærulescentibus fusco-reticulatis, tibiis albidis longiùs spinosis.* Gmel. *syst. nàt.* 2, *p.* 2083.

Il est de la grandeur du précédent. Son corcelet présente antérieurement une crête arrondie, relevée. Ses élytres sont nébuleuses, et ses ailes bleuâtres, avec des réticulations de couleur brune. Ce grillon est remarquable par ses pattes armées de longues épines, rangées en dents de peigne. On le rencontre près de l'Oural, dans les regions australes de la Russie.

No. 187.

GRYLLUS LOC. *barabensis.*

Magnitudo præcedentium. *Thorax* à dorso obsoletè triangulatus. *Elytra* pallida, tota creberrimis punctis fuscis irrorata. *Alae* hyalino-flavescentes, anteriore margine et apice venis

punctisque

punctisque fuscis. *Femora* variegata, subtùs rubra, tibiæque totæ.

Frequens in pinetis arenosis deserti Barabensis, præsertim locis chenopodio aristato obsitis; diù et subsultim volat, alis streperus, sono ferè turdi.

**Gryllus* (*barabensis*) *elytris pallidis punctis fuscis irroratis, alis hyalino-flavescentibus, margine et apice venis punctisque fuscis.* Gmel. *syst. nat.* 3, *p.* 2083.

Ce grillon est de la grandeur des précédens. Son corcelet a le dos obscurément triangulaire. Les élytres sont d'une couleur pâle, et parsemées de points bruns très-nombreux. Les ailes sont jaunâtres, transparentes, et ont le sommet et le bord antérieur veiné et ponctué de brun. On le trouve dans le désert de Baraba, particulièrement dans les lieux garnis de l'ansérine aristée.

N°. 188.

GRYLLUS *muricatus*. [Locusta.]

Major sæpe gryllo obscuro et crassior, sed brevior eodem. *Thorax* crassus, pentagonus, obsoletè carinatus, totus exsculpto muricatus, postice productior in scutellum rotundatum, ad basin angulo utrinque tuberculo scabro, supràque prominens crista tridentata. *Caput* cicatricoso-scabrum. *Pectus* latum, pubescens. *Pedes* 4 anteriores simplices, femoribus longitudinaliter porcatis. *Posticorum* femora ovato-lanceolata, marginibus argutis, suberosis, exteriùs muricata, interiùs lævia, violaceo pur-

pureoque nebulosa. *Elytra* longitudine abdominis. Alæ pallidè flavescentes, fasciâ arcuatâ fuscâ, ultraque fasciam hyalinæ, venis fuscis. *Color* insecti variabilis, nebuloso-pulveratus, cireneo-fuscus, gryseus, canusve, imo sæpe ex albo nigroque marmorosus. *Antennae* filiformes, pallidæ. In deserti collibus aridis, maximè trans Iaikum non infrequens.

* *Gryllus* (*muricatus*) *thorace pentagono, alis flavescentibus, arcu fusco, femoribus posterioribus exteriùs muricatis.* Gmel. *syst. nat.* 3, *p.* 2083.

Il est souvent plus grand et plus épais que le grillon obscur (*Encyclop.* ins. planch. CXXVII, fig. 1); mais il est plus court. Son corcelet est pentagone, raboteux. Ses ailes sont jaunâtres, avec une fascie brune et arquée. Ses cuisses postérieures sont muriquées. On trouve ce grillon dans les déserts ou les steppes qui avoisinent l'Oural. Sa couleur est variable.

No. 189.

GRYLLUS *sibiricus* [Locusta], Lin.

Femina paulò major, pedibus anticis simplicissimis, minimèque clavatis, colore et formâ simillima masculo. In campis graminosis passim lecta cum mare.

* *Gryllus* (*sibiricus*) *thorace subcarinato, antennis clavatis, tibiis anterioribus ovato-clavatis crassis.* Fabr. *sp. ins.* 1, *p.* 368, *n°.* 36. *Mant. ins.* 1, *pag.* 238, *n°.* 42. (Gryllus clavimanus, *Pallas*, spicil. zool. 9, p. 29, t. 1, f. 11.)

Ce grillon de Sibérie se trouve dans les champs garnis de graminées. La femelle est un peu plus grande que le mâle, et a les pattes antérieures très-simples, c'est-à-dire, non épaissies en forme de massue.

N°. 190.

GRYLLUS *miniatus*. [Locusta.]

Magnitudo ferè et forma grylli cœrulescentis. *Color* externè simillimus, nisi pallidior, elytrorumque maculæ distinctiores. *Alae*, ut in eodem, arcu extremitatis nigro et apice ultra arcum hyalino, sed intra fasciam totæ miniaceæ. Volatus vix stridulus.

B. *Specimina* rariora, maculâ thoracis postice cordiformi albâ; alia thórace posticè pallidè gryseo, antice fusco. In desertis salsis australibus ad Iaikum copiosissima species augusto.

* *Gryllus* (*miniatus*) *thorace subcarinato, alis miniatis, apicis arcu nigro.* Gmel. *syst. nat.* 3, *p.* 2083.

Il égale presque, par sa grandeur et sa forme, le grillon bleuâtre (*Encyclop.* ins. planch. CXXVII, f. 10); il en a même à-peu-près la couleur extérieurement: mais ses ailes sont d'un rouge écarlate, avec une bande noire et arquée à leur sommet. On le trouve dans les steppes des régions australes de la Russie, vers l'Oural.

N°. 191.

GRYLLUS *variabilis*. [Locusta.]

Magnitudo et externa facies omninò *grylli striduli*, sed elytra et alæ breviora. *Alae* areâ ad crassiorem marginem longitudinali atrâ apice fusco hyalinæ, nigro reticulatæ; cæteroquin vel hyalinæ vel albicantes, sæpe venis rubicundis vel pallidæ, vel tandem cœrulescentes. *Vertex* inter oculos subangulatus. — Copiosum insectum in campestribus ad Samaram et Rhymnum per totam æstatem.

* *Gryllus (variabilis) thorace subcarinato, alis nigro-reticulatis, areâ ad marginem crassiorem atrâ apice fusco hyalino.* Gmel. *syst. nat.* 3, *p.* 2083.

Cette espèce est de la grandeur et a presque l'aspect du grillon cri-cri, c'est-à-dire, du criquet ensanglanté, de *Geoffroy*; mais elle a les élytres et les ailes plus courtes. Ses ailes sont pâles ou blanchâtres, avec des réticulations noirâtres, et une tache noire et longitudinale près de leur bord épais. On la trouve dans les champs arrosés par la Samara. Ses ailes sont quelquefois bleuâtres.

No. 192.

GRYLLUS *pedo.* [Tettigonia.]

Longitudo à capite ad extremum ensem 3 $\frac{2}{3}$ pollicum, totus verò gracilis, vix calami crassitie nisi quum tumet ovis. *Caput* vertice protenso, conico, apice antennifero, et lateraliter oculifero. *Antennae* setaceæ longitudine ferè corporis. *Thorax* abdomine tenuior, teres, utrinque plicâ albâ marginatus; *loricae* item duo priores abdominis rugulâ utrinque longitudinali, ceu vestigio alarum planè deficientium. *Abdomen* cylindraceo-tumidulum, ad anum bicorne, et instructum *ense* rectiusculo abdomen fermè æquante, acutissimo. *Pedes* postici insecto longiores, gracillimi, femoribus bifariàm, tibiis quadratè spinulosis; priores quatuor breviores, sed robustissimi, ad femora et tibias subtùs bifariàm aculeati, basi insuper subtùs bimucronati. Inter omnes pedes spina gemina pectoris, in posterioribus magis divaricata. *Spiraculum* amplissimum utrinque ponè pedes priores. Insectum totum præter ensem et pedes, molle; *color* dilutè prasinus, subtùs albidus. *Ova* oblonga mole avenæ.

* *Gryllus (pedo) gracilis, mollis, pedibus posterioribus longioribus gracillimis.* Gmel. *syst. nat.* 3, *p.* 2070.

Cette sauterelle est verdâtre, molle, grêle, à peine de l'épaisseur d'une plume à écrire, excepté lorsqu'elle est gonflée par les œufs, et a trois pouces de longueur depuis la tête jusqu'à l'extrémité de la queue ensiforme qui la termine. Ses pattes postérieures sont fort grêles, et plus longues que l'insecte même. Elle habite la Sibérie.

N°. 193.

GRYLLUS *laxmanni* [Tettigonia], *Miscell. Zool. inedita.*

Proportio pedum, ut in gryllo campestri, quò brevior crassiorque et forma similior bullis. *Thorax* tetragonus, scaberrimus, suprà planus, postice productus in scutum semiovale, margine denticulatum; impressiones à dorso thoracis duum parium lunatæ, et posteriùs fossula didyma marginata. *Abdomen* ovatum, feminæ caudâ ensiferâ, lineari, rectiusculâ, quadrivalvi, ut in achetis. *Elytra* et *alae* feminis omninò nullæ. *Masculis* vestigia alarum longitudine scuti, ovalia, medio strigosè venosa atque stridula, ut in gryllo campestri. *Color* fuscus, lateribus thoracis sæpe cinereis, areolæ in dorso triangulares, nigriores. *Mas* plerumque major feminâ. Insectum mirè obliquum inter gryllos, bullas, achetas, et tettigonias. Copiosum in campis herbidis ad Samaram et Rhymnum in Sibiria; primum inventum à *Rever.* E LAXMANN.

Gryllus (*laxmanni*) *thorace posteriùs marginato dentato*; *ense recurvo*, *apice deflexo*; *femina aptera.* Pallas, *spicil. zool.* 9, *pag.* 20, *t.* 2, *f.* 2, 3. Fabr. *sp. ins.* 1, *p.* 361. *Mant. insc.* 1, *p.* 235, *n°.* 35. Gmel. *syst. nat.* 3, *p.* 2069.

La couleur de cette sauterelle est brune, grisâtre sur les côtés du corcelet, et marquée de taches triangulaires, et plus noires sur le dos. La femelle n'a point d'ailes; elle est communément un peu moins grande que le mâle. On la trouve en Sibérie, dans les champs garnis d'herbages.

N°. 194.

GRYLLUS *desertus.* [Acheta.]

Similis *gryllo domestico*, sed gracilior et totus niger, præter tibias subtestaceas. *Elytra* longitudine abdominis, reticulata, æqualiter subhyalina. *Alae* hyalinæ, abdomine longiores, subulatæ. *Ensis* feminæ longitudine insecti, tenuis, linearis, apice subclavato. *Setae* caudales et femora postica proportione magna. In desertis australioribus ad Iaïkum terrestris, deficiente ibi gryllo campestri vulgari, habitat.

* *Gryllus* (*desertus*) *alis caudatis elytro longioribus, corpore nigro.* Gmel. *syst. nat.* 3, *p.* 2062.

Il a des rapports avec le grillon domestique, mais il est tout noir, à l'exception de ses pattes, qui sont testacées, ou couleur de brique. Ses ailes sont terminées par une pointe subulée particulière. On le rencontre dans les déserts des régions australes de la Russie, vers l'Iaïk.

N°. 195.

GRLLUS *oxicephalus*. [Acrida.]

Simillimus gryllo nasuto, exotico, cum quo conferant alii. *Caput* ante oculos apice spathulato; striga longitudinalis trans oculos gryseo-lutescens. *Antennae* lanceolato-lineares, planæ. *Color* corporis et elytrorum è tenero viridi in pallidè gryseum variabilis. *Elytra* abdomine longiora, strigâ interdùm longitudinali, liturato-interruptâ, fuscâ. *Alae* oblongæ, tenerrimæ, flavescentes, ambitu prorsùs hyalinæ. Femina multò major. In australibus desertis inter glycirrhizam vulgaris augusto, vagabundus.

* *Gryllus* (*oxycephalus*) *capitis apice spatulato, elytris abdomine longioribus, strigâ longitudinali fuscâ, alis*

flavescentibus margine hyalinis. Gmel. *syst. nat.* 3 *p.* 2057.

Il ressemble beaucoup à la truxale à grand nez (*Encyc.* ins. planch. CXXXV). Sa tête est prolongée antérieurement, et a son sommet en spatule. Ses élytres sont plus longues que l'abdomen. Les antennes sont linéaires et applaties. Ce criquet habite les déserts de la Sibérie australe; on le rencontre dans les touffes de réglisse, au mois d'août.

No. 196.

GRYLLUS *onos*. Mongolis *Goloh*.

Magnitudo infra gryllum pupum, cui formâ assimilatur. *Thorax* tetragonus, *scuto* suprà plano, scabro, versùs caput utrinque profundè inciso, postice rotundato retuso. *Alarum* in utroque sexu vestigia nulla. *Pedes* postici debiles, mediis non multò majores, unde saltus nullus, sed incessus araneosus. *Ensis* feminis abdomine longior. *Color* albido-cinereus, fusco variegatus.

Circa frutices robiniæ caraganæ copiosissimum in regionibus Transbaïkalensibus Mongoliaque insectum, Sinensibus edule, licet Gordiis frequenter tetrum.

* *Gryllus* (*onos*) *thorace lævi nigro*, *lateribus gryseis*, *corpore aptero.* Pallas, *spicil. zool.* 9, *p.* 18, *t.* 2, *f.* 1. Fabr. *sp. ins.* 1, *p.* 361, *n°.* 29. *Mant. ins.* 1, *p.* 234, *n°.* 32.

Cette espèce n'a point d'ailes, et court comme l'araignée. Elle est d'un cendré blanchâtre, panaché de brun. La tarrière ou l'appendice ensiforme de la femelle est de la longueur de l'abdomen. On trouve ce grillon dans la Mongolie, parmi les buissons de caragan; les Mongols le mangent lorsqu'ils manquent de vivres; et on prétend même que les Chinois en sont très-frians.

No. 197.

CICADA *querula*.

Major C. hæmatoda, cui similis et affinis. Caput et thorax grysea, vel testaceo-pallida, characteribus maculisque nigris, sæpe subconfluentibus. *Rostri* basis nigra, sulcis transversis decem. *Opercula* tympani pallida; abdomen testaceum, furfure argenteo tectum. Pedes dilutè testacei, vel pallidi, tractu longitudinali nigro. *Alae* omnes hyalinæ, venis pallidis, versùs posteriorem marginem nigris; superæ inferæque alæ anastomosibus binis nigris, margini crassiori adnexis.

Habitat præsertim in australibus circa Iaïkum, æstate copiosa.

* *Cicada* (*querula*) *capite thoraceque gryseis, characteribus maculisque nigris*. Gmel. *syst. nat.* 3, *p.* 2100.

Elle a des rapports avec la cigale saignante, mais elle est plus grande. Sa tête et son corcelet sont grisâtres, avec des taches et des linéoles noires, souvent un peu confluentes. On la trouve dans les régions australes de la Russie, vers l'Iaïk.

No. 198.

CICADA *prasina*.

Præcedente minor, paulò infra C. capensem;

tota dilutè prasini coloris. *Maculae* thoracis fuscæ, sed inauratæ. *Alae* omnes hyalinæ, venis viridibus, extremitate fuscis. Pedum spinæ et unguiculi fusci.

Copiosa in aridissimis australioribus circa Iaïkum pariter et Irtin, mense junio.

* *Cicada (prasina) dilutè viridis, thoracis maculis fuscis inauratis.* Gmel. *syst. nat.* 3, *p.* 2100.

Cette cigale est un peu plus petite que la précédente. Elle est verte, avec des taches brunes et dorées sur son corcelet. On la trouve dans les régions australes de la Russie, vers l'Oural et l'Irtisch.

N°. 199.

NOTONECTA *atomaria.*

Magnitudo pediculi. *Corpus* album, suprà elytrisque pallido gryseum. *Alae* lacteolæ. Oculi et punctum oris nigra. *Atomi* fusci suprà sparsi, subtilissimi. *Arenularum* instar per aquam vaga, fundoque turmatim insidens; destinatum pabulum fœturæ salmonum minorum. Observata in Volchova fluento ad Novogrodium, julio.

* *Notonecta (atomaria) alba, suprà elytrisque pallidè griseis, alis lacteolis.* Gmel. *syst. nat.* 3, *p.* 2119.

Cette notonecte est de la grandeur du pou. Elle est blanche; mais le dessus de son corps et ses élytres sont d'un gris pâle, et parsemés de mouchetures brunes extrêmement petites. On la trouve en Russie, dans le Volchova.

N°. 200.

CIMEX *lanatus*.

Magnitudo chrysomelæ majoris, oblonga, tota æneo-atra, lanugine longâ, præsertim superiùs largiter pubescens. *Scutellum* valdè convexum, abdomen totum occupans. *Thorax* incisurâ transversâ profundè bipartitus.

Copiosus ad spicas elymi canini, ineunte julio, præsertim in australibus circa Irtin.

* *Cimex* (*lanatus*) *aeneo-niger griseo-hirtus*. Fabr. *sp. ins.* 2, *p.* 342, *n°.* 24. *Mant. ins.* 2, *p.* 282, *n°.* 28. Gmel. *syst. nat.* 3, *p.* 2131.

Cette punaise a la taille d'une grande chrysomèle. Elle est oblongue, d'un noir cuivreux, et chargée d'un duvet grisâtre. On la trouve en Sibérie, vers le commencement de juillet, sur les épis de l'élyme chien-dent.

N°. 201.

PAPILIO *janthe*. [Nymph. Gemmatus.]

Magnitudo papilionis semeles, simillimus hermiones, attamen constanter diversus. Alæ suprà nigræ, iridis coloribus lucidæ, albido fimbriatæ, primariæ crassiore margine gryseæ, omnesque fasciâ arcuatâ albâ, in secundariis latissimâ, in primoribus per venas interruptâ neque ad marginem perductâ. *Puncta* ocellaria duo obscura in his, alter pone fasciam. *Subtùs* alæ albidæ, nebulosæ, *secundariae* fusco pulveratæ, fuscis maculâ et triangulo versùs basin, fasciâque undatâ, nebulosâ, in qua atomus candidus; *primariae* maculis 2 crassioris marginis, et ocellis distinctioribus, priore pupillâ niveâ. In aridissimis campis æstate vagus.

* *Papilio* (*briseis*) *alis dentatis fuscis viridi-micantibus, fasciâ albâ; anterioribus ocellis duobus, posterioribus cæcis.* Fabr. *sp. ins.* 2, *p.* 76, *n°.* 339. *Mant. inst.* 2, *p.* 38, *n°.* 396. Linn. *syst. nat.* 12, *v.* 2, *p.* 770.

Le *papilio janthe*, du professeur *Pallas*, n'est pas le même que le *p. janthe* de *Fabricius* (*spec. ins.* 2, *p.* 80, *n°.* 354. *Mant. ins.* 2, *pag.* 43, *n°.* 427), qui est un papillon de Cayenne; mais on croit que c'est le même que le *papilio briseis*, de *Linné* (voyez *Encycl.* ins. pl. LVI, f. 1), qu'on observe en Allemagne, et même en France, et qu'il n'en diffère seulement que comme variété. On le trouve en Russie, l'été, dans les champs arides.

N°. 202.

PAPILIO *tarpeia*. [Nymph. Gem.]

Magnitudo et facies papilionis mæræ. *Alae* tenerrimæ, integræ suprà luteæ, furvo et fusco-cinereo venosæ, margineque terminali furvo. Puncta omnibus alis utrinque quatuor, majuscula nigra, secundo in omnibus alis minore, quibusdam obsoleto. *Subtùs* primariæ subconcolores, *secundariae* cinerascentes, fasciâ sesqui alterâ albo-pallidâ et ocellorum areis lutescentibus. *Pectus* atrum. In campis aridis ad Volgam copiosus maio.

*Papilio (tarpeius) alis integris fulvis, omnibus ocellis quatuor cæcis. Fabr. Mant. ins. 2, p. 32, n°. 338. (Papilio celamiæ cram. pap. 32, t. 375, f. E, F.)

Il ressemble, par sa grandeur et son aspect, au satyre, de *Geoffroy*. (Voyez *Encyclop. ins.* planch. LVI, f. 9.) Ses ailes sont entières, jaunes, avec des veines ou des bigarrures roussâtres, et toutes sont munies de quatre points noirs. On trouve ce papillon dans les parties australes de la Russie.

N°. 203.

PAPILIO *phryne*. [Nymph. Gemmatus.]

Magnitudo cum facie papilionis pamphilæ; neque magis quàm ille (aut papilio arcania affinesque), ad danaos referendus. *Alae* tenerrimæ integræ, suprà lacteæ immaculatæ, vix cinerascente fimbria; *subtùs* cinerascentes, subpulveratæ, fasciâ per ambîtum ocellatâ pallidâ, lineolâ verò medii disci longitudinali, venisque latis è candido argenteis. *Ocelli* fasciæ nigri, centris albis primariarum quini, sensim majores; secundariarum minores sex intimo minimo. Lanugo tantùm circa caput cinerascit. Tenerrimum et elegantissimum insectum, ad ripam herbidam Volgæ versùs Sysranum, nec posteà ullibi observatum.

**Papilio* (*phryneus*) *alis integerrimis suprà albis, subtùs fuscis albo-venosis; ocellis quinque.* Fab. *Mant. ins.* 2, *p.* 33, *n*°. 354. Gmel. *syst. nat.* 4, *p.* 2287.

Ce papillon est petit, délicat. Ses ailes sont entières, blanches en-dessus, brunes ou grisâtres en-dessous, avec des veines blanches. Elles sont ornées de cinq points noirs à centre blanc. On rencontre cette espèce dans les déserts de la Russie australe. Il ne faut pas le confondre avec le *P. phryne*, de *Fabricius* (sp. ins. 2, p. 44, n°. 187. Mant. ins. pag. 20, n°. 212.)

N°. 203 (*bis*).

PAPILIO *sappho*. [Heliconius.]

Persimilis papilioni sibillæ, sed forma adhuc magis ad heliconios accedens. *Suprà* nigricans, fascia lata alba, per omnes alas transversa, in primoribus interrupta et recurvata, per secundarias recta; arcus pone hanc albus, per omnes alas interruptus venis; in secundariis paulò rectior. In primariarum disco maculæ duæ longitudinales, ovato-acutæ, basibus suis oppositæ, prætereàque lunula vix conspicua medii disci cana. *Subtùs* alæ luteæ, fasciis maculisque latioribus, strigisque albis intercalaribus, præter unam, marginem legentem accessoriæ, tetrapus. Ad Volgam cum acere tatarico copiosus maio.

**Papilio* (*lucilla*) *alis dentatis suprà fuscis, subtùs bruneis, fasciâ utrinque maculari albâ.* Fabr. *Mant. ins.* 2, *p.* 55, *n°.* 549. Gmel. *syst. nat.* 4, *p.* 2322.

Ce papillon a les ailes noirâtres en-dessus, jaunes ou rembrunies en-dessous, avec une tache blanche en fascie transverse sur toutes les ailes et des deux côtés. On le rencontre en abondance, au mois de mai, près du Volga, autour de l'érable de Tatarie.

N°. 204.

PAPILIO *laodice*. [Nymph. Phaleratus.]

Papilione paphia major, supràque similis nisi maculis sparsioribus, marginaliumque ordine gemino continuo, quorum posteriores rhombicæ. *Subtùs* alæ primariæ subconcolores, sed margine et apice flavidiore, immaculatæ, puncto albo ad crassiorem marginem; *secundariae* à basi ad medium flavissimæ, strigâ geminâ fulvâ, posteriùs purpurascentes, gryseo nebulosæ. *Striga* interrupta lata, albo-argentea, inter utrumque colorem transversa. In Russia rariùs observatus; copiosior in australibus, sed minor, et defectu strigæ et puncti albi diversus.

* *Papilio* (*laodice*) *alis dentatis fulvis nigro-maculatis, posterioribus subtùs apice fuscis glauco-nitentibus, fasciâ argenteâ interruptâ terminante.* Gmel. *syst. nat.* 4, *p.* 2332. Fabr. *Mant. ins.* 2, *p.* 62, *n°.* 587.

Il a un peu l'aspect du *papilio paphia* que *Geoffroy* nomme le tabac d'Espagne, mais il est un peu plus grand. Ses ailes postérieures ont en dessous une fascie argentée et interrompue. On trouve ce papillon dans la Russie et dans la Prusse. Il ne faut pas le confondre avec le *papilio laodice* de *Fabricius*, qui habite dans la Guinée.

N°. 205.

PAPILIO *palaemon*. [Plebeius Urbicola.]

Magnitudo et facies papilionis metis. *Alae*

suprà fuscæ, maculis crebris luteis, *primores* magis minusve confluentibus, *secundariae* tribus majoribus disci et per ambitum circiter senis. *Subtùs* colore luteo cinerascit, maculæ priorum magis confluunt, in secundariis verò maculæ pallidæ, lineâ fuscescente inclusæ, binæ ad basin, dein ternæ, et fascia ambitus subinterrupta.

B. *Varietas* datur, tota aurea, fimbriis atris, sed secundariarum tamen extrema ora flavis; maculæ nigræ disci primorum utrinque difformes quatuor et series punctorum versùs marginem; reliqua, ut in specie.

* *Papilio* (*paniscus*) *alis integerrimis divaricatis fuscis flavo-maculatis.* Fabr. *spec. ins.* 2, *p.* 131, *n°.* 599. *Mant. ins.* 2, *p.* 85, *n°.* 767. Gmel. *syst. nat.* 4, *p.* 2361.

Cette espèce a les ailes très-entières. Elles sont brunes en dessus, et tachetées de jaune; mais dans une variété, le dessus des ailes est roussâtre ou doré avec des taches noires. On la trouve en Russie et dans quelques parties de l'Allemagne. Le nom spécifique *palæmon* que *Pallas* lui a donné, met dans le cas de confondre cette espèce avec le *papilio palæmon* de *Fabricus*, qu'on trouve à Surinam.

N°. 206.

PAPILIO *morpheus.* [Plebei. Urbicola.]

Magnitudo papilionis virgaureæ, capite minùs crasso quàm affines. *Alae* suprà fusco-nigræ, albo denticulatæ, primores apice maculâ unâ alterâve luteâ, minutâ. At *subtùs* secundariæ,

flavæ,

flavæ, maculis crebris, ovalibus, albo-subargenteis, lineâ nigrâ inclusis, quasi fenestratæ, primariæ tantùm lunulâ disci pallidâ, maculâ versùs apicem nigro cinctâ flavâ, et margine flavæ. In fruticetis circa Samaram rarior, nec nisi vesperi apparet.

* *Papilio* (*aracinthus*) *alis rotundatis integerrimis fuscis; posterioribus griseis: maculis ocellaribus albis.* Fabr. *spec. ins.* 2, *p.* 136, *n°.* 628. *Mant. ins.* 2, *p.* 89, *n°.* 809. Gmel. *syst. nat.* 4, *p.* 2367. (Le miroir, *Encycl.* ins. [p. d'Europe] plan. LX, f. 7.)

Il n'est pas plus grand que le papillon de la verge d'or, que *Geoffroy* nomme le bronzé. Ses aîles sont arrondies, entières, brunes en dessus avec une ou deux petites taches jaunes. Les ailes postérieures sont jaunâtres en dessous avec des taches blanches entourées d'un cercle noir. Ce papillon habite la Sibérie. On le trouve aussi en Autriche et en France.

N°. 207.

PAPILIO *orion.* [Plebei. Ruricola.]

Magnitudo papilionis argi. Alæ suprà fuscæ, disco cœruleo pulveratæ, per ambitum nigricantes, fimbriis albo-dentatis, annulisque marginalibus concatenatis, subcœruleis, lunulâ atrâ in medio disco. *Subtùs* alæ exalbidæ punctis crebris, maximis, primores disci tribus, plurimisque in tres quasi fascias dispositis; secundariæ lunulâ, punctis 11 disci, et 7 marginalibus, adjacentibus fasciæ luteæ, arcuatæ atque connatæ strigæ nigræ. In campis aridis circa Sysranum observatus maio.

* *Papilio* (*optilete* ?) *alis integerrimis cærulescentibus, margine nigricante, posterioribus subtùs cinereis: punctis ocellaribus atris lunulisque duabus fulvis.* Fabr. *Mant. ins.* 2, *p.* 74, *n*°. 691. Gmel. *syst. nat.* 4, *p.* 2348.

Fabricius ayant donné à un papillon de Surinam le nom de *papilio orion* (*Encycl.* ins. plan. XLV, f. 2), celui que décrit ici *Pallas* et qui en est très-différent, doit porter un autre nom spécifique. Il est de la grandeur de l'argus, et s'en rapproche par plusieurs autres rapports. On le rencontre dans la Russie boréale.

N°. 208.

PAPILIO *argiades.* [Plebei. Ruric.]

Papilioni argiolo utrâque paginâ simillimus, sed dimidio minor, alisque subcaudatis (ut papilio rubi), et angulo ani fulvo diversus. Femina (ut in papilione argo) fusca. Habitat in holco odorato.

* *An papilio* (*cleobis*) *alis integris cæruleis, subtùs argenteo-cinereis: punctis oblongis nigris simplicibus.* Gmel. *syst. nat.* 4, *p.* 2350.

Je ne crois pas que ce papillon soit le même que le *papilio argiade* de *Fabricius* (Mant. ins. 2, p. 76, n°. 698); mais c'est plutôt le *papilio cleobis* qu'on trouve en Autriche, dont celui de Russie ne diffère que parce que ses ailes sont un peu en queue.

N°. 209.

SPHYNX *medusa.*

Magnitudo et facies sph. phegeæ, tota atra-cœrulea, nitidissima. Abdomen cingulo carmineo; *alae* concolores, primariæ maculis 2 orbiculatis et puncto disci albis; *ocello* ad basin rubro, intra circulum album, maculâque oblongâ in crassiore margine rubrâ. Secundariæ puncto unico albo, sed exteriore margine gryseæ. Habitat in athamanta cervaria.

* *Zygæna (medusa) atro-cærulea nitidissima, alis primoribus albo rubroque maculatis, posterioribus puncto unico albo.*

Cette espèce semble avoir des rapports avec le *sphinx ephialtes* de Linné, quoiqu'un peu différente en ses couleurs. On la trouve en Russie sur l'espèce de selin (*selinum*) que Linné nomme *athamanta cervaria.*

N°. 210.

SPHYNX *cruenta.*

Magnitudine et formâ S. phegeæ, cyaneo-atra, sericea. Cingulum abdominis rubrum. Alæ primariæ maculis rubris, albo marginatis quinis, quarum mediæ confluentes; secundariæ rubræ nigro marginatæ.

In australibus ad Volgam et Irtin, locis herbidis non infrequens sub initium julii.

* *Zygæna (cruenta) alis primoribus cyaneo-atris maculis rubris albo-marginatis, posterioribus rubris nigro-marginatis.*

Cette zigène ressemble, par la forme et la grandeur, au *sphinx phegea*, de *Linné*. Ses ailes supérieures sont d'un bleu noirâtre, et ont des taches rouges, bordées de blanc; les postérieures sont rouges, avec une bordure noire. On la trouve dans la Russie australe, près du Volga et de l'Irtisch, dans les herbages.

N°. 211.

PHALÆNA *fulvulata*.

Magnitudo paulò supra cratœgatam, cujus instar alis compositis sedet. *Corpus* nigrum valdè hirsutum. *Alae* superiores suprà fusco gryseo fuliginosæ, fasciis cinereis undulato nebulosis, ad crassiorem marginem albis; secundariæ luteo-fulvescentes, areâ longitudinali baseos, postice biuncatâ, fasciâque marginali nigris. Subtùs alæ omnes luteæ, arcu fasciâque marginali fuscis. In betuletis Sibiriæ ante frondescentiam copiosè volitat, etiam interdiù.

* *Phalæna (fulvulata) alis primoribus fusco-griseis, fasciis cinereis undulatis, posterioribus fulvescentibus.*

Cette phalène est un peu plus grande que la citronnelle rouillée, de *Geoffroy*. Son corps est noir, et fort velu. On la trouve en Sibérie, sur les bouleaux, avant le développement de leurs feuilles. Elle y voltige même pendant le jour.

N°. 212.

PHALÆNA *pyrausta.*

Noctua, affinis phalænæ complanatæ et rubricolli, qua triplo minor. *Alae* obsoletiùs nigræ, *primariae* punctis tribus aterrimis, serie longitudinali æquidispositis. *Secundariae* obsoletiores. *Corpus* atrum, sed abdomen, solâ basi exceptâ, igneo colore fulvum, subtùs punctis atris. Vernalis, ad Volgam observata.

* *Phalæna (pyraustra) obsoletè nigra, alis primoribus tripunctatis, abdomine fulvo-rubente, subtùs punctato.*

Elle est de la division des noctuelles, et a des rapports avec le *phalæna complanata* et le *phalæna rubricollis*, de *Linné*, que *Geoffroy* nomme *la veuve*; mais elle est beaucoup plus petite. On la rencontre, au printems, près du Volga.

N°. 213.

LIBELLULA *pennipes.*

Forma et *magnitudo* libellulæ puellæ. *Thorax* fasciatus, ut in eadem. *Caput* fasciâ et strigâ transversâ inter oculos; cæteroquin corpus albissimum, levissimè rubicundo vel cœrulescente varians. *Abdomen* subtùs lineâ longitudinali atrâ, quibusdam triplicatâ, accedente etiam dorsali magis minusve interruptâ. *Pedum* femora bilineata, utrinque ciliata. Tibiæ dilatatæ, ciliisque subpennatæ, albæ, rhachi lineari nigrâ. *Alae* hyalinæ, areolâ versùs apicem fusco-lutescente. Circa Volgam et Samaram fluvios passim observata.

* *An libellula* (*ciliata*) *viridi-ænea, abdomine fusco, pedibus ciliatis nigris.* Fab. *sp. ins.* 1, *p.* 528, *n°.* 3. *Mant. ins.* 1, *p.* 340, *n°.* 3.

On trouve cette libellule, ou demoiselle, dans les environs du Volga et de la Samara. Elle est remarquable par ses pattes ciliées, presque pectinées ou en forme de plume. Elle est de la forme et de la grandeur du *libellula puella*, de *Linné*.

N°. 214.

MYRMELEO *trigrammus*.

Magnitudo supra formicaleonem, et alæ ampliores. *Corpus* pedesque flava; oculi fusco-ænei. *Antennae* clavâ depressâ, lutescente. *Frons* nigra; *vertex* lineolâ punctisque duobus, collum, thorax et abdomen *stigris* tribus parallelis, longitudinalibus, nigris, mediâ latiore. *Thorax* glaber; abdomen albido-luginosum, subtùs nigrum. *Masculis* cauda ad ultima duo segmenta utrinque *pedunculo* villis reflexis barbato. *Alae* hyalinæ, venis pallidis, interdum fusco interruptis. Litura alba in alis primariis versùs apicem. In desertis australibus copiosa species.

* *Myrmeleon* (*pardalis*) *alis albis: punctis nigris spar-*

sis, femoribus flavis. Fabr. *spec. ins.* 1, *p.* 398, *n°.* 2. *Mant. ins.* 1, *p.* 249, *n°.* 2?

Ce fourmi-lion est plus grand que le fourmi-lion commun, et a des aîles plus grandes. Son corps et ses pattes sont jaunes. Ses antennes sont en massue applatie et jaunâtre. On le trouve dans les déserts des régions australes de la Russie.

N°. 215.

TENTHREDO *convolvuli.*

Magnitudo apis minoris, totus niger, cinereo-pubescens. *Antennae* terminatæ triangulo, seu clavâ planâ, truncatâ. Abdominis segmentum primum subtùs spinis quatuor erectis. In floribus convolvuli torpet.

* *Tenthredo (convolvuli) nigra, pubescens, antennis clavatis planis apice truncatis.*

Cette tenthrède est de la grandeur d'une petite abeille. Elle est noire, et chargée d'un duvet cendré. On la rencontre sur les fleurs d'un liseron.

N°. 216.

SPHEX *lacerticida.*

Magnitudo vespæ vulgaris, atra. *Caput* lineolâ ante et pone oculos flavâ. *Arcus* thoracis flavus ante alas. *Abdomen* minusculum, atrum, lucidum, segmentis 3 intermediis utrinque lineolâ transversâ flavâ notatis. *Antennae* gryseo-testaceæ; pedes testacei, basi femorum nigrâ. *Alae* fulvæ, margine terminali nigricante. Obs.

circ. Samaram, audacissima, ut quæ lacertas minores occidit et suffodit.

* *Sphex (lacerticida) nigra; lineolis flavis, alarum margine terminali nigricante.*

On trouve cet hymenoptère près de la Samara. Il tue les petites espèces de lézards. Il est de la grandeur de la guêpe ordinaire.

N°. 217.

SPHEX *samariensis.*

Longitudo sæpe ferè crabronis. *Corpus* aterrimum, opacum. *Abdominis* segmenta duo à tergo testaceo-rubra, lucida, ut in sphece viatica, cui similis. Sed *alae* fuscæ, violaceo fulgidissimæ.

* *Sphex (samariensis) atra; abdominis segmentis duobus à tergo testaceo-rubris.*

Il est presque de la longueur de la guêpe-frelon. Ses ailes sont d'un brun violet, qui a beaucoup d'éclat.

N°. 218.

SPHEX *leucoptera.*

Magnitudo vespæ. *Corpus* atrum, fronte cano tomentosâ. *Thorax* major, abdomine sessili, squammâ colli subdistinctâ. *Alae* albidæ. *Pedes* crassi, hispidi, antennæ verò tenues, filiformes, thorace vix longiores. Lecta è lacu Inderiensi.

* *Sphex* (*leucoptera*) *nigra*, *fronte tomentoso*, *alis albidis*.

On rencontre ce sphex près du lac Inderskoï. Il est de la taille de la guêpe, et a les aîles blanchâtres.

N°. 219.

SPHEX *manticata*.

Magnitudo et forma ferè sphecis viaticæ, atra. *Thorax* tripartitus, mediâ proportione atrâ, anticâ posticâque rubris; posteriore truncato - subtriangulatâ. *Alae* nigricantes. Lecta cum præcedente.

* *Sphex* (*manticata*) *nigra*, *thorace antice posticeque rubro*, *alis nigricantibus*.

On le trouve dans les mêmes lieux que le précédent. Il est de la grandeur et presque de la forme du sphex fossoyeur, qui est l'*ichneumon* (n°. 74) de *Geoffroy*.

N°. 220.

SPHEX *erythraea*.

Magnitudo dupla sphecis viaticæ. *Scutellum* biangulatum, rubrum et thoracis antica incisura rubra. Prætereà abdomen maculis quaternis rubris. Reliqua sine nitore aterrima.

In campis aridis ad Irtin vagatur more S. viaticæ.

* *Sphex* (*erythræa*) *atra rubro-maculata*, *scutello biangulato*.

Ce sphex est plus grand du double que celui qui précède; On le rencontre dans les champs arides vers l'Irtisch.

N°. 221.

SPHEX *bidens*. Lin.

Magnitudo crabronis, tota pilis hirta. *Feminae* majori caput majus, antice glabrum, luteum, oculis et stemmatibus nigris. *Antennae* breves, articulo basilari setulâ notato. *Thorax* niger, tantùm antice ferrugineo-villosus, postice biangulatus, angulis villosioribus. *Macula* scutellaris lutea. *Abdomen* maculis duum parium citrinis, quarum priores subcohærentes, apice ferrugineo villosum. *Pedes* postici longiores, crassioresque quàm in maribus, hirsutissimi. *Alae* ferrugineo-fulvescentes. *Mas* minor, capite exiliore, toto nigro, præter verticem ferrugineo-villosum, uti et thorax à tergo totus. *Antennae* longæ, incrassatæ, cylindricæ. *Abdomen* maculis majoribus, per paria confluentibus. *Cauda* ferrugineo-villosa, alæque ut in femina.

Not. Huic affines, secundùm sexum variantes, species circiter decem hucusquè in australioribus observavi, à sphecino genere multis characteribus, habituque alienissimas, interque vespas et mutillas ambigentes, quarum omnium descriptio in posterum dabitur.

* *Sphex (bidens) atra, capite antennisque ferrugineis,*

abdomine maculis quatuor luteis, thorace bispinoso. Lin. *syst. nat. p.* 943.

Cette espèce, qui est de la grandeur de la guêpe-frelon, est hérissée de poils. *Linné* ne fait aucune mention de ce caractère. *Pallas* l'a observée dans les régions australes de la Russie, avec environ dix autres variétés ou espèces qui paroissent s'éloigner un peu de ce genre, et se rapprocher des guêpes et des mutiles.

No. 222.

CHRYSIS *grandior*.

Magnitudo muscæ carnariæ mediocris. *Caput*, thorax et segmentum abdominis primum aureo-viridissima, punctato-scabra: articulus alarum verò testaceus. *Abdomen* testaceo-rubrum, sine nitore, subtùs luteum; segmentum terminale subrotundum, marginato-scabrum, ipsoque apicis angulo à dorso subcarinato. *Thorax* ponè alas utrinque angulo conico. *Scutellum* squamulâ scabrâ, exstante auctum. *Alae* fuscæ; *pedes* subtestacei, femoribus tamen sericeo-viridibus. Obs. circa Samaram.

* *Chrysis (grandior) scabra, aureo-viridissima; abdomine subrubro, alis fuscis.*

Cette chryside est de la taille de la mouche à viande. Elle est verte, dorée, scabre par des points saillans, et a l'abdomen presque rouge vers son extrémité. On la rencontre aux environs de la Samara.

Nota. On sait que les chrysides forment un genre très-voisin des guêpes, et qu'elles sont particulièrement remarquables par la beauté et l'éclat de leurs couleurs.

No. 223.

VESPA *galbula*.

Mediocris, nitida, velut oleo perfusa. Genus triplex. *Majores* (feminæ) totæ pilis canis hirsutæ, medio dorso nigris; elingues. *Caput* his ante et ponè oculos utrinque flavo notatum. Abdominis segmenta tria intermedia maculis 2 citrinis subrotundis. Alæ violascentes, antice subtestaceæ, extremitate fusco-hyalinæ. Tibiæ postremæ crassiusculæ triquetræ, extùs scabratæ; spinæque duo terminales discolores, apicibus subspathulatæ. *Mediae* (neutræ) nitidissimæ, nigro hirsutæ, antennis paulò longioribus. Segmentum abdominis, secundum tertiumque à dorso citrina. Alæ nigro-violaceæ. *Lingua* in ore brevis. Tibiæ simplices. *Minores* (mares) minùs nitidæ, nigro hirsutæ, capite paulò minori, sed antennis longis, crassissimis et opacis. Abdomen gracile, inerme, sed apice spinulis 3 setaceis aristatum, segmento tertio toto, secundo maculâ latâ cordatâ, citrinis. *Alae* hyalinæ, priores ad costam fusco violascentes. — Diversas species non dixerim. Alæ nullis plicatiles, adeoque ambiguæ inter vespas, apes et spheces; tardæ ceteroquin et rariusculæ.

* *Apis (galbula) hirsuta nigra, maculis citrinis notata, alis violaceis.*

Je crois que cet insecte hyménoptère doit être rapporté plutôt au genre des abeilles qu'à celui des guêpes, ayant les ailes planes et le corps velu. Il est de grandeur médiocre et luisant, comme s'il eût été trempé dans de l'huile.

No. 224.

VESPA *tricolor*.

Mediocris, alis planis; sed formâ et antennis vespa. Tota atra. *Abdomen* oblongum segmento secundo majore duabus maculis fulvis notato, tertio à dorsali parte toto flavo. *Alae* nigricantes. Lecta circa lacum Inderiensem.

* *Apis (nigrina) nigra, abdomine fulvo flavoque maculato, alis nigricantibus.*

Cet insecte me paroît dans le cas du précédent, puisqu'il a les ailes planes. On le rencontre aux environs du lac Inderskoï.

Fabricius, ayant donné le nom de *vespa tricolor* à un insecte de la Jamaïque, différent de celui-ci, et celui d'*apis* (*vel andrena*) *tricolor* à un insecte de l'Amérique boréale, j'ai dû donner un nouveau nom spécifique à celui de *Pallas*, qui ne m'est d'ailleurs connu que par la courte description qu'il en donne.

No. 225.

APIS *fragrans*.

Nostratium facilè *maxima*, hirsutissima, suprà tota vestita *vellere* dilutè flavo, rariùs albicante. *Caput*, pedes et subtùs tota minùs villosa, atra. Thorax inter alas *fasciâ* latâ transversâ atrâ. *Mares* paulò minores, at *feminae* maximæ, fronte etiam flavescentes et fragrantissimæ odore roseo. Circa Volgam in montosis rupestribus frequens.

* *Apis* (*fragrans*) *hirsuta flava, thorace fasciâ nigrâ.* Pallas. Gmel. *syst. nat.* 4, *p.* 2783. (Apis pratorum, *Fabr.* spec. ins. 1, pag. 478, n°. 23. *Mant. ins.* 1, *p.* 301, *n°.* 27.)

Cette abeille est plus grande que nos autres espèces communes. Elle est très-velue, à duvet d'un jaune vif, rarement blanchâtre. La femelle, qui est un peu plus grande que le mâle, répand une odeur de rose très-agréable. On la trouve aux environs du Volga, dans les lieux montueux et garnis de rochers.

N°. 226.

APIS *femoralis*.

Magnitudo muscæ majoris. Caput, thorax gryseo-pallidè lanata. Antennæ fuscæ. *Abdomen* ungulatum, glabrum, lineis à dorso tribus transversis albis. *Pedes* quatuor priores tenues; posticorum femora ovata, crassitie ferè capitis, basi dente notatâ, gryseo-pubescentes, articulus femorum basin sustinens spinulâ erectâ, tibiæ brevissimæ torosæ, ultra tarsum elongatæ in stylum albidum, glabrum, depressum, truncatum; tarsi productiores.

Pedes omnes grysei, præter femora nigra. Observata rariùs in deserto ad Iaïkum.

* *Apis (femoralis) pallidè grisea lanata, abdomine glabro, femoribus posticis crassis ovatis dente notatis.*

Elle est de la grandeur d'une grosse mouche. Elle est laineuse et d'un gris pâle sur la tête et le corcelet; mais son ventre est glabre, et marqué sur le dos de trois lignes blanches et transverses. Cette abeille a été observée dans les steppes qui avoisinent l'Iaïk; elle y est peu commune.

N°. 227.

APIS *plumipes.*

Musca major, brevis admodùm et crassa, suprà tota luteo, subtùs cano-lanata. *Os* cum fronte album. *Pedes* secundi paris paulò magis elongati; phalange ungues sustinente ad ungues plumulâ atrâ, exiguâ, densissimâ, pinnatâ. Copiosa ad Irtin in floribus.

* *Apis (pilipes) grisea, pedibus intermediis fasciculato-pilosis.* Fabr. *spe. ins.* 1, *p.* 480, *n°.* 34. *Mant. ins.* 1, *p.* 302, *n°.* 39. (Apis plumipes, *Pallas*, spicil. zool. 9, p. 24, t. 1, f. 14.)

Cette abeille est plus grande qu'une mouche, un peu courte et épaisse. Elle est remarquable, en ce que la seconde paire de pattes ou l'intermédiaire porte sur la phalange du tarse un faisceau de poils en forme de plumule, et de couleur noire. On rencontre cette abeille près de l'Irtisch, sur les fleurs. Elle est jaune en-dessus, et chargée de duvet blanc en-dessous. L'*apis plumipes*, de *Fabricius*, est une espèce différente.

N°. 228.

APIS *ireos.*

Pulcherrima, duplo major M. carnaria. *Os* cum fronte flavum; antennarum articulus infimus antice flavus, hinc articulus totus niger, reliqua antenna testacea, à dorso nigricans. Vertex, thorax totus, abdomen subtùs et segmentum basilare à dorso lanâ densâ, fulvâ pubescunt. Reliquum dorsum abdominis atrum, glabrum, segmentis tribus margine lato albo, in medio interrupto. *Pedes* gryseo-lutescentes, lanugine fulvâ, femoribus tantùm posticorum præter apicem nigris. Secundi paris pedes longissimi, antrorsùm versi; postici crassi, præsertìm tibiis, articulo primo tarsi magno, depresso, in angulum subtùs ventricosum dilatato et ad basin interiùs setâ notato.

Copiosa in floribus iridis infrà, n°. 99, descriptæ, torpida.

* *Apis (ireos) thorace hirto ferrugineo, abdomine atro: fasciis tribus interruptis albis, tarsis posterioribus angulato-dilatatis.* Fabr. *sp. ins.* 1, *p.* 482, *n°.* 47. *Mant. ins.* 1, *p.* 302, *n°.* 52.

Elle est fort belle et plus grande du double que la mouche à viande. Elle est chargée d'un duvet roussâtre, et a la bouche et les pattes jaunes. On la trouve en Russie sur des fleurs d'iris.

N°. 229.

N°. 229.

MUTILLA *bicolor.*

Paulò major *mutilla maura* et hirsutior. *Caput* antice totum, thorax à dorso et cingulum medii abdominis latum, medio antrorsùm angulo notatum, colorata tomento cinereo-argenteo. Reliqua aterrima. Lecta in campis aridis australioribus.

* *Mutilla (bicolor) nigra, fronte thoracis dorso abdominisque cingulo argenteo colorata.*

On trouve cet insecte dans les steppes arides des régions australes de la Russie. Les parties de son corps couvertes d'un duvet gris-argenté, tranchent avec celles qui sont nues et très-noires, ce qui le fait paroître de deux couleurs.

N°. 230.

MUTILLA *albeola.*

Major M. maura, cui formâ similis. *Caput* et thorax suprà totus tomento albo-argentato, subcinerascente colorata, cingulumque latum abdominis. *Sexus* alter hirsutior, quasi lanatus, *alis* instructus atris, antennisque paulò productioribus.

Lecta in australibus ad Iaïkum.

* *Mutilla (albeola) capite, thorace cinguloque lato abdominis tomento albo-cinerascente colorata, alis in altero sexu atris.*

On rencontre cette mutille dans les régions australes de la Russie, vers l'Iaïk. Elle ressemble par la forme à la mutille maure; mais elle est plus grande.

No. 231.

MUTILLA *sungora*.

Præcedente vix major, sed oblongior. *Thorax* ut in M. maura ruber, maculaque item cano-argentata, orbicularis in basi abdominis; sed deest macula supra anum, cingulumque latum, integrum medium abdomen ambit. *Sexus* alter *alis* instructus atris, antennisque paulò productioribus.

Lecta ad Irtin locis australioribus.

* *Mutilla* (*sungora*) *nigra*, *abdomine basi maculâ orbiculari cano-argenteâ*, *thorace rubro*.

Cette espèce est plus grande que la précédente, mais plus oblongue. Elle a été trouvée près de l'Irtisch dans les régions les plus australes.

No. 232.

MUTILLA *viduata*.

Magnitudo insignis supra hippomyrmecem, magis elongata reliquis, lanugine rariore. Vertex, thorax antice et lateribus, pedesque lanugine canescente. *Segmentum* primum abdominis; præter pedunculum conicum, magisque adtenuatum, totum rubrum; secundum tertiumque à dorso tomento cinerascente argenrata. *Alae* majusculæ, nigræ, articulo gibbo. *Apteram* nondum observavi, *antennae* sub-attenuatæ.

Lecta cum præcedente.

* *Mutilla (viduata) vertice, thorace antice et lateribus pedibusque lanugine canescente, alis nigris.*

Cette espèce est d'une grandeur remarquable, qui surpasse celle de la grande fourmi que les entomologistes nomment *formica herculeana*. On la trouve avec la précédente.

N°. 233.

ŒSTRUS *antilopum*.

Magnitudo muscæ carnariæ maximæ. *Caput* pallidum, oculis fuscis, puncto oris et verticis tuberculo tripunctato nigris. *Thorax* gryseus, à dorso niger totus vellere cano pallescente lanuginosus. Abdomen sordidè testaceum, ferrugineo-pubescens, quadriannulatum, suprà punctis nigricantibus triangulis triplici ordine, subtùs maculoso fuscum. *Cauda* cylindrica, cornea, nigra, sub alvum inflexa, recta in feminis solùm. *Alae* turbidæ, maculâ transversâ, puncto intra fasciam duobusque versùs apicem pellucidè nigricantibus. *Pedes* grysei.—*Larva* sub cute dorsali antilopes scythicæ, alba, corpusculis corneis dentatis, per novem annulos dispositis cincta.

* *Œstrus (antilopae) alis fasciâ punctisque fuscis, cor-*

pore piloso griseo-fulvescente, abdomine macularum nigricantium triplici ordine. Gmel. *syst. nat.* 4; *p.* 2811.

Cet œstre est de la taille de la grosse mouche à viande. Son corps est chargé d'un duvet gris-roussâtre. Il a l'abdomen couleur de brique, pubescent, et marqué en dessus de trois rangées de points noirâtres. Ses ailes ont une fascie brune et des points de la même couleur. Cet insecte se trouve en Asie. Sa larve habite sous la peau du dos des antilopes.

N°. 234.

TIPULA *polygama.*

Magnitudo dupla vel tripla culicis. Abdomen cœrulescenti fuscum, alæ fusco venosæ. Pedes longitudinis mediocris.

Copiosè observata primo vere in ripis arenosis fluvii Sym montium Uralensium, circa unam feminam mares innumeri humi conglomerantur, et plerumque tres effectivè copulantur.

* *Tipula (polygama) alis fusco-venosis, abdomine cœrulescente.*

Le moucheron polygame est une ou deux fois plus grand que le cousin ordinaire (*culex pipiens*); il a l'abdomen d'un brun-bleuâtre, et les ailes veinées de brun.

Cette espèce, qu'on rencontre au printems sur les rives du Sim, dans le voisinage de l'Oural, présente dans son accouplement un fait bien remarquable : chaque femelle est alors entourée de dix à vingt mâles, dont plusieurs sont accouplés avec elle.

No. 235.

TIPULA *solstitialis.*

Minutissima sui generis. *Corpus* fuscum. *Antennae* simplices. *Alae* cinereo - reticulato variegatæ. A junio circa Volgam, vespertino præsertìm tempore, atomis copiosior aera passìm replet.

* *Tipula (solstitialis) fusca, alis cinereis reticulatis.*

C'est une des plus petites espèces de moucherons que l'on connoisse. On la rencontre dans le mois de juin, aux environs du Volga, en telle quantité, sur-tout l'après-midi ou vers le soir, que l'air en paroît rempli. Ils ressemblent à des atomes.

No. 236.

BIBIO *sanguinarius.*

Magnitudo pulicis majoris. *Thorax* gibbus, canescens, maximè lateribus. *Abdomen* fusco-annulatum. *Alae* lactescenti - pellucidæ. *Os* obtusum sine aculeo: tamen cutim vulnerat, relinquens punctum sanguineum. Ad Volgam maio et junio præsertìm infesta.

* *Tipula (sanguinaria) thorace gibbo canescente, alis pellucidis lactescentibus.*

Il est vraisemblable que cet insecte doit être du même genre que le *tipula hortulana* de *Linnée* et de *Fabricius*, dont *Geoffroy* avoit fait un genre particulier sous le nom de bibion (*bibio*), à cause de la forme de ses antennes qui diffèrent beaucoup de celles des moucherons. Ce genre sans doute devra être rétabli; mais en attendant, les antennes du *bibio sanguinarius* de *Pallas* n'étant point décrites, j'ai cru devoir rapporter cet insecte au genre des moucherons (*tipulæ*). On le rencontre près du Volga, dans les mois de mai et de juin.

On prétend que ce n'est qu'une variété du *culex reptans* de *Linnée*; cela me paroît étonnant.

N°. 237.

CULEX *caspius*.

Similis culici pipienti, sed paulò minor; cantus et furor idem. *Color* subgryseus, thorace cinereo - fasciato. *Pedes* subannulati. Totus leviter *pubescit*, etiam alarum venis et margine subtilissimè ciliatis. *Antennae* utrique sexui filiformes. Oris *ensis* setaceus, simplex, thorace longior; vaginæ multæ, palpi *duo* brevissimi, vix caput æquantes, crassiusculi, quibus maximè à vulgari differt. Versùs mare Caspium in paludosis salsis, cùm sequenti infestissimus.

* *Culex (caspius) cinereus subpubescens, antennis filiformibus.*

Cet insecte ressemble beaucoup au cousin commun, mais il est plus petit, et on l'en distingue principalement par ses antennules très-courtes, et un peu épaisses. Ses antennes sont filiformes dans les deux sexes. On le trouve près de la mer Caspienne, dans les marais salins dont il infeste l'air.

N°. 238.

CULEX *hyrcanus*.

Præcedente et vulgaribus paulò longior, cinereus, subhirsutus*, abdomine lineari, fuscescente. *Frons* hirtella. *Antennæ* triarticulatæ; extremum trinode, basis verò pilis nigris subpennata. *Palmi* nulli; *ensis* nudus, rectà protensus, longitudine fermè abdominis, basi pilosus, mucrone crassiusculus. *Pedes* longissimi, grysei, hirsutie vix conspicuâ, postici corporis ferè triplâ longitudine, præsertìm tarso elongati. *Alæ* lanceolatæ, cinerascentes, venis hirsutis ad crassiorem marginem nigro maculatæ, suprà glabræ, subtùs venis hirsutis. Comes prioris. Rarior, sed ferocior.

* *Culex* (*hyrcanus*) *cinereus subhirsutus, abdomine fuscescente, alis margine exteriore nigro-maculatis.*

Ce cousin est un peu plus alongé que le précédent, et que l'espèce commune. Il a de très-longues pattes, sur-tout les postérieures. Ses ailes sont grisâtres, velues sur leurs vénules, et tachetées de noir vers leur bord le plus épais. On le rencontre avec le précédent. Mais il est moins commun, et plus acharné à piquer.

N°. 239.

ASILUS *aethiops*.

Magnitudo asili crabroniformis, totus ater, glabrior, thorace pedibusque setosis, capite et ano pubescentibus. *Barba* rariuscula. *Frons* et maculæ laterales thoracis et abdominis adtenuati cano-lucida, subargentea. *Alae* fuliginosæ, venis dilatatis atris. *Halteres* sulphurei. Ad Samaram in campis copiosus junio.

* *Asilus* (*æthiops*) *ater, capite et ano pubescentibus, alis fuliginosis.*

On trouve cette asile dans les champs, près de la Samara. Elle est de la grandeur de l'asile crabroniforme ou asile bourdon, c'est-à-dire, de l'une des plus grandes de son genre.

N°. 240.

PHALANGIUM *araneoides* miscell. zool. *inedita.* Calmucc. *Bychorco.*

Mole sæpiùs subæquat tarentulam, qua longior. *Abdomen* molle, annulatum, oblongum. *Thorax* urceolatus, gibbus, antice truncatus, tuberculoque ad medium marginem prominentissimo, ocellifero notatus. *Chelae* oris sessiles, venenifluæ, magnæ, ventricosæ, situ verticales, digito inferiore mobili. *Brachia* prætentantia, pedibus majora, cumque pedibus primi paris mutica, apice obtuso terminata. *Pedes* octo; sex postici unguiculati, postica femora subtùs appendiculis circiter quinis, triangulis, planis petiolatis. *Artus* omnes pubescentes, pilisque rarioribus prælongis adspersi. *Color* gryseus. Chelarum digiti dentati, testacei. *Colit* arundineta desertorum australium, omnium consensu venenatissimum insectum.

* *Phalangium* (*araneoides*) *chelis dentatis villosis, corpore oblongo.* Fabr. *sp. ins.* 1, *p.* 549, *n°.* 10, *mant. ins.* 1, *p.* 347, *n°.* 11.

Phalangium bychonco. s. g. Gmel. *it.* 3, *p.* 485, *t.* 35. Pall. *spic. zool.* 9, *p.* 37, *t.* 3, *f.* 7 — 9.

Le faucheur araignée, qu'on pourroit aussi nommer faucheur scorpion, est un insecte aptère, dont la pîqûre est très-dangereuse. Cet animal, qui est à peu près de la grosseur de la tarentule (*aranea tarantula*) a le corps oblong, et est muni de pinces presque semblables à celles des scorpions. Il fait son nid dans la terre, d'où il sort pour se promener dans les roseaux. On assure qu'il court avec une vitesse extrême. Il est grisâtre, velu, principalement sur les pattes, et a les pinces ventrues et dentées. On le trouve dans la Russie australe, la Perse, l'Italie, et au cap de Bonne-Espérance. Sa piqûre qui cause l'enflure, de grandes douleurs, le délire, et quelquefois la mort, se guérit avec de l'huile douce, appliquée promptement sur la blessure.

N°. 241.

ARANEA *tarantula*.

Magnitudo sæpè vix infra araneam avicula-riam, eique saltem proxima, tota tomentoso lanuginosa. *Thorax* oblongiusculus, antice angustatus, à dorso cinereus, radiis nigris ad mediam areolam convergentibus pictus. *Oculi* 4 majores à tergo, minuti quatuor anteriùs, transverso ordine. *Abdomen* mole nucis, ovali subglobosum, cinereum, fuscoque pulveratum; *stigmata* alba sex parium, lineolâ transversâ obsoletissimè connexorum à dorso abdominis. *Subtùs* corpus totum aterrimum, holosericeum. *Chelae* cum *palpis* luteæ, extremo atræ. Pedes subtùs albidi, suprà cinerei; femora nigro variegata punctisque piliferis adspersa, internodia duo proxima annulo lato subtùs aterrima, extrema planta prorsùs atra. Nocturna, in terra cuniculans, in aridis limosis ripis et campis australibus passim copiosa.

* *Aranea (tarantula) abdominis dorso maculis trigonis nigris, pedibus nigro-maculatis.* Fabr. *sp. ins.* 1, *p.* 545, *n°.* 45, *mant. ins.* 1, *p.* 346, *n°.* 47.

Aranea (tarentula) subtùs atra, pedibus subtùs atro-fasciatis. Lin. *syst. nat. ed. XII, p.* 1035.

La tarentule, fameuse par les effets que l'on attribuoit à son venin et sur-tout par la singularité des moyens que l'on employoit pour guérir ceux qui en avoient été piqués, est une des plus grosses araignées de l'Europe. Elle est grisâtre en dessus et d'un beau noir en dessous. Elle fait son nid dans la terre, dans les lieux secs et arides.

On trouve cette araignée en Italie dans la Pouille, à la côte de Barbarie, et dans la Russie australe. Sa morsure, quoique venimeuse, n'est point aussi dangereuse qu'on l'a cru: les moyens ordinaires qu'emploie la médecine pour prévenir les effets de son venin, la guérissent facilement.

N°. 242.

ARANEA *speciosa.*

Thorax gryseus; maculis duabus longitudinalibus fuscis. *Oculi* octoni, duo utrinque extimi approximati. *Pedes* flavescentes, nigro-annulati, primi paris longissimi, brevissimi omnium tertii. *Abdomen* ovato-oblongum, flavum, lineis transversis arcuatis nigris, simplici ad basin remotiore, tum gemellâ, dein triplici quarum prior subundulata, demùm arcubus trium parium latioribus versùs caudam. Subtùs abdomen nigro reticulatum, fasciis duabus longitudinalibus flavis.

Habitat in australibus deserti Iaïkici, sæpè in domibus observata, ubi dicitur plerumque circa sanctorum expositas imagines retia tendere, unde à Cosaccis hospitio quasi colitur, et nomen suprà indicatum nacta est.

* *Aranea (speciosa) thorace griseo: maculis duabus fuscis, abdomine ovato-oblongo flavo: arcubus transversis nigris, subtùs nigro reticulato, fasciis duabus flavis.* Gmel. *syst. nat.* 4, *p.* 2952.

Cette araignée est ornée de couleurs bien tranchées qui la rendent remarquable. Son corcelet est grisâtre avec deux taches brunes longitudinales. Le reste de son corps et ses pattes sont variés de jaune et de noir. On la trouve dans la Russie australe.

N°. 243.

MONOCULUS *arcticus*.

Simillimus *monoculo apodi minori, cui foliolum inter setas caudales* (SCHAEFER), sed scutum tenuissimum, pellucidum, stria longitudinali subangulatum, incisurâ posticâ subtilissimè denticulatum; et *foliolum* inter setas brevissimum, minùs complanatum, hispidulum.

Copiosissimum insectum in lacubus oræ glacialis Sibiriæ, avibus aquaticis solemne pabulum.

* *Monoculus* (*arcticus*) *scuto pellucido, foliolo inter setas caudales brevissimo hispidulo.*

On trouve ce monocle dans les lacs voisins de la mer Glaciale. Il fait la nourriture favorite des canards et autres oiseaux aquatiques.

No. 244.

ONISCUS *ruderalis.*

Oblongo-semi-cylindricus, antice obtusior, longitudine $\frac{3}{4}$ pollicis, adeòque duplo major, vix verò latior asello. Caput majusculum, latitudine fermè corporis, scabrum. *Antennae* crassæ, longitudine dimidiâ corporis. *Segmenta* duo priora latiuscula, scabra, vix autem in recenti. *Cauda* stylis duobus ensiformibus, longè majoribus quàm in asello, quocum colore convenit, et promiscuè habitabat sub lateribus ruderum urbis Tataricæ Saratschik; vulgaris ibi plerumque variabat colore pallidè rufo, sed nostra species minimè.

* *Oniscus* (*ruderalis*) *oblongus, capite scabro, caudâ stylis duobus ensiformibus.*

Ce cloporte est oblong, plus grand que le cloporte ordinaire, et a sur-tout les deux filets de sa queue plus longs et ensiformes. On le trouve dans la Tatarie, parmi les décombres.

N°. 245.

ONISCUS *crenulatus*.

Forma præcedentis, sed duplo minor. *Antennæ* minores, etiam quàm in asello vulgari. *Caput* aliquot punctis prominulis adspersum. *Segmenta* tria priora margine crassiuscula et crenata, lateribusque scabra, secundum paulò majus. *Cauda* longè brevior, quàm in præcedente, et *styli* minutissimi. Lectus circa lacum Inderiensem in collibus aridis.

* *Oniscus* (*crenulatus*) *oblongus*, *segmentis tribus prioribus margine crenulato*, *stylis caudæ minimis*.

Il est plus petit que le précédent, auquel il ressemble par la forme. Les deux filets de sa queue sont entrêmement petits. On trouve ce cloporte sur les collines arides qui environnent le lac Inderskoï.

N°. 246.

ONISCUS *caspius*.

Forma, color atque magnitudo onisci vel cancri pulicis dicti. *Cauda* major, cujus loricæ 3 priores latitudine æquant segmenta corporis, à dorso mucronatæ spinâ reclinatâ; duo proxima stylo dorsali mutico, erectiusculo notata, et utrinque pedunculo bifurco caudam terminantia, interjecto medio insuper foliolo lineari. *Pedes* primi paris minuti, 2 et 3 cheliferi : postici sex retrorsùm versi. In naiade et potamogetone fluitante maris Caspii cum onisco pulice frequens.

* *Oniscus* (*caspius*) *pedibus anterioribus cheliferis, loricis* 3 *prioribus caudæ spinâ mucronatis.*

Cet insecte ressemble, par la forme, la couleur et la grandeur, à la crevette des ruisseaux. On le trouve dans la mer Caspienne, sur le potamot flottant et la naïade.

No. 247.

ONISCUS *muricatus*.

Magnitudo ferè squillæ vulgaris, sed conformatio quæ oniscis squilliformibus reliquis. *Segmenta* corporis septem, caudæ tria priora utrinque ad dorsum aculeo conico mucronata. *Pedes* 4 priores cheliferi, primi minores. *Cauda* stylis sex terminata, quorum duo medii breviores, crassioresque. *Color* vivi cinerascente-albidus; siccati, cocti, vel à liquore spirituoso conditi coccineus.

* *Oniscus* (*muricatus*) *pedibus* 4 *anterioribus cheliferis, segmentis* 3 *prioribus caudæ aculeo-mucronatis, stylis caudalibus senis.*

Cette espèce se trouve dans l'Angara. *Pallas* en donne plus de détails dans son *Spicilegia zoologica*, p. 52. Les individus vivans sont d'un gris blanchâtre; mais ils deviennent rouges lorsqu'ils sont desséchés ou cuits, où conservés dans l'esprit-de-vin.

N°. 248.

ONISCUS *trachurus*.

Præcedente minor, sed reliquis O. squilliformibus major. *Corpus* læve, politissimum. *Segmenta* caudæ à dorso rugis vagis, quæ setulis rigidis seriatim obsitæ sunt, hispida et asperata. *Pedes* sex primores cheliferi, postici tantùm quatuor retroversi, iique subpilosi. *Styli* caudæ utrinque duo ipsam caudam non excedentes (ut solet), bifurci, medii maximi, subulati, cornei.

Abundat in ripis saxosis Baïkalis, destinata coregonis esca.

* *Oniscus* (*trachurus*) *corpore lævi, segmentis caudæ hispidis, pedibus 6 anterioribus cheliferis.*

Ce cloporte aquatique est plus petit que le précédent. On le trouve abondamment dans le lac Baïkal, où il nage parmi les mousses et autres plantes qui y croissent; il sert de nourriture à plusieurs espèces de poissons.

N°. 249.

SQUILLA *trixapus*.

Facies et color *squillæ crangonis*, sed magnitudo vix præcedentis onisci. *Thorax* brevis, postice profundè excisus, utrinque ad oculos mucrone exili notatus, suprà verò muticus.

Oculi magni, approximati, *forficulæ* portiones planæ lineares. *Antennae* setaceæ 4, inferiores longitudine corporis. *Pedes* 8 parium, omnes antrorsùm versi, natatorii, exiles, compositi articulo ad basin cylindraceo, et extremitate setacea, hirsutula. *Cauda* corpore longior, cylindraceo-attenuata, terminata foliolis ciliatis oblongis 4, intermedioque acuto breviore. *Ova* ad basin caudæ in gelomerem gelatinosum congesta circumfert femina. — Copiosam inveni in fundo limoso sinuum maris Caspii, in quos Rhymnus exoneratur.

* *Monoculus* (*trixapus*) *antennis quatuor setaceis, pedibus octo, caudâ ligulis quaternis ciliatis.*

Ce monocle est de la division de ceux qui ont deux yeux. Il est à peine aussi grand que la crevette des ruisseaux. Son corcelet est court; sa queue est plus longue que le corps, cylindracée, amincie, terminée par quatre petites folioles ou languettes ciliées, avec une pointe intermédiaire. On trouve cet insecte dans la mer Caspienne.

N°. 250.

ASCIDIA *globularis*.

Corpus magnitudine cerasi, ex ovali sphæricum, pedunculo brevissimo suprà vada arenosa vix non sessile. *Corium*, quo constat, semipellucidum, duriusculum, epidermidis maceratæ simile, extùs læve, arenulis adglutinatis obductum. *Aperturæ* ad superum verticem binæ,

binæ, distantes, vix prominulæ, respondentes sacco ventriculi folliculum intus totum explente.

In littoribus undosis arenariis Oceani glacialis copiosè generatur, facultate locomotiva destituta.

* *Ascidia* (*globularis*) *ovali-sphærica semipellucida, aperturis terminalibus vix prominentibus*. Gmel. *syst. nat.* 5, *p.* 3127.

Le corps de ce ver mollusque est ovale-sphérique, demi-transparent, de la grosseur d'une cerise, et attaché à un pédicule très-court. Les deux ouvertures de son sommet sont écartées l'une de l'autre, et très-peu saillantes. On trouve cette ascidie sur les rivages sablonneux de la mer Glaciale. Elle se multiplie abondamment dans les lieux où elle est fixée.

No. 251.

MYA *edentula*.

Testa pollicaris tenuis, alba, subantiquata, striata, ovalis, æquivalvis, valvulis productiore extremitate latè hiantibus. *Striae* seu costæ argutæ circiter 33, in breviore extremitate distantes, in productiore confertæ. *Cardo* edentulus, labio crassiusculo, subinflexo, neque spinâ intra testam ullâ. — Inter conchylia arenæ Caspiæ rarior occurrit, attamen viva quoque visa.

* *Mya* (*edentula*) *testâ striatâ ovali, æquivalvi amplè hiante, cardine edentulo*. Gmel. *syst. nat.* 5, *p.* 3220.

La coquille est mince, blanche, ovale, équivalve, mais

inéquilatérale, et longue d'un pouce. Elle est bâillante d'un côté, et chacune de ses valves est munie d'environ trente-trois stries ou côtes transverses. On n'observe aucune dent à la charnière : ce qui distingue cette coquille des véritables myes, et me paroît la rapprocher des solens, dont la charnière varie beaucoup, selon les espèces. On trouve ce coquillage dans la mer Caspienne.

No. 252.

CARDIUM *trigonoides*.

Testa magnitudine ferè cardii rustici, subimbricata, valdè gibba, inæquilatera, subtriangularis. *Valvulae* æquales, versùs nates inflexas angulatæ, altero latere planiusculæ, altero lato convexo. *Striae* in planiore latere exiles circiter sex, area vulvæ lævigata, in convexa parte 14 — 18, latæ, complanatæ. Copiosissima testa maris Caspii, viva tamen mihi non visa.

* *Cardium (trigonoides), testa gibba inæquilatera subtriangularis, valvulis versùs nates carinatis : latere planiore subsexstriatis.*

On trouve ce bucarde dans la mer Caspienne, où il est très-abondant. *Pallas* néanmoins ne l'a point observé avec l'animal vivant. Il est presque de la grandeur du bucarde rustique.

No. 253.

MYTULUS *polymorphus*.

Marinus ad summum mole nuclei pruni, marino eduli oblongior, valvulæ præsertim versùs nates magis carinatæ, latere incumbente planiusculæ atque excolores, superiore verò parte circulis gryseo-fuscis, undulisve variæ. *Nates* acutissimæ, subdeflexæ. *Fluviatilis*, sæpe quadruplo major, subfuscus, latior, valvulis exactè semi-ovatis argutè carinatis, latere incumbente plano-excavatis; natibus acutis deorsùm inflexis. Cavum commune testæ versùs nates obsoletè quinqueloculare, dissepimentis brevissimis.—In lapidibus, majoribusve testis copiosè conglomerantur, penicillis radiatis affixæ, uti mytulus edulis.

* *Mytulus* (*polymorphus*) *testâ quinqueloculari*; *valvis carinatis latere incumbente planiusculis*, *natibus acutis deorsùm inflexis*. Gmel. *syst. nat.* 5, *p.* 3363.

Pallas rapporte ici à la même espèce une moule marine et une moule d'eau douce que je présume fort devoir être distinguées, au moins comme espèce, si toutefois elles sont véritablement du même genre. Les vraies moules, jusqu'à présent connues, sont toutes des coquilles marines, plus longues que larges et qui n'ont qu'une impression musculaire; au lieu que les coquilles d'eau douce que *Linné* a rapportées au genre *mytilus*, sont plus larges que longues et ont trois impressions musculaires. *Brugnière* en a formé un genre particulier qu'il a nommé *anadontite*.

No. 254.

NAUTILITES *complanatus*.

Magnitudo manûs, depressus, lævis, altero latere æqualiter convexus, altero ferè planus;

carina in argutissimam aciem coacta, integerrima. *Suturae* loculamentorum flexuoso undulatæ ceu frondosæ, detritâ *testâ* tenui, lucidâ conspicuæ. —Fossilis ad Volgam observatus.

* *Ammonites* (*sibirica*) *lævis carinata; altero latere convexo, altero ferè plano.*

Les sutures flexueuses ondulées et comme formées par des découpures crêpues, indiquent que cette coquille est une ammonite (vulg. *corne d'ammon*), genre établi et très-bien caractérisé par *Brugnière*, dans son dictionnaire des vers qui fait partie de l'Encyclopédie. L'espèce dont il est ici question ne doit pas être confondue avec l'*ammonites complanata* de *Brugnière* (n°. 11); on la trouve dans le voisinage du Volga.

N°. 255.

SPONGIA *baïkalensis*.

Excrescit in cylindros subsesquipedales, crassitie pollicis vel ultrà, subramosos et passim inter se confluentes, vel latos et subpalmatos. *Substantia* recenti mollusca, muco viridissimo saturata, hyantibus tantùm poris per intervalla sparsis, composito-stellaribus. Elato muco textura superest tenerrima, albida, rigidior, fragiliorque quàm Sp. oculatæ, elegantissimè fibrosa, fibris præcipuis à medulla divergentibus.

Provenit copiosè in rupibus Baïkalis lacûs in profunditate plurium orgyarum.

* *Spongia* (*baïkalensis*) *viridis teres subramosa, foraminulis stellaribus per intervalla sparsis.*

Cette éponge présente des ramifications cylindriques, de l'épaisseur du pouce ou davantage, longues presque d'un pied et demi, confluentes entr'elles et comme palmées. Son tissu est rempli, lorsqu'elle est récente, d'une mucosité verdâtre qui se dessèche et disparoît lorsque l'éponge détachée de la place où elle a été formée, est retirée de l'eau. Les petits trous qui sont à sa superficie, sont épars, très-ouverts lorsque l'éponge est dans l'eau, et ont la forme d'une étoile.

On trouve cette éponge dans le lac Baïkal, attachée sur les pierres qui sont dans l'eau à trois ou quatre brasses de profondeur. Elle paroît avoir beaucoup de rapports avec l'éponge des étangs (*spongia lacustris*. Lin.).

N°. 256.

TUBULARIA *caspica*.

Minuta, caules ruppiæ atque naïadis quasi villo cinereo, confertìm obducens; tubuli setæ porcinæ vix crassitie, molles, erecti. Vagina è tubulo exsertilis subattenuata, hyalina, sustinens cristam polypi tantùm octo filamentis instructam, adeòque rarissimam, cujus tamen basis seu discus lunatus, ut in congeneribus, radiique eleganter arrecto subreflexi. In mari Caspio circa fluitantia vegetabilia ubique escharæ instar, frequens.

* *Tubularia* (*caspica*) *tubulis erectis subsetaceis: crista polypi lunata, tentaculis octo instructa.*

On trouve cette tubulaire dans la mer Caspienne, sur les végétaux flottans qu'elle entoure souvent à la manière des escares (*flustra*). Ses petits tubes sont mous, droits, et à peine de l'épaisseur d'une soie de cochon.

N°. 257.

SALICORNIA *herbacea*. Tab. 43.

Vulgaris, erecta et minus ramosa, in paludibus aquosis, salsis versùs mare Caspium copiosè crescit, et ubique nota est, quamvis flores hucusque imperfectissimè descripti. Hæc nunquam frutescit, neque radice unquam perennat, caulesve confirmat aut multiplicat.

B. *Varietas* in paludibus siccioribus ad Iaïkum à sole depressa oriri videtur, plurimis momentis diversa. *Radix* hujus perennat, lignescit et aliquot trunculis, ceu capitibus supra terram expanditur. *Caules* ex ea annui plurimi prostrati, pedalem sæpe diametrum occupantes, structura simillima plantæ annuæ, sed longè tenuiores, et ramosiores (*fig. 1*). *Divisura* tamen eadem spicarumque dispositio simillima, sed longiores sunt atque tenuiores, *floribus* à quadragenis ad quinquagenos obsessæ (*litt. a*), in quicunces quadrifariàm dispositis. *Flosculi* vix prominuli, neque perianthii neque corollæ vestigium unquam ullum, neque in hac nec in ulla alia salicornia observati. Absolvuntur *triangulo* in hac specie æquicruro, vix convexo, spicæ immerso, nec nisi per suturam distincto, cujus inferiores duos angulos alia transversa sutura à majore portione resecat (*fig. 1, litt. b*). Angulares *areolae* antheriferæ sunt, media *major*, pistillifera. *Antherae* simplices, ovatæ, ferè sessiles, erectæ; quibusdam flosculis solitariæ, dum alteruter angulus solito minor anthera caret; maximè tamen naturali statu flosculi omnes *diandri*. *Stigma* duplex, quasi umbilicus mediæ areolæ, vix stylo ullo elevatus. Maturâ vel maceratâ spicâ triangulares flosculi, cum pertinente ad illos parenchymatæ excidunt et in tres portiones separantur, ceu totidem *capsulas* pyramidatas. Apparent tunc *semina* tria, in portionis femineæ pariter et anthiferarum parenchymate nidulantia, verticalia, minuta, plana, reniformia (*litt. c*), intra dorsalem marginem crassiusculum continentia *corculum* simplex arcuatum (*litt. d*). *Arillus* seminis duriusculus, lutescens.

Vulgaris planta eandem fermè structuram exhibet, hoc tantùm discrimine, quòd semina nunquam duobus plura proferat, alterutra tantùm antherifera portione fecunda! imò sæpe neutra, ut unicum tali flosculo semen sub portione stylifera supersit. Stamen etiam his frequentius alterum sterile, vel planè elisum, ut flosculi evadant *monandri*.

* *Salicornia* (*herbacea*) *herbacea patula, articulis apice compressis emarginato bifidis.* Linn. *œd. fl. dan. t.* 303.

La salicorne herbacée ne s'élève qu'à cinq ou six pouces de hauteur. Elle est remarquable par ses rameaux nombreux, ouverts, et dont les plus inférieurs sont les plus longs et étalés sur la terre, tandis que les autres vont en diminuant graduellement de longueur, à mesure qu'ils sont plus près du sommet de la tige qui est droite et articulée ainsi que les rameaux. Les ramifications sont terminées par des épis articulés. Toute la plante est verdâtre. On la trouve dans les lieux salins et maritimes de l'Europe et dans la Russie vers la mer Caspienne.

Lorsque cette plante est jeune on la confit dans le vinaigre, comme la bacille ou griste-marine (*crithmum maritimum*), pour la manger soit en salade, soit en assaisonnement avec des viandes roties.

N°. 258.

SALICORNIA *caspica*. Tab. 46, f. 2.

Gigas in suo genere, soli *Buxbaumio* hucusque dicta (1) ad præcedentem proxima. *Facies* è longinquo tamaricis. *Trunci* ferè arborei, perennes, rudi cortice obducti, ramosissimi, strictim erecti. *Rami* annui crassitie, facie et divisura opposita *salicorniam herbaceam* ferè referunt, compositi articulis perfectiùs cylindricis. *Flagella* extrema culmo tenuiora, vel extremitate, vel sæpius in medio abeunt in spicam crassam, juliformem. Priorum modum *Buxbaumii* icon exhibet, posterioris status, qui tempore maturescentiæ obtinet exemplum ego adjeci (*fig.* 2). *Spicæ* igitur semper pedunculatæ, sæpe pollicares et

---

(1) *Centur. plantar.* 1, *pag.* 6, *tab.* 10, *f.* 1. Ex BUXBAUMIO *reliqui*.

ultrà, crassitie ferè calami, flosculis creberrimis confertim imbricatæ, ita ut angusta intervalla supersint (*litt. e*).

Flosculi sæpe trigenis plures, transversìm quasi lunulati, compositique portione majore subpentagonâ, stigmate umbilicatâ, duabusque lateribus antheriferis portionibus. Maturescentes spicæ squamatim, amenti instar, solvuntur, fiuntque cavernosæ excidentibus capsulis seminalibus. *Semina* rariùs sub antheriferis portionibus, sed in stylifera plerumque tantùm solitaria, lutea, minora, quàm in præcedente (*litt. f*), imò vix arenulæ paria, compressa, ovata, et altero vertice acuta. — Abundat hæc species in aquosis salsis circa castellum Georgii ubi salicornia herbacea, inundatam paludem, hæc verò altiora loca, comitibus tamarice, nitraria et salsola fruticante occupat.

* *Salicornia* (*caspica*) *fruticosa*, *articulis cylindricis*, *spicis fusiformibus*. *Illustr. gen.* n°. 37. Lepech. *it.* 1, *p.* 254. *Salicornia arborescens geniculata.* Buxb. *cent.* 1, *pag.* 6, *tab.* 10, *f.* 1.

Cette salicorne est une des plus grandes que l'on connoisse. Elle s'élève souvent à la hauteur d'un homme et quelquefois même davantage, ayant en quelque sorte l'aspect d'un tamarisc. Sa tige est ligneuse. Ses rameaux sont nombreux, divisés, redressés. Ceux de l'année sont herbacés verdâtres, articulés. Les épis sont menus, alongés, plutôt fusiformes que filiformes.

On trouve cette espèce dans les lieux salins de la Russie, vers la mer Caspienne.

N°. 259.

SALICORNIA *strobilacea* (1). Tab. 44, f. 1 et 2.

Planta suffruticosa, rarò pedali major, è longinquo vix anabasi *aphylla* distinguenda. *Radices* longissimis flagellis, sæpe in superficie reptantes passìmque soboliferæ. *Trunci* lignei rudes, cortice gryseo albicante obducti breves, supra terram prostrati et flexuosi, unde creberrimi assurgunt surculi erecti, ramòsi, sæpe lignescentes, nodosi, partim gemmis utrinque prorumpentibus, partim adultis spicis enatis. *Spicae* in crucem alternatim oppositæ, sessiles, cylindricæ, obtusæ (*litt. a*), maturitate vel maceratione strobilorum instar squamatim sòlvendæ. *Flosculi* in singula circiter viginti, transversales, angusti, spatiis inter se latis, trapeziformibus dispositi (*litt. b*) trituberculati, diandri. *Tuberculum* medium centro exserens *stylum* insignem bifurcum, stigmatibus reflexis (*litt. c*); in lateribus *anthera* ovalis, majuscula, filamento elevata; adeòque genitalia multò magis exserta, quàm in prioribus; corollæ tamen vel perianthii vestigium nullum. *Semen* tantùm unicum in portione

(1) *An* BUXBAUMII *loc. cit. fig.* 2, *salicornia arborescens sine geniculis.*

stylifera flosculorum vidi, ovatum luteum, minutissimum. — Copiosè provenit in præruptis salsisque ripis lacûs Inderiensis, inferiora occupandum salicornia arabica elatiore et sicciore loco crescere amat. Gallas in ramis copiosas profert, uti ephedra et sæpe anabasis duras (*fig.* 2), vermiculis rubris refertas tipularum minutissimarum. Proceriorem et salicorniæ Caspicæ subparem versùs mare cum eadem promiscuè crescentem inveni.

* *Salicornia* (*strobilacea*) *fruticosa*, *caulibus prostratis*, *surculis erectis ramosis*, *radice repente*, *spicis decussatis sessilibus*. *Salicornia strobilacea*. Gmel. *syst. nat. tom.* 2, *p.* 5. *Salicornia arborescens sine geniculis*. Buxb. *cent.* 1, *p.* 6, *tab.* 10, *fig.* 2.

Cette espèce est beaucoup moins grande que celle qui précède. Comme elle n'a point de feuilles, on pourroit la prendre de loin pour l'anabase sans feuilles. Sa racine est rampante, à jets fort longs et traçans. Elle pousse des tiges frutiqueuses, étalées ou couchées inférieurement, rameuses et ascendantes dans leur partie supérieure. Les épis sont courts, obtus, sessiles, nombreux, opposés, et décussés ou par paires disposées alternativement en croix. On trouve cette salicorne sur les rivages salins du lac Inderskoï. Elle est souvent chargée de gales, occasionnées par des insectes que *Pallas* croit être de très-petites tipules, mais qui vraisemblablement sont des *cynips*.

N°. 260.

SALICORNIA *arabica*. Tab. 44.

Elegantissima et tenuissima congenerum,

facie tamaricis vel anabaseos. *Fruticuli* vix pedalibus altiores. *Radix* crassa, profunda, lignea, capitibus vel truncis flexuosis terræ instrata. *Caules* ex iis adsurgunt creberrimi erecti, lignescentes, et cortice æquali, rimoso, albido obducti, adtenuato ramosi (*fig.* 2, *A*). Rami annui alternatim sparsi et subdivisi articulis compositi crebris, ovatis superiùs ceu angulo quodam alternatim prominulis (quod non exactè expressit pictor). *Spicae* in extremis ramulis tres, quatuor pluresve, alternatim positæ, parvulæ, ovatæ, torulosæ (*litt. h*). *Flosculi* in singula spica pauci, paululùm extuberantes, alterni (*litt. i*), plerique compositi tuberculis tribus, quorum medium majus et elatius *stigma* sustinet, lateralia antheram sessilem (*litt. k*), *semen* in tuberculo stylifero et antheriferorum plerumque alterutro observavi; alterum inane et minus esse solet, imò in summis spicæ flosculis cum anthera eliditur, ut evadant *monandri*. Semina minutissima, attamen figura iis simillima quæ in *salicornia herbacea* dicta sunt. Cum præcedente abundat circa lacum Inderiensem.

* *Salicornia (arabica) suffruticosa, ramorum articulis crebris obtusis basi incrassatis, spicis parvulis alternis subsessilibus. Salicornia arabica.* Lin. *fil. suppl. p.* 81.

Elle constitue un petit arbuste très-élégant, s'élevant à peine au-delà d'un pied, et formant, par ses tiges nombreuses, paniculées et ascendantes, une touffe très-fine, qui présente en quelque sorte l'aspect d'un petit tamarisc. Ses ramifications sont remarquables par leurs nombreuses articulations, et les plus petites, un peu flexueuses, sont chargées de petits épis alternes, ovales, presque sessiles. On trouve cette salicorne autour du lac Inderskoï, où elle est fort abondante.

N°. 261.

SALICORNIA *foliata*. Tab. 45.

Facies squalida et morbosa. *Fruticuli* circiter pedales, profundè radicati informes, diffusiusculi, caulibus crebris lignosis è crasso et rudi radicis trunco adscendentibus ramosissimis. *Rami* annui alternè sparsi atque subdivisi, articulis compositi obovatis, superiùs excrescentibus in foliolum crassum, carnosum, teres, obtusum. Hæc *foliola* ita sunt alternatim posita, ut quadrifariàm à cauliculis pateant. *Surculi* adultiores et à gallis non corrupti omnibus ramis *spicas* alternas proferunt, in foliorum alis seu internodiis sessiles, sæpe unciales cylindricas vel fusiformes, flosculis vix prominulis obsitas (*litt. a*); *flosculi* areolis tribus spatiosioribus, in angulum positis (*litt. a*, *b*) constant, quarum media pentagona, *stylo* centrato-bifurco, paulò breviore quàm in *salicornia strobilacea*; laterales trapeziæ, minores antheras sustinent, fermè sessiles. *Semina* plerumque tria, adeòque in stylifera et antheriferis loculis florum inveni; harum tamen una interdùm vacua; forma seminum (*litt. c*) ut in salicornia herbacea, quibus majora. — Observata copiosè in salsa palude circa excubias suprà castellum Georgii ad Rhymnum positas, nec alibi visa. Forsitan pro varietate *salicorniae arabicae* habenda, in humidiore loco orta et à vermiculis deformata, qui gallas duras partim in ramulis subimbricatas, partim in spicis, pentagonis areolis reticulatas causantur. Juniores ejus plantæ et in sicciore loco natæ vix foliascunt (*fig.* 2), propiùsque accedunt ad structuram *salicorniae arabicae*.

* *Salicornia* (*foliata*) *fruticosa*, *foliis teretibus carnosis alternis adnatis apice patentibus*, *spicis cylindraceis. Salicornia foliata.* Linn. *f. suppl. p.* 81.

Cette salicorne est bien distinguée des autres espèces connues par ses petites feuilles charnues, cylindriques, adnées inférieurement, et ouvertes au sommet ou recourbées, de manière que les rameaux paroissent squarreux. Ces petites feuilles, quoique alternes, sont disposées sur quatre rangées distinctes.

Toute la plante forme une touffe diffuse, constituée par des tiges nombreuses, rameuses, ascendantes, sous-ligneuses, longues d'environ un pied, et qui naissent d'une racine ligneuse et profonde. Cette espèce croît dans des marais salins situés près du Rhymn, en Tatarie.

Obs. *Pallas* dit, dans une note, qu'il a reçu des contrées voisines de l'Iaïk, des plants du *salicornia foliata*, qui lui ont prouvé que cette salicorne est une dégénérescence du *salicornia arabica*. On a de la peine à croire qu'il ne s'est pas trompé dans la détermination de ces plants, la conformation des articulations et des épis n'étant pas la même.

Toutes ces espèces de salicornes, dit le C. *Thouin*, se plaisent dans les sables imprégnés de sel marin. On pourroit les employer pour arrêter les sables mobiles que le vent transporte sur les bonnes terres, qui, bientôt après, deviennent stériles. En même temps que ces plantes fixeroient les sables maritimes, elles protégeroient différens semis de pins dont on pourroit couvrir les terrains incultes, qui ne sont malheureusement qu'en trop grande quantité sur les côtes de France. Il suffiroit d'y semer des graines de ces plantes, pour obtenir cet avantage.

N°. 262.

CORISPERMUM *hyssopifolium*.

Planta sæpius bipedalis, annua, tota herbacea, mollis, à radice ramosa. *Folia* mollia oblongo-linearia, obtusiuscula neque nervosa. *Spicae* juniores brevissimæ, maturescentes sæpe bipollicares, amentum referunt, è squamis unifloris, triangulo-acutis, margine membranaceis imbricatim congestum. *Flores* intra squamas sessiles, subnudi, vix membranula utrinque ante florescentiam obvoluti. *Filamenta* duo antheris oblongis, fugacibus. *Germen* forma futuri seminis extra filamenta positum, plano convexiusculum, suborbiculatum, marginatum, terminantibus stylis 2 setaceis.

* *Corispermum* (*hyssopifolium*) *floribus lateralibus*, *bracteis linearibus dorso glabris*, *seminibus apice emarginatis.* (Illustr. gen. n°. 42, et Dict. vol. 2, p. 110.)

C'est une plante herbacée, annuelle, rameuse, haute d'un à deux pieds, ayant des feuilles alternes et linéaires. Ses fleurs axillaires, solitaires, sessiles et alternes, occupent la partie supérieure des rameaux et de la tige. Cette plante croît dans les parties méridionales de la France, et dans la Russie.

OBS. J'ai reçu du Levant une corisperme que j'ai trouvée différente du *corispermum hyssopifolium*. Je l'ai déterminée et nommée de cette manière : *corispermum* (*orientale*) *foliis linearibus angustis, summitatibus floriferis subpaniculatis pubescentibus.* (Illustr. gen. n°. 44.) Comme ses fleurs sont rarement monandriques (*Dict. vol.* 2, *p.* 111.), il seroit possible que ce fût la même plante que *Pallas* a décrite sous le nom de *corispermum hyssopifolium.*

N°. 263.

CORISPERMUM *squarrosum*.

Planta rigidior, siccior, facie diversissima. Folia multinervia, rigidula et acumine setaceo pungentia. *Squamae* florales in spiculas breves vel capitula sessilia, axillaria confertæ, quæ basi latæ, apice desinunt in spicam setaceam, extrorsùm rigentem. *Semen* vel germen planum, membranaceo margine cinctum, apice *stylis* binis membranaceo-latis, attenuatis, prælongis atque persistentibus bicorne, qui squamarum extremitati reflexæ applicantur. *Stamen* constanter unicum, *anthera* ovata subdidyma. Circa florem tomenti paululùm et membranulæ obvolentes ante florescentiam.

Obs. Summoperè affinia videntur genera corispermi

corispermi et polycnema, suprà descripta, in crucem sexualistarum à natura condita.

* *Corispermum (squarrosum) spicis lateralibus et terminalibus squarrosis, bracteis brevibus ovatis mucronatis subvillosis.* (Illustr. gen. n°. 43, et Dict. vol. 2, p. 110.)

Quoique cette espèce ait beaucoup de rapports avec la précédente, elle en est néanmoins bien distinguée par son port, par ses épis, et sur-tout par ses bractées, qui ne ressemblent point aux feuilles. Cette plante croît dans la Tatarie et la Sibérie. Elle est annuelle, comme celle qui précède.

N°. 264.

GYMNANDRA *borealis*. Tab. 104, f. 2, a, b, c, D.

Gerberia STELLERI *in* Mss. veronica foliis infer. ovatis, crenatis, superioribus rotundis, mucronatis caule spicâ terminato. GMELIN, *fl. Sib. III, p. 219, n°. 13.* Lacotis glauca. GÆRTN.

Radix perennis, fusca, crassitie calami, brevis, subtransversa, fibras crassiusculas-lutescentes demittens, supra terram membranis testaceis scariosa; sapore subdulci, fatuo prædita. *Folia* crassiuscula, succulenta glaberrima, minimè glauca, radicalia constanter bina, majuscula, longiùs petiolata, ovato-acuta, interdùm subintegra, frequentiùs crenata. *Caulis* vulgò erectus, simplicissimus, dodrantalis, spiciferus, infernè nudus, versùs spicam *foliis* vel duorum parium oppositis, vel quatuor usque ad florem alternis, sessilibus, ovatis, subserratis vel integris. *Spica florida* confertim imbricata, vix pollicaris (*Icon Gaertneri*), *gravida* triplo longior (*tab. A, fig.* 1); *bracteae* ad singulos flores sessiles, ovato-acutæ cœrulescentes, venosæ, calyce majores. *Calyx* bracteis concolor subdiaphanus, sessilis, basi hinc gibbus, biangulatus compressus, inæqualiter truncato-tridentatus, dentibus lateralibus obtusangulis geminatis, infero acuto, altiùs discreto. *Corolla* parva cœrulea, ringens; *tubus* cernuus; *labia* parva, *superius* oblongum, obtusum, laterali margine utrinque exserens denticulum setaceo-elongatum, pro filamento, cui insidet anthera didyma, cœrulea, inferius in Kamtschatica planta trifidum, laciniis linearibus divaricatis, subæqualibus (*fig. A, B*), in Daurica bifidum (*fig. C*). *Germen* ovatum; *stylus* corollâ longior, *stigmate* capitato didymo. — Deflorata planta corollæ cum antheris persistunt emarcidæ, calyx augetur, viridescit, carinaque diffinditur (*fig. C*). — *Capsula* (*fig. D*) ovato-acuta, compressa, apice quadridentato dehiscens, ut in Pedicularibus; bilocularis, dissepimento ad longitudinem transverso. *Semen* in singulo loculo unicum, oblongum, utrinque acutum, aliquot sulcis exaratum, luteum, matura augusto. *Odor* saporque nulli.

Variat præsertìm foliis; *nostrae* ex Arcto et Alpibus Dauriæ adlatæ et in icone, sæpe subintegra, vel obsoletissimè crenata. *Stellerianae* plantæ, inter Lenam et Oceanum lectæ, graciliores; foliis lato-lanceolatis, serratis, spicâ tenui, floribus paucioribus distantibus; denticulis galeæ in vera filamenta elongatis. *Kamtschaticae* et in insula Beringii lectæ vigintissimæ, foliis latissimis, subrugosis, sæpiùs cordatis, duplicato-crenatis, caule sæpiùs adscendente, interdùm vix digitali, spica conferta, floridissima.

Amat hæc planta rupes calvas frigidissimas, earumque boreale latus, ubi nulla alia planta viget.

Ordine naturali, licet diandra, bartsiæ et pedicularibus proxima videtur.

* *Pæderota* (*borealis*) *foliis radicalibus binis ovato-acutis petiolatis, caulinis ovatis sessilibus; spica imbricata.*

Cette plante paroît avoir de très-grands rapports avec le *wulfenia* de *Jacquin* (*Miscell.* 2, *p.* 60, *t.* 8, *f.* 1.) qui est mon *pæderota nudicaulis* (Illustr. gen. n°. 199); mais elle en est principalement distinguée par ses feuilles caulinaires, et par les bractées de son épi. Il paroît qu'elle varie à feuilles crênelées, et à feuilles presque entières, comme dans la figure ici citée. La partie inférieure de sa tige est entièrement nue.

On trouve cette pédérote dans les montagnes de la Daourie, la Sibérie boréale, et au Kamtschatka, ainsi que dans l'île Béring, où elle a des feuilles très-larges, le plus souvent en cœur et doublement crênelées sur les bords.

N°. 265.

POLYCNEMUM *monandrum*. Tab. 48.

Planta exsucca rigidula erecta, incana, circiter spithamalis. *Radix* lignosa, simplicissima, attenuata, flexuosa descendens. *Caules* teretes, læves, à radice strictè adscendentes, plurimi recti, ferè ab imo ad summum *ramulis* subflexuosis, floriferis confertim obsiti. *Folia* exsucca, linearia, acuta, tomento canescentia, in imis caulibus creberrima, sed marcescentia. *Flores* alternatim dispositi (*litt. a*), intra foliolum vaginale ceu glumam sessiles (*litt. b*). *Calyx* biglumis, valvulis vaginantibus, apice reflexo foliascentibus (*litt. c, d*). *Corolla* persistens membranacea, triglumis (*litt. d*), *valvulis* concavis, acuminatis (*litt. e*), duabus latioribus ovalibus (*litt. f*); unâ lanceolatâ angustiore (*litt. g*). Stamen constanter unicum, *filamentum* longitudine corollæ; *anthera* ovato-oblonga, erecta, fugax. *Germen* oblongum, monospermum, viride, semine spirali fœtum; styli duo setacei, corollâ longiores. *Germen* auctum, involucro tenui includens *semen* subtriquetrum, acutum calyce inclusum. *Planta* rariùs lecta in deserto arido, subsalso infra fortalitium Calmaccium.

* *Polycnemum* (*monandrum*) *caulibus adscendentibus, foliis linearibus acutis incano-tomentosis, floribus monandris.* (Illustr. des gen. n°. 440.)

Cette plante est blanchâtre, sèche, un peu roide dans ses parties, et s'élève à six ou sept pouces de hauteur, sur des tiges ascendantes, inégales, rameuses et feuillées. Les feuilles sont nombreuses, courtes, linéaires-pointues, chargées d'un duvet blanchâtre. Les fleurs sont petites, latérales, axillaires, sessiles, et constamment à une seule étamine. On trouve cette plante dans les landes arides et un peu salines de la Russie.

N°. 266.

POLYCNEMUM *triandrum*. Tab. 47.

Planta sæpe cubitalis, diffusior, ramosissima (*fig.* 2), sed rariùs sparsa; in siccis vix spithamalis, pumila, hispidior, et floribus foliisque magis congestis (*fig.* 1). Caules teretes, læviusculi, basi lignescentes, subflexuosi, geniculatique; *rami* alterni, *folia* alternè sparsa, elongata, filiformi-attenuata, succulenta, tomento glauca, basi circa caulem vaginantia. *Flores* intra vaginas foliorum sessiles (*litt. h*). *Calyx* persistens, biglumis valvulis seu foliolis basi membranaceis, vaginantibus, extremo foliascente filiformi, divaricato (*litt. i, k*). *Corolla* persistens, membracanea triglumis (*litt. m*) valvulis concavis, lanceolato-acuminatis, inæqualibus (unâ latiore, unâque angustiore) genitalia obvolventibus (*lit. l*). *Stamina* (*litt. m, n*) tria, interdùm quoque bina; *filamenta* longitudine corollæ, *antherae* erectæ, lineares sulcatæ; *germen* parvum, ovatum, monospermum; *styli* gemini simplices. *Semen* maturum non vidi, structuram spiralem agnovi. Copiosè lecta planta inter arenosos colles deserti ultra Bogyrdaï fluentum, à Iaïko descendens, et Calmuccium fortalitium longo ambitu circumfluens, locis subsalsis, humidiusculis.

Obs. A *polycnemo Sauvagesii* solâ corollâ triglumi differt, sed constantissimè; attamen eandem esse plantam vix dubito. De corollæ numero ex iteratis inspectionibus certissimus sum.

* *Polycnemum* (*corispermoides*) *foliis linearibus acutis canaliculatis recurvis basi vaginantibus, calycibus triphyllis.*

Elle s'élève souvent jusqu'à un pied et demi de hauteur, sur des tiges diffuses, très-rameuses, paniculées, et qui ressemblent un peu à celles de la corisperme. Les feuilles sont alternes, linéaires-pointues, canaliculées, engaînées à leur base, et chargées d'un duvet qui les fait paroître de couleur glauque. Les fleurs sont axillaires, solitaires, sessiles; elles sont embrassées par un involucre bivalve, et ont un calice à trois folioles. Cette polycnème croît en Russie, sur les collines sablonneuses.

N°. 267.

POLYCNEMUM *oppositifolium.* Tab. 46, f. 1.

Planta annua in paludibus salsis sæpe subcubitalis, ramosior (*fig.* 2), vel subsimplex. *Radix* simplex, brevis, attenuata, flexuosa. *Caules* plerumque simplices, rigiduli, erecti, teretes, læves, geniculati, inter genicula rariùs flexuosi, pallidi. *Folia* ad omnia genicula vaginantia inferiora opposita, superiùs et in ramis alterna; semi-cylindrico adtenuata, apice in cuneum compressa, carnosa, tomento glaucescentia. *Rami* ex alis foliorum, maximè superiorum, subfastigiati, flexuosi, inferiùs gemmascentes, extremitate flexuosi, flóribusque alternis spicati (*litt. a*). *Flores* minuti, graminei, intra foliolum vaginale sessiles. *Calyx* persistens bivalvis valvulis carinatis, margine membranaceo vaginantibus muticis (*litt. b, c*). *Corolla* persistens membranacea, petalis seu glumis binis (*litt. d*) ovato concavis, acuminatis, situ calyci oppositis, circa genitalia vaginantibus (*litt. c*); harum anterior paulò major, basi subciliata. *Stamina* constanter quina (*litt. d*). *Filamenta* corollâ longiora, *antherae* erectæ, sagittato-lineares, triquetræ, fugaces, apice subcohærentes visæ; *germen* minutum, oblongum, monospermum; *stylus* simplex, extremo bifidus, longitudine corollæ. —Satis copiosè crescit inter *salicorniam herbaceam*, in salsis et aquosis paludibus versùs mare Caspium. Vix puto genere distinguendam esse plantam, quamvis numerus staminum et corollæ jubeant, secundùm methodicorum leges, quas non semper naturæ esse sentio.

** *Polycnemum (oppositifolium) caulibus erectis, foliis semi-cylindricis tomentoso-glaucis : inferioribus oppositis, floribus pentandris.* (Illustr. gen. n°. 441.)

C'est une plante annuelle qui, dans les marais salins, s'élève souvent presqu'à un pied et demi. Sa tige est droite, rameuse dans sa partie supérieure. Ses feuilles sont demi-cylindriques, charnues, amincies et comprimées vers leur sommet, engaînées à leur base, pubescentes et un peu glauques : les inférieures sont opposées. Les fleurs sont disposées comme dans la précédente. Elles ont constamment cinq étamines. On trouve cette polycnème dans les marais salins de la Tatarie, vers la mer Caspienne.

N°. 268.

POLYCNEMUM *sclerospermum.* Tab. 49, f. 1. *E*, *e*.

Planta inter digitalem et dodrantalem varians, patula, ramosa glauca, succulenta, cum fragilitate rigida. *Radix* simplex, adtenuata, flexuosa. *Rami*, præter duos infimos, alterni. *Folia* carnosa, teretia, spinula mucronata; *radicalia* duo opposita, teretia, *reliqua* alterna. *Flores* è foliorum alis solitarii, inter duo *foliola* subulato-mucronata, stipantia; *glumae* calycinæ quatuor, acuminatæ, concavæ; *stamina* duo; *stylus* è germine ovato-simplex, filiformis, flavus. — *Germen* cum calyce excrescens coalescit in speciem nucis seu fructum lignosum (*fig.* E), flavescentem, apice paleaceo glumarum subtrivalvem, in quo *semen* verticaliter spirale (*fig.* Q), majusculum, succo circumfusum.

In limosis salsis deserti siccioris ad Iaikum et circa lacum Altan passim vulgare, augusto deflorescens, semina octobri matura præbens.

NOT. Tabulæ M, *fig.* D, simul proposita exprimit calycem fructus depressum, spinis quinis setaceis radiatum, è salsola sedoide. *Append.* n°. 303, *tab.* I, *fig.* 1, 2. (Quæ est salsola muricata LINN. *Mantiss. p.* 54, n°. 13), *fig. d*, est *semen* enucleatum; corculo non spirali, sed conduplicato.

* *Polycnemum (sclerospermum) foliis carnosis teretibus mucronatis, floribus diandris.*

Cette plante est moins élevée que celle qui précède, succulente, glauque, et rameuse dès sa base. Ses feuilles sont alternes, à l'exception des deux radicales; elles sont charnues, linéaires, mucronées par une spinule. Les fleurs sont axillaires, solitaires, sessiles; elles ont un involucre de deux folioles subulées, un calice de quatre folioles, deux étamines, et un ovaire oblong chargé d'un style simple. L'ovaire, en mûrissant, grandit, fait corps avec le calice, s'endurcit, et se transforme en une petite noix monosperme. On trouve cette plante dans les déserts de la Tatarie, vers l'Iaïk.

N°. 269.

IRIS *halophila*. Tab. 58, f. 2.

Radix transversa, perennis, caules plures

cæspitatim proferens. *Folia* ensiformia pseudacori, glaucescentia. *Scapi* foliosi, sæpe sesquipedales, foliis longiores, triflori, flore superiore præcociore. *Spathae* magnæ, inflatæ, margine membranaceæ. *Flores* minores, pallidi, petalis imberbibus, angustis, stigmate non multò latioribus, medio nervo, venisque flavidioribus. *Fructus* magni, convexè trigoni, subacuminati; *semina* depressa, convexa, membranâ quasi aureolâ laxè induta.

Abundanter crescit in campis humidioribus salsuginosis inter fortalitia Shelesenka et Iamyschewa ad Irtin sita, florens junio, capsulasque adhuc passim siccas præteriti anni ferens.

* *Iris* (*ochroleuca*) *imberbis, foliis ensiformibus erectis caule flexuoso subcompresso, spathis viridibus, germinibus sexangularibus.* (Illustr. gen. n°. 567.)

Sa racine est vivace, transverse, et pousse plusieurs tiges hautes d'un pied et demi, droites, feuillées et pluriflores. Les fleurs naissent dans des spathes vertes, légèrement membraneuses sur les bords. Ces fleurs sont d'un blanc jaunâtre, portées chacune sur une ovaire hexagone, et ont leurs pétales étroits, un peu spatulées. Cette iris croît en Sibérie, dans les champs humides et salins. L'*iris ochroleuca* de *Linné* ne me paroît qu'une variété de cette espèce.

N°. 270.

IRIS *halophila*. Tab. 58, fig. 2.

Descriptionem dedi (n°. 269), l. c. iconem addo. Differt ab iride ventricosa (n°. 272), staturâ proceriore, caule folioso, spathâ minùs ventricosâ, corollis ipso germini insidentibus, petalis latioribus, extimis apice dilatatis, stigmatis laciniis brevibus, latiusculis, obtusis. Occurrit etiam in depressis deserti Comani.

N°. 271.

IRIS *dichotoma*. Mongolis *Chaitschi* (forfices). Tab. 73, *fig.* 2.

Iris dichotoma latifolia, variegata procerior. MESSERSCHM. *apud* AMMAN. *stirp. p.* 103, *n°.* 135.

Radix perennis horizontalis, vix digito minimo crassior, subnodosa, multiceps, pallida, radiculis crebris descendens, subacris (*fig.* 2). *Folia* radicalia ensiformia, alternè vaginantia, disticha. *Caulis* è vagina foliorum semiulnaris vel ultrà, teres (vix compressus), erectus, subflexuosus, aliquoties dichotomus, foliolo uno alterove ad axillas. *Flores* terminales, è spatha diphylla bini, ternique, rarò quaterni, omnium congenerum minimi, dilutè purpurascentes.

Petala exteriora paulò majora, villis vix conspicuis barbata, violascentia, albo punctata; *interiora* saturatiora, erecta, extremo latiuscula, biloba. *Stigmata* angusta, laciniis longis, acuminatis bifida. *Antheræ* flavæ. *Capsulae* succedunt majusculæ, obsoletiùs trigonæ, acuminatæ. Floret julio. Radix contra odontalgiam adhibetur.

Abundat in rupestribus apricis totius Dauriæ trans-alpinæ, ab Ingoda ad Argunum.

* *Iris (dichotoma) tenuissimè barbata, caule tereti paniculato foliis longiore, spathis multifloris.* (Illustr. gen. n°. 551, et Dict. n°. 13.)

L'iris dichotome a des feuilles courtes, ensiformes, distiques, entre lesquelles s'élève une tige droite, nue et fourchue ou dichotome dans sa partie supérieure. Chaque ramification de la tige se termine par une spathe diphylle, de laquelle sortent successivement deux ou trois fleurs purpurines, plus petites que dans la plupart des autres espèces de ce genre. Il leur succède des capsules obscurément trigones. On trouve cette iris dans la Daourie, aux lieux pierreux ou garnis de rochers. On se sert de sa racine contre les maux de dents.

N°. 272.

IRIS *ventricosa.* Tab. 58, fig. 1.

Radix perennis, transversa, multiceps, capitibus cæspitans scariosis, propter copiosas foliorum atque vaginarum igne præustarum reliquias, crassum fasciculum constituentes, è cujus medio quotannis novi caules cum foliis progerminant. *Folia* pauca, caule longiora angustissima, lineari-ensiformia. *Caulis* simplex, dodrantalis è vagina folii, folio latiusculo, lanceolato ensiformi, vaginante, instructus, è quo prodit: *spatha* ventricosa biflora, constans glumis tribus latis, cymbiformibus, acuminatis, quarum intima tenuior. *Flores* tubo elongato elevati, pallidè cœrulei; *petala* exteriora erecto-patula, oblonga, imberbia; *interiora* erecta, oblongo-linearia, integra. *Stigmatis* laciniæ petala æquantes, laciniis sublinearibus bifidæ. *Antherae* fulvescentes, filamentis longiores. *Germen* intra spatham trigonum, lateribus sulco bipartitis.

Observata in unica regione Dauriæ trans-Alpinæ, tractu scilicet montano inter vallem Urulungui et Argunum fl. versùs Soktuï, ubi copiosissimè florebat versùs medium junii.

* *Iris (ventricosa) imberbis, foliis linearibus angustis caule longioribus, spathâ ventricosâ, tubo corollarum elongato.* (Illustr. gen. n°. 569, et Dict. n°. 30.)

Dans le n°. 270, *Pallas* compare son *iris halophila* à l'iris ventrue, comme si ces deux plantes avoient de grands rapports entr'elles, et cite plusieurs des caractères qui les distinguent. On peut dire que les différences sont si grandes entre ces deux plantes, qu'il n'étoit pas nécessaire de les comparer. La couleur des fleurs, l'alongement du tube des corolles, la tige courte, les feuilles longues et étroites, enfin les folioles très-ventrues de la spathe l'en distinguent fortement, sans compter plusieurs autres caractères que présente la conformation des fleurs. Cette espèce croît dans la Daourie: on ne la trouve pas en deçà de la grande chaîne des montagnes minéralogiques.

N°. 273.

IRIS *lactea*.

Sequenti facie tota adeò similis, ut pro varietate

habuissem, nisi in eadem regione provenientem legissem. Differt præsertim *foliis* latioribus, rigidioribus, magis striatis; *scapo* magis exserto, *spathæ* glumis majoribus, *pedunculis* florum longioribus, *germine* ad florem pedunculo haud crassiore, *flore* lacteo, minùs pellucido, petalis externis arrectis, nec reflexis, interioribus (ut et stigmate) minoribus, quàm in sequente, cujus iconem adjeci. *Filamenta* staminum item breviora, antheræ majores, pallidè flavæ. *Stigmatis* laciniæ minùs argutè bifidæ. Paulò seriùs inflorescit, neque adeò magnos cæspites constituit, sed paucos imò solitarios caules profert.

Observavi in desertis aridis circa lacum Tarei Dauriæ, initio junii primos flores exserentem.

* *Iris (lactea) imberbis, foliis ensiformibus striatis erectis, floribus lacteis.*

Il est possible que cette iris ne soit qu'une variété de la suivante, comme le pense *Gmèlin* (*syst. nat. tom. 2, p. 116, sub iride spuriâ*); cependant les différences qu'elles présentent sont assez remarquables, et suffisent pour l'en distinguer, si elles sont constantes. On la trouve dans les déserts arides de la Daourie, aux environs du lac Taréi.

No. 274.

IRIS *an spuria!* LIN. Tab. 72, f. 3. *Mongolis* Zakildyk.

Radix horizontalis, polycephala, crassitie

calami, areas circulares sæpè ulnari diametro cæspite occupans, crebris stolonibus scariosis profundè radicatis, erecta, insipida, in fauce ardens. *Folia* inter præustas vaginarum reliquias crebra, rigidula, tempore florescentiæ circiter spithamalia, lineari-ensiformia; autumno scapis multoties longiora (sæpe tripedalia) linearia. *Scapi* inter duo folia propria breviora, distincti à foliis prodeunt, ex eodem stolone plures (2—4), foliis semper breviores, ad summum digitales. *Spatha* angusta, plerumque biflora, rariùs uniflora. *Pedunculi* florum, post efflorescentiam vaginis æquales. *Flos* in germine pollicari sessilis, dilutè cyaneus, levi hyacinthino odore fragrans; *petala* exteriora reflexa, dilutiora, medio albida, venis saturatiùs cœruleis; *interiora* erecta, cum stigmate intensiùs colorata, lanceolata, integra. *Stigmatis* laciniæ medio nervo saturata, bifida, exteriùs dente notata. *Germen* duodecim striatum, sulcis alternis profundioribus. *Filamenta* albida, *antherae* polline lacteæ. — *Capsulae* magnæ, fuscæ, triquetro-sexangulatæ, angulis carinatis. *Semina* testacea, subglobosa.

Abundat in depressis, glareosis, sale efflorescentibus, ad Jeniseam inque regionibus trans Baïkalensibus; sub finem maii floret, semina perficit autumno. Variat flore paulò saturatiore et exalbido.

* *Iris* (*spathulata*) *imberbis, foliis ensiformibus angustis erectis caule subbrevioribus, spathis viridibus; petalis majoribus spathulatis.* (Illustr. genr. n°. 566, et Dict. n°. 27.)

Cette plante constitue plusieurs faisceaux droits, hauts de deux pieds ou davantage, formés par des feuilles droites, étroites, linéaires-ensiformes, et qui acquièrent plus de longueur que la tige, lorsque la plante est en fruit. Les fleurs sont bleues, et leurs plus grands pétales sont spatulés, tachés de blanc, et agréablement veinés de bleu. Cette iris croît dans la France australe, l'Allemagne, et vraisemblablement dans la Tatarie et la Daourie, si celle ici mentionnée par *Pallas* est véritablement la même.

N°. 275.

IRIS *tenuifolia*. Tab. 71, fig. 2.

Radix perennis, fatua, cæspites orbiculares formans, ambitu capitibus stuposis assurgentes, fibris creberrimis radicatos. *Folia* subsolitaria, scapo multò longiora, angustissimè linearia, simul crassiuscula, utrinque convexa, striata. *Scapus* brevissimus, foliolo ensiformi vaginante exserens. *Spatham bifloram*, glumis tribus subæqualibus lanceolato-acuminatis factam. *Floris germen* intra spatham breviter pedunculatum, trigonum; *tubus* albidus longitudine spathæ elongatus; *corolla* pallidè cœrulea, odore amœno, caryophylleo fragrans; *petala* longa, angusta, *exteriora* disco albida, cœruleo-venosa, arrecta, extremo reflexa; *interiora*

interiora lætè cœrulea, oblongo-linearia, integerrima, erecta, vix apice conniventia. *Stigma* his concolorum nervo saturatione, profundè bifidum; laciniis apice crenatis, reflexis. *Staminum* filamenta cœrulea, antheræ polline fulvæ.

Abundabat in campis glareosis versùs Tarei-Noor Dauriæ, sub finem maii florens, cum iride. GMEL. *flor. Sibir. I, pag.* 26, *Tab. V, fig.* 1. Simillimam, sed foliis paulò latioribus, spathæ glumis latioribus, inæqualibus, muticis, petalis interioribus, minoribus, in collibus arenosis ad Sarpam deserti Sarmatici sub finem aprilis florentem legi.

* *Iris* (*tenuifolia*) *imberbis, foliis lineari-filiformibus, scapo bifloro; tubo filiformi.* (Illustr. gen. n°. 587, et Dict. n°. 48.)

Cette iris semble avoir deux sortes de feuilles; les unes très-menues, filiformes et plus longues que la tige; les autres linéaires-ensiformes, droites, distiques, et un peu plus courtes que la tige qu'elles embrassent. Celles-ci sont les folioles de la spathe; elles sont lancéolées, ensiformes. Les fleurs sont assez grandes, ont une odeur douce d'œillet ou de girofle; leur corolle est d'un bleu pâle, et terminée inférieurement par un tube filiforme que l'ovaire supporte. On trouve cette plante dans la Daourie.

N°. 276.

IRIS *flavissima.*

Iris foliis ensiformibus caule bifloro. GMEL. *flor. Sibir. I, p. 31, Tab. V, fig. 2*, cum syn. AMMANI.

Proximè licèt affinis Ir. pumilæ (quæ in montibus Dauriæ perexigua provenit et sub finem maii floret) distinctissima tamen. Differt, *foliis* angustioribus, quàm in I. pumila Europæa, magis linearibus et elongatis, *scapo* proceriore, tenuiore, longiùs inter duo foliae - serto, nec usque ferè ad radicem spatha vaginato; hinc spatha multò brevior, quàm in ulla alia, floribus minor, bivalvis, valvulis subæqualibus, biflora, glumâ exili, tenuiore inter flores; *tubus* floris longitudine spathæ; *petala* intensè flava, venis fuscescentibus striata, exteriora barba flavissima, interiora angustiora erecta. *Flores* post junii medium, adeòque multò tardiùs I. pumila. Observata in regionibus Transbaïkalensibus, præsertim circa Tscicoïum, Udam et Ingodam fluvios in vallibus humidulis, et in rupestribus circa Urulungui; itemque circa Irkutiam in betuletis; in occidentalioribus nusquam visa.

* *Iris (flavissima) barbata, foliis sublinearibus caule*

bifloro longioribus. Iris flavissima. Gmel. *syst. nat. tom.* 2, *p.* 114, *n°.* 46.

Elle semble tenir le milieu entre l'iris naine (*Dict. n°.* 15) et mon iris jaunâtre (*Iris lutescens*, *Dict. n°.* 14. *Illustr. gen. n°.* 553); mais sa tige est biflore, et les pétales sont d'un jaune foncé, striés par des veines brunes. Cette iris croît dans la Daourie, près de l'Ingoda, et vers les limites de la Mongolie.

N°. 277.

GRAMINIS *species singularis, an Dactylis!* Tab. 60, fig. 1, et 66, fig. 2.

Radiculae fibrosæ, plurium confertim enascentium plantarum implexæ, è quibus culmi copiosi, modò radiatim supra terram prostrati, modò adsurgentes, geniculati, digitales, vel longiores omnibusque partibus majores, sæpe in eodem solo et loco. *Folia* alterna, rigidula, divaricata, vaginis striatis, laxis caulem obvolvunt. *Spica* brevissima, vel potiùs capitulum sessile, foliis binis, inflato vaginantibus involucrata; in majoribus plantis (cujus modi culmum *Tab.* 60 exprimit), sæpe capitulum laterale cum folio accessorio, imò bina confertim adstant. *Capitula* è vaginis involucrorum vix emergentia florescunt; flosculi glumâ exteriore bivalvi, valvulis carinatis, acutissimis, inæqualibus. *Corolla* opposita valvulis exterioribus, mollior, membranacea, plana, bivalvis. *Stamina* tria, filamentis corolla longioribus, antheris linearibus angustissimis; striâ bipartitis, et longitudinaliter discedentibus. *Germen* minutissimum, stigmate simplici, bifido, longitudine filamentorum. *Semen* intra glumam discedentem, corollamque paulò auctiorem minutum depressum, utrinque obtusum, corculo conspicuo marginali, fuscescente. Gramen totum siccum, rigidulum, colore exalbido-viridi.

Nascitur in desertis salsis ad Iaïkum rariùs, copiosissimè in locis quibusdam salsis aridi deserti ad Irtin; sub junii finem florens.

* *Crypsis* (*aculeata*) *spicis capitato-hemisphæricis glabris, vaginis mucronatis subpungentibus cinctis, caulibus ramosis.* (Illustr. gen. n°. 856.) *Schoenus aculeatus*, Lin. *cavan. t. 52.*

Cette graminée depuis long-temps connue, puisqu'elle est figurée dans *Morison* (sect. 8, t. 5, f. 3.), est remarquable par ses feuilles très-courtes, pointues, roides, presque piquantes, ouvertes et qui terminent des gaines un peu enflées. Les gaînes des deux feuilles supérieures forment un involucre qui embrasse un petit épi hémisphérique assez semblable à ceux des alpistes (*phalaris*), mais dont la corolle est bivalve au lieu d'être univalve. On trouve ce gramen dans les lieux secs de l'Europe australe, et aussi dans les landes salines de la Russie, près de l'Irtisch.

N°. 278.

SECALE *prostratum*. *Triticum prostratum*. Gramen spicatum, secalinum, maritimum minus. *Schenchz Agust.* p. 18.

Radix fibrosa. *Culmi* creberrimi, prostratoadscendentes, vix spithamales, geniculati, et sæpe geniculatim quasi infracti. *Folia* lineari-lanceolata, vaginis laxis caulem amplexantia, amplissima præsertim illa, è qua spica emergit. *Spica* brevissima, ovata, disticha, glumis confertis, carinâque ab utroque latere spicæ imbricatis. *Gluma* bivalvis, subtriflora, corollis brevior, *valvulis* acumine pungente terminatis, costâque distinctâ argutè carinatis. *Flosculi* in imis superisque spicæ glumis tantùm duo, in plerisque tres, intermedio subpedunculato. *Corollae* valvula exterior vaginans, acumine longo rigido, interior membranacea, mutica. Sed intermedio flosculo accedit insuper valvula subpedunculata, seu flosculus sterilis, interiori ejusdem valvulæ incumbens.

* *Triticum (prostratum) spicâ ovatâ compressâ distichâ, spiculis subtrifloris argutè mucronatis, culmis prostrato-adscendentibus.* (Illustr. gen. n°. 1167.) *Secale prostratum*, *Jacq. hort. vol.* 3, *t.* 44, *Froment couché.* Lam. *dict. n°.* 6.

Cette petite graminée est très remarquable par la forme de ses épis. Elle vient en touffe, et pousse des tiges nombreuses, longues de six à huit pouces, menues, couchées, coudées à leurs articulations, montantes ou redressées dans leur partie supérieure. Chaque tige est terminée par un épi fort court, ovale, presqu'orbiculé, comprimé, distique, et qui n'a que six ou sept lignes de longueur. Cette plante croît en Asie, dans les lieux arides et déserts qui avoisinent la mer Caspienne. Elle est annuelle.

No. 279.

RUBIA *cordifolia.* Tab. 92, fig. 3.

Cruciata Daurica scandens, smilacis folio aspero, flore luteolo. AMMAN. *Stirp. p. 12, 13, no. 19, 20.*

Rubia cordifolia. LIN. *Mantiss. p. 197.* GAERTN. *nouv. Comm. Petrop. XIV, p. 341.*

Radix tenuis, filiformis, reptans, cortice fulvescente. *Caules* prostrati, vel fruticibus implexi, sesquiulnares, tenuissimi, ramosi tetragoni, uncinulis sparsis hamati, internodiis inter verticillos longis, rectis, cum fragilitate rigentibus. *Folia* ad genicula inferiora usque ad octo, in superioribus quina et quartena, in extremis ramorum summitatibus bina; inferiora majora, è cordato, superiora ovato-lanceolata, trinervia, margine nervoque medio uncinulis minutissimis hamata, obliquè sustentata *petiolis* patentissimis, longis; angulatis, insigniter uncinulatis. *Rami* floriferi ad verticillos superiores plerumque bini, majores, totidemque minores; majores inferiùs foliis ternis quinisve verticillosi, extremo (ut et ramuli), dichotomi stipulis ad divisuras oppositis lanceolatis. *Flores* totidem ferè quadrifidi et quinquefidi, superi, pallido-albi, minuti. *Fructus*, bacca lævis, maturitate nigra, succulenta, didyma, piso sæpe major. — Provenit in vallibus calidis glareosis regionum trans Baïkalensium, sub finem junii florens.

* *Rubia (cordifolia) foliis subquaternis cordato-oblongis petiolatis trinerviis supernè marginibusque scabris.* (Illust. gen. n°. 1390, et Dict. vol. 3, p. 606, n°. 4.)

Le feuillage de cette garance est d'un caractère très-particulier, et la distingue facilement des autres espèces. Ses tiges sont menues, tétragones, médiocrement scabres, couchées, et longues d'un pied ou davantage. Elles sont garnies dans toute leur longueur, de feuilles verticillées, quatre ou cinq ensemble à chaque nœud : ces feuilles sont pétiolées, en cœur, oblongues, pointues, rudes ou scabres sur les bords et en leur surface supérieure. Cette plante croît dans la Daourie et à la Chine.

N°. 280.

LANTAGO *salsa* (1).

Radix profunda, simplex. *Folia* carnosa, subulato semi-cylindrica, suprà canaliculata ad imam radicem lanata. *Scapi* inter folia solitarii vel plures, sæpe plusquàm pedales. *Spica* ante florescentiam tota nutat, florens erecta, conferta, filiformis, dodrantalis sæpe longitudinis. *Flores* sæpe sessiles, sæpe triandri et semper monogyni. *Corolla* membranacea limbo trifido reflexo, intra *calycem* succulen-

(1) *Plantago foliis linearibus, spicâ oblongâ.* Haller. Helvet. 371, *flor. Sibir. vol. IV, p. 71, n. 4. Maritima.* Linn. *spec. pl.* 1, *p.* 165, 11.

tum : è squamis 2 exterioribus lanceolato-concavis, 2 interioribus ovalibus, subcarinatis compositum; et extimo quasi *stipula* mutica suffultum. Antheræ exsertæ, magnæ didymo-ovales. *Germen*, ovali-oblongum, striatum, siccum, *stylo* simplici, setaceo. — In salsuginosis ad Samaram fluvium et circa salinas Ileskienses, humidioribus locis; ultimoque loco variat foliis uno alterove dente rotundato notatis.

* *Plantago* (*maritima*) *foliis semi-cylindricis integerrimis basi lanatis, scapo tereti.* Linn. Lam. (*Illustr. gen.* n°. 1673.)

Les feuilles de ce plantain naissent du collet de la racine: elles sont menues, demi-cylindriques, subulées, un peu charnues, canaliculées en dessus, et laineuses à leur base. Les hampes naissent entre les feuilles et portent chacune un épi oblong, presque filiforme, droit pendant le développement de la fructification, mais qui est penché avant l'épanouissement des fleurs. Cette plante croît dans les lieux salins et humides de la Russie, et sur les rives maritimes de l'Europe.

N°. 281.

PLANTAGO *minuta*. Tab. 77, fig. 4. An *Plantago Loeflingii* ?

Annua, sæpe minutissima (*fig. 1, a*). *Radix* simplex, setaceo-adtenuata. *Folia* lineari-lanceolata, subcarinata, integerrima, suprà glabra, extùs pilis longis, canis, versùs radicem copiosissimis pubescentia. *Scapi* aliquot erectodeclinati, hirsuti, foliis vix longiores. *Spica* ante florescentiam cernua, ovata; *squama* concava ad singulos flores; *hi* tubo ventricoso-conico, apice laciniis quatuor albidis stellato. *Capsula* intra florem persistentem circumcisa, *seminibus* binis oblongis, testaceis.

Crescit in præruptis limosis deserti australis; circa lacus salsos Inderiensem et Bogdensem præsertim observata. Floret aprili medio.

* *Plantago* (*minuta*) *foliis lineari-lanceolatis integerrimis suprà glabris, scapis hirsutis.* Gmel. *syst. nat. vol.* 2, *p.* 252, *n*°. 13.

Je regarde ce plantain comme une variété du *plantago cretica* de *Linné*, dont il ne diffère que parce que ses hampes sont un peu plus longues. Il croît dans les parties australes de la Russie, vers les lacs salés.

N°. 282.

MYOSOTIS *rupestris*. Tab. 70, fig. 2 et 3.

Radix perennis, simplex, filiformis, sicca. *Folia* radicalia, conferta, dura, obovato-lanceolata, obtusa, pilis prostratis hispida. *Caules* digitales plurimi, sæpe usque ad viginti, diffuso-adscendentes, subpilosi, simplices, adspersi *foliis* alternis, oblongo-linearibus, præter pilos prostratos, quibus canescunt, utroque margine à basi ultra medium setulis extantibus ciliati. Caules extremo in *racemos* floridos, ante florescentiam revolutos brevissimos, posteà elongatos, foliolisque adspersos, subdivisi. *Calyces* hispidi. *Corollae* modò mediocres, modò magnitudine Myos. scorpioïdis speciosæ, saturatè cyaneæ, fauce flavâ. *Pedunculi* fructiferi elongati. *Semina*, intra calycem persistentem, erectum, quatuor, alba, lævia, ovato-acuta.

In saxosis apricis siccioribus Dauriæ montibus vulgatissima plantula; à maio, perque totam æstatem successivè florida.

* *Myosotis* (*rupestris*) *seminibus lævibus, foliis linearibus piloso-sericeis, racemis brevibus erectis.* (Illustr. gen. n°. 1772.)

La myosote des rochers forme de petites touffes fort agréables à voir lorsqu'elles sont en fleurs. Sa racine, qui est vivace, pousse quantité de tiges menues, feuillées, longues d'environ trois pouces, et qui soutiennent des fleurs d'un beau bleu, à orifice jaune. Cette plante croît dans les montagnes de la Daourie, parmi les rochers.

N°. 283.

MYOSOTIS *pectinata*. Tab. 70, fig. 3.

Præcedenti crescendi modo simillima, nisi quòd *radix* supra rupes sarmentis laxioribus, perennibus diffunditur. *Folia* omnia ovato-lanceolata, acutiuscula, teneriora, pilis undique longis, mollioribus hirsuta, non prostratis neque ciliatim dispositis; *radicalia* item conferta; *caulina* alterna, sessilia, sparsiora. *Cau-*

les pauciores, dodrantales vel ultrà, tenues, subhirsuti, apice in *racemos* floriferos plures subdivisi, qui sunt rectiusculi, post florescentiam elongati, interdùm bifidi, vel trifidi, foliolis minutis paucissimis adspersi. *Calyces* ut in præcedenti, vel M. scorpioïde. *Corollæ* minores, cyaneæ, fauce pallidâ. *Semina* quatuor altitudine calycis truncata, supraque coronata *pectine* è spinis setaceis erectis, verticem cingente (*fig.* 4).

Provenit in rupibus muscosis, frigidis, ad Jeniseam, circaque Baïkalem, et indè in Kamtschatkam usque; floret ab initio æstatis.

* *Myosotis* (*pectinata*) *seminibus truncatis spinis setaceis erectisque coronatis*; *foliis pilosis*, *racemis terminalibus*. (Illustr. gen. post n°. 1780.)

Elle a le port de la précédente; mais elle s'élève davantage, et ses fleurs sont disposées en grappes terminales qui s'alongent pendant le développement des fruits. On la trouve parmi les rochers garnis de mousse, et exposés au froid, vers l'Enisséï, et aux environs du Baïkal, jusqu'au Kamtschatka.

N°. 284.

MYOSOTIS *echinophora*. Tab. 101, f. 2, A.

Plantula annua, digitali vix unquam major, tota pilis albidis hispida, Myos. lappula succulentior. *Radix* simplicissima, recta, adtenuata. Caulis rectus, initio subsimplex, fructificando sensim elongatus, in paucos ramos dichotomus. *Folia* duo *seminalia* ovata, basi adtenuata glabra; reliqua per caulem et ad dichotomias alterna, linearia, extremo latiuscula, subtùs margineque pilosa. *Corollae* minutissimæ, calyce haud majores, limbo azureo, fauce albidâ coarctatâ. *Calyces* fructiferi aucti, pedunculis incrassatis et elongatis erecti, plerumque è prima dichotomia caulis solitarius, reliqui alternè sparsi, laciniis linearibus incurvulis circa fructum conniventes. *Fructus* (quasi) oblongus, convexè tetragonus, in semina quadripartibilis. *Semina* (*fig. A*) oblonga, extùs disco scabra, cincto margine spinis setaceis, apice uncinulatis radiato.

Observavi copiosissimam hanc plantulam in ripis præruptis, nitrosis Volgæ, ex adverso fortalitii Tschernoïar. Floret aprili, maio fructum perficit et perit.

NOT. Crescebat simul *myosotis*, *lappulae* quàm maximè affinis, sed annua, ab ipsa radice ramosissima, diffuso procumbens, ramisque fructificantibus in magnos sæpe fructiculos excrescens, seminibus majoribus, testaceis, margine simplici spinis glochidibus radiato (quasi infundibulo) extùs coronatis, quàm nusquam nisi in australibus ad Volgam inveni et pro distincta sæpe declarari posse puto.

* *Myosotis* (*echinophora*) *seminibus oblongis, aculeis glochidibus extùs margineque muricatis: disco concavo; foliis oblongis pilosis.* (Illustr. gen. n°. 1779.)

Cette myosote ne s'élève qu'à la hauteur de trois ou quatre pouces, sur une tige rameuse, garnie de feuilles oblongues, et velues. Elle est remarquable par ses grosses graines ovales-oblongues, concaves d'un côté, et muriquées de l'autre, ainsi que sur les bords, à-peu-près comme des graines de *caucalis*. On trouve cette plante dans les parties australes de la Russie, près du Volga. Elle ne forme point des grappes alongées comme la myosote lappule.

N°. 285.

LITHOSPERMUM *retortum*. Tab. 101, fig. 3, B.

Simillimum *lithospermo dispermo*, LIN. sed constanter monospermum. — *Plantula* rarò dodrantalis, annua, sicca, rigida. *Radix* simplicissima, filiformis, brevis. *Folia seminalia* pro radicalibus, vel sola, vel rariùs adhuc altero pare duplicata, sessilia; ovalia, nuda: *caulina* alterna, oblongo-linearia, pilosa, stricta seu adpressa caulis. *Caulis* ad summum semiulnaris, simplex, vel simplici racemo terminatus, vel bifidus trifidusve. Flores in racemo circinnato secundi, minuti, pallidè cyanei, fauce pallidâ. Calyces fructiferi (*fig. B*), in racemo elongato recto, pedunculis ad caulem retortis penduli, secundi, cum pedunculo pilosissimi, laciniis linearibus, incurvo patentibus. Semen unicum album, durum, conicum, hinc gibbum; altero latere rectilineo carinatum.

Crescebat cum myosotide præcedente, et simul floret.

* *Lithospermum (retortum) semine unico, calycibus pilosissimis secundis : fructiferis pendulis.* Gmel. *syst. nat.* 2. *p.* 317, *n°.* 9.

Ce gremil me paroît avoir de très-grands rapports avec le *lithospermum dispermum* de *Linné*, et j'ai même soupçonné qu'il n'en étoit qu'une variété (*voyez* mes illustr. gen. n°. 1789), qui s'en distingue par ses fruits qui consistent en une seule graine. Les divisions calicinales sont ouvertes, linéaires, très-velues, à pointes courbées en dedans. Cette plante croît dans la Russie australe, avec la précédente.

N°. 286.

ANCHUSA *saxatilis*. Tab. 92, fig. 1.

Radix vix bi vel tripollicaris, simplex, adtenuata, extùs fusco-rubra. *Caules* vel unicus aliquoties ramosus, vel tres quatuorve subsimplices, erecti vel patuli (uti tota planta), maximè setosi. *Folia* radicalia (ante florem marcescentia), caulinaque alterna oblongo-linearia, utrinque pilosa, floralia lanceolata. *Flores* à medio caule alternè sparsi, in caulibus subadscendentibus secundi, pedunculis brevissimis axillares. *Corollae* purpureo-cœruleæ, hypocrateriformes, extùs subtilissimè pubescentes, *tubus* calyce florente duplo longior, versùs limbum ampliatus, *limbus* parvus, infundibuliformi-patentiusculus, laciniis rotundatis. *Calyces* pilosissimi, etiam post florem erecti, circa semina ventricosi, laciniis auctis parallelis conniventes. Semina quatuor, grysea, acuta.

Legi hanc plantam ad Selingam fl. ex adverso oppidi, inter aridissima montium soli oppositorum saxa, florentissimam et copiosam sub finem junii.

* *Anchusa* (*saxatilis*) *pilosissima*; *foliis lineari-lanceolatis*; *floribus sparsis axillaribus subsessilibus longè tubulosis*. (Illustr. gen. n°. 1822.)

Ce que cette buglose offre de plus remarquable, c'est la longueur du tube des corolles qui lui donne un peu l'aspect d'un *lycopsis*. Ces corolles sont d'un bleu-pourpré. On trouve cette plante en Russie, près de la Selenga, parmi les rochers arides des montagnes, du côté du soleil.

N°. 287.

RINDERA *tetraspis*. Tab. 52.

Radix simplex, perennans, supra terram reliquiis prioris anni scariosa. *Folia* radicalia ovato-lanceolata, in petiolos caulem vaginantes adtenuata, mollia, glandulis minutissimis punctata, glabra, verùm petioli ad caulem intùs tomentosi. *Caulis* circiter pedalis, rectissimus, striatus, suprà ramoso-paniculatus, sparsusque foliis alternis, lanceolatis, sessilibus. Rami floriferi ex alis foliorum caulis superiorum alterni, florente plantâ stricti, ferèque paralleli (*fig. 1*); deflorata patentes angulo ferè semirecto. Extrema florifera ramorum ante florescentiam cernua; *foliola* ad omnes flores, sensim minora.— *Calyx* (*litt. a, b*) tomentosus, pentaphyllus foliolis linearibus, persistentibus. *Corolla* (*litt. a, c*) alba, calyce plus duplo longior, monopetala, quinquefida, tubo longitudine calycis, laciniis parallelis. *Staminum* filamenta nulla; *antherae* (*litt. e, d*) in ipso sinu inter corollæ lacinias sessiles, erectæ, lineares, basi subbifidæ, latere utroque dehiscentes. *Pistili*: *germen* virgineum (*litt. b, c*), in fundo calicis hæmisphæricum; stylus setaceus, basi crassior, corollâ paulò longior, stigmate globuloso, vix conspicuo terminatus. — *Flores* in singulo ramo plurimi steriles, corollâ deciduâ sensim marcescentes; unus et alter pedunculo crassescente erigitur (*fig.* 2), reflexisque calycinis foliolis à germine enata quatuor pandit *semina* majuscula, depressa, superiùs acuta undique alata *margine* lato striato, rigidè membranaceo (*litt. h, i*), quæ confertim adhærent medio *receptaculo* crasso, conico, stylo persistente terminato (*litt. g*). Raro semen unum alterumve marcescit, plerumque quatuor adsunt perfecta quasi scuta circa columnam fixa (*fig.* 2 *et litt. f*). — Vernalis planta atque curiosissima; à me lecta in collibus ad Kinel fluvium; et jure dedicata in monumentum nominis *viri* de botanica imperii Ruthenici

Ruthenici *præclarè meriti* atque *celeb.* A RENDER M. D. *et medicorum Moscoviensium decani*, qui illam, dùm Orenburgi viveret, duobus locis observavit, in deserto scilicet trans Rhymnum, 20 circiter ab urbe stadiis, ad montes secundùm quos via est ad salinas Ilezkienses ; et item citra Iaïkum in collibus ultra rivulum nigrum in Iaïkum defluentem, fortalitiumque à rivo nominatum.

* *Cynoglossum* (*lævigatum*) *foliis lanceolato-ovatis, glabriusculis; calycibus, tomentosis, seminibus lævibus.* Linn. Lam. *Dict. vol.* 2, *p.* 238, *n°.* 6, *et Illustr. gen. n°.* 1801, *tab.* 92, *f.* 3.

Quoiqu'on eût raison de rapporter cette plante au genre de la cynoglosse, on ne sauroit disconvenir qu'elle ne diffère beaucoup des autres espèces du même genre, par la forme de ses graines qui sont lisses et ressemblent en quelque sorte aux silicules du *peltaria* de Linné. Au reste, elle paroît avoir de grands rapports avec ma cynoglosse laineuse (*cynoglossum lanatum*, Dict. n°. 8, *et* Illustr. gen. n°. 1802), que j'ai vue dans l'herbier de Tournefort, et qu'il a recueillie dans le Levant. Les corolles sont les mêmes ; mais les calices sont abondamment laineux. On trouve cette cynoglosse dans la Russie, sur les collines qui avoisinent le Kinel, et en d'autres endroits. Elle fleurit au printemps.

N°. 288.

ONOSMA *micranthos*. Tab. 53.

Planta annua, spithamea, erectiuscula. *Radix* simplicissima, perpendicularis lutescens. *Caulis* ferè glaber, ab imo ramosus, ramis patulis alternis, infimo binis, oppositis. *Folia* axillaria et per ramos sparsa, longiùs petiolata, ovato-lanceolata, suprà vix uno alteroque pilo, subtùs pilis exiguis, confertis incana et aspera; petiolis quoque pilosis. Rami extremo subdivisi in paniculas florum rariores, subdichotomas. Pedunculi pilosi. *Calyces* subhispidi, profundè 5-fidi, acuti, persistentes. *Corolla* purpurascens, minima, medio constricta, ore coarctato, quinque-dentato. *Antherae* quinque intra faucem subinflatam. *Germen* intra calycem adolescens corollam extrudit, oblongum, majusculum, stylo corollâ breviore terminatum. *Semina* quatuor nuda, oblongo-linearia, triquetra, hispidula.

Crescit in arenis ad Irtin rariùs, lecta quoque in deserto arenoso inter Iaïkum et Volgam sito, julii initio deflorescens.

Not. Adjecta est in *tabula* 103, *f.* 1, Icon *Onosmae* ni fallor, *orientalis*, quæ in arenosis versùs mare Caspium satis copiosè crescit, floretque ineunte æstate.

* *Onosma* (*micranthos*) *caule ramoso subglabro; foliis ovato-lanceolatis, subtùs incanis; floribus paniculatis.* (Illustr. gen. n°. 1839.)

Cette onosme ou orcanette est bien distinguée des autres espèces par son port, et sur-tout par la disposition et la petitesse de ses fleurs. C'est une plante annuelle, rameuse dès sa base, haute de sept à neuf pouces, et dont la tige est presque glabre. Ses feuilles sont ovales-lancéolées, pétiolées, alternes, blanchâtres et légèrement velues en dessous. Les fleurs sont petites, pourprées ou rougeâtres, pédonculées, et disposées en pannicules terminales subdichotomes. Les pédoncules sont un peu velus, et les calices hispides. Elle croît dans les déserts sablonneux vers l'Irtisch et entre l'Iaïk et le Volga.

N°. 289.

PRIMULA *nivalis*. Tab. 98, fig. 2.

Radix perennis, fibrosa, crassa. *Folia* radicalia erecta, oblonga, argutè dentata, glaberrima, digitalia. *Scapi* spithamales et ultrà, rectissimi, teretes, umbellati. *Involucrum* umbellæ monophyllum, profundè quinquefidum, laciniis subulatis; *stipulae* lineares ad pedunculos partiales. *Pedunculi* versùs calycem crassiores. *Calyx* subcoloratus, parvus, glaber, laciniis linearibus quinquefidus. *Corollae* (quas nisi marcescentes habui) majusculæ, purpurascentes, *tubo* calyce longiore, ampliato, *laciniis* oblongis, obsoletissimè emarginatis. *Calyx* fructus auctus, rigidior, striatus. *Capsulae* magnæ, gryseæ, cylindraceo-conicæ, apice quinquevalves. *Semina* numerosa, majuscula, grysea, *scarioso - crispa*, ferè uti cimicifugæ, sed dimidio minora.

Provenit circa nives et scaturigines frigidissimas Alpium Dauricarum.

* *Primula (nivalis) foliis oblongis dentatis glaber-*

rimis ; involucro monophyllo subquinquefido. (Illustr. gen. n°. 1932.)

Les corolles de cette primevère ne paroissent pas hypocratériformes, comme celles de nos primevères d'Europe, et leur limbe est à découpures oblongues, à peine échancrées. Ces caractères seroient très-remarquables, en ce qu'ils rapprocheroient cette plante des cortuses; mais *Pallas* ne l'a observée qu'avec des fleurs déjà en partie fanées, ce qui ne permet pas de compter sur la forme qu'elles avoient alors.

Ses feuilles sont radicales, droites, oblongues, dentées sur les bords, et très- glabres. La tige est une hampe nue, plus longue que les feuilles, et terminée supérieurement par une ombelle de sept ou huit fleurs pédonculées et purpurines. La collerette ou l'involucre est monophylle, subquinquefide, à découpures subulées. Cette plante croît sur les montagnes froides de la Daourie, dans le voisinage des neiges dont elles sont chargées.

N°. 290.

CONVOLVULUS *fruticosus*. Tab. 55.

Frutex pumilus, truncis pollice sæpe crassioribus arena emergens ramosis, è quibus crebri surculi herbacei, annui, tomentosi, adspersi foliis alternis, lanceolatis, itidem tomento incanis. Surculi superiùs exserunt ramos patentissimos seu transversos, floriferos, apice spinescentes, adspersosque spinulis alternis, foliolo stipatis. *Flores* sursùm versi, secundi, lentissimè explicantur. *Calyx* pentaphyllus, tomentosus, foliolis ovato - acuminatis, concavis, tribus exterioribus majoribus. *Corollae* plicato-quinquedentatæ, tubo extùs tomentosa, limbo rubicunda. *Fructus* corollâ emarcidâ obvolutus intra calycem persistentem adolescit.

Crescit singularis hæcce species in collibus maximè arenosis australioris regionis ad Irtin, florens sub finem junii.

* *Convolvulus* (*spinosus*) *fruticosus erectus*; *foliis lanceolatis sericeis*, *ramis floriferis spinosis*. Lin. *f. suppl.* 117. Lam. *Dict.* 3, *p.* 548, *n°.* 35, et *Illustr. gen. n°.* 2035.

C'est un arbuste peu élevé, dont les rameaux sont épineux dans leur partie supérieure. Il s'élève, du collet de sa racine, plusieurs tiges menues, cylindriques, tomenteuses, fruticuleuses inférieurement, et garnies de feuilles alternes, sessiles, lancéolées et soyeuses. Les branches et la partie supérieure des tiges sont munies d'épines axillaires, qui ne sont autre chose que de plus petits rameaux nuds roides et piquans. Les fleurs sont verticales, pédonculées, solitaires, rougeâtres, et placées aux extrémités des rameaux. Ce liseron croît dans la Russie, sur les collines sablonneuses qui avoisinent le fleuve Irtisch.

Burman, dans son *Flora indica* (p. 47, tab. 19, f. 4.), en mentionne une variété qui n'en diffère que parce que ses calices sont glabres. Elle a été trouvée dans la Perse.

N°. 291.

CONVOLVULUS *rupestris*. Tab. 54. Convolvulus Sibiricus, LIN. *Mantiss. p.* 203.

Radix aliquot pollicum, subtransversa, fibris ramosa. *Planta* glabra, lactescens succo amaricante, citò marcescens. *Caules* longissimi, volubiles, angulosi, angulis argutis, submembranaceis, quaternis, quinis vel senis, quibus interjectæ striæ. *Folia* alterna, peltata, cordato-acuminata, subrepanda, mollia. *Pedunculi* ex alis foliorum, petiolis ferè breviores, tetragoni, plerumque biflori, rariùs multiflori subpaniculati, in extremo caule etiam uniflori; stipulis geminis (multiflori pluribus) setaceis instructi, versùs florem incrassati. *Calyces* usque ad basin quinquefidi, striati, acuti, glabri. *Corolla* parva, vix dupla calycis, quinqueplicata, carnea, alba, fugacissima. *Calyx* in pedunculo fructus (*fig. a*) incrassato, striatoque persistens, patens; *capsula* subgloboso-acuta, bilocularis, rariùs trilocularis (*fig. b*), bivalvis, valvulis in duas portiones dissilientibus, septo valvulis parallelo, striâ utrinque prominente bipartito. *Semina* 4 scabriuscula, lutea vel nigricantia.

In rupibus soli oppositis ad Selengam copiosè crescit, à fine julii in augustum florens, capsulasque maturas per totam hyemem retinens.

* *Convolvulus* (*sibiricus*) *foliis cordatis acuminatis lævibus; pedunculis bifloris, stipulis retusis decurrentibus.* (Dict. vol. 3, p. 559, n°. 80; *et* Illustr. gen. n°. 2078.)

La particularité qu'a ce liseron d'avoir deux stipules à la base des feuilles le distingue de toutes les autres espèces du même genre. Ces stipules sont petites, très-obtuses, décurrentes sur les tiges. Les feuilles sont pétiolées, en cœur, très-acuminées, glabres, et veineuses. Les tiges sont volubiles et grimpantes. Les pédoncules sont axillaires, communément biflores, plus courts que les feuilles. La corolle est petite, fugace, blanchâtre ou couleur de chair. Ce liseron croît dans la Sibérie, parmi les rochers près de la Sélenga, à l'exposition du soleil.

No. 292.

CAMPANULA *verticillata*. Tab. 75, fig. 1.

Campanula foliis urticæ, una cum fructu verticillatis. MESSERSCHMID. *apud* AMMAN. *Stirp. n°. 18.* Solum nomen.

Radix perennis, crassa; *caules* è radice plurimi, ulnares et sesqui-ulnares, recti. *Folia* circa caulem verticillata, quina vel sena, serrata, plerumque lanceolata, majoribus plantis ovato-lanceolata (ferè ut in Veron. sibirica). *Flores* in extremis caulibus per verticillos plerumque quinos, remotissimos digesti, pedunculis subramosis, ramento lineari arrecto stipulatis, cernui. *Calyces* parvi, simplices, laciniis setaceis. *Corollae* minusculæ, campanulatæ, dilutè cyaneæ, quinquedentatæ. *Stylus* corollâ ferè duplo longior, extremo fusiformis, stigmate subbifido.

Lecta in herbidis Dauriæ ad rivum Dorolgui, et versùs opidulum Argunense, junio florens.

* *Campanula (verticillata) foliis floribusque verticil-*

latis. (*Lin.* f. suppl. p. 141. *Lam.* Dict. 1, p. 582 : n°. 24.)

Cette campanule est extrêmement remarquable par la singulière disposition de ses feuilles et de ses fleurs ; les autres espèces connues ayant toutes une disposition différente dans ces parties. Sa racine, qui est vivace, pousse plusieurs tiges droites, simples, hautes d'un pied et demi ou davantage. Les feuilles sont glabres, lancéolées, dentées en scie, et disposées cinq ou six ensemble par verticilles, dont les supérieurs néanmoins sont imparfaits, les points d'insertion des feuilles n'étant pas exactement en anneau. Les fleurs sont bleues, pendantes, attachées à des pédoncules courts, et disposées par anneaux ou verticilles distans, plus ou moins parfaits ou réguliers. Cette plante croît dans la Tatarie orientale.

N°. 293.

LONICERA *mongolica*. GMEL. *Flor. Sibir. III, p. 185, tab. 25.*

Frutex xylosteo minor, erectus, ramis tenuibus, subarticulatis, rectis, oppositis, patentibus, epidermide gryseo-albida corticatis. *Folia* rariora, opposita, petiolata, ovata, serrata, subtùs lanugine cana. *Pedunculi* terminales, inter ultimum par foliorum, longitudine petiolorum, bifidi, singulo sustinente flores binos, quaternos, quinosve sessiles. *Calyx* nullus, nisi margo coronans germen inferum, cylindraceum, striatum. *Corollae* flavescenti albæ æquales, parvæ, campanulatæ, margine quinquedentatæ. *Stamina* 5, longitudine corollæ, *antheris* magnis, didymis. *Germen* intra florem umbilico brevissimo prominens, stigmate truncato. *Bacca* globosa semina 5, sex, imò septem continens, magna, ovato depressa, extùs convexa.

Crescit in saxosis montium incisuris ad Argunum superiorem, præsertim in monte Charabom. Icon *floræ Sibiricae* pedunculos in paniculam congestos, copiosiores, quàm frutex noster, habet.

* *Lonicera* (*mongolica*) *corymbis compositis terminalibus*, *foliis ovatis serratis*. (Dict. 1, p. 729, n°. 7. *Lonicera mongolica*. Pall. *fl. ross.* 1, *p.* 59, *t.* 33.)

Cette espèce de chèvrefeuille est bien distinguée des autres par la disposition et la conformation de ses fleurs. Elle constitue un arbrisseau qui a un peu l'aspect d'une viorne ou d'un cornouiller, par la disposition de sa fructification. Cet arbrisseau est branchu, et garni de feuilles opposées, pétiolées, ovales, dentées en scie, pubescentes et blanchâtres en-dessous. Les fleurs sont petites, d'un blanc jaunâtre, ont leur corolle campanulée, régulière, et sont disposées en petits corymbes terminaux, situés entre la dernière paire de feuilles. Cet arbrisseau croît dans la Tatarie orientale, et dans les déserts de la Mongolie.

N°. 294.

RHAMNUS *dauricus*.

Cornus foliis citri angustioribus, GMEL *apud* AMMAN. *Stirp. p.* 200, *tab.* 33.

Arbustum staturâ rhamni cathartici, ast

specie diversum. *Lignum* sæpe crassitie brachii, pallidè rubrum. *Rami* recti, nusquam spinescentes, epidermide testacea obducti, ramulis annuis plerumque oppositis et terminantibus. *Folia* multò oblongiora majoraque et venarum dispositione alia, quàm in Rh. cathartico, ovato-acuminata, argutè serrulata, longiùs petiolata. *Flores* masculos non vidi; *feminei* in distincta planta, quadrifidi, virescentes, haud majores, quàm in Rh. cathartico, foliolis acutis deciduis; *stigma* didymum. *Baccae* magnitudine pisi, fuscæ, subdidymæ et plerumque dispermæ, tertii seminis rudimento obsoleto.

Gmelinus in flora perperàm pro Rh. cathartico recensuit, à quo, licet similitudine summâ junctus, intimis tamen structuræ notis distingui potest.

Ad Argunum Dauriæ fluvium ubique provenit, quùm, pariter ac Rh. catharticus, in reliqua Sibiria desit.

* *Rhamnus* (*dauricus*) *floribus dioicis; foliis ovato-oblongis, acuminatis, argutè serratis.* Gmel. *syst. nat.* 2, *p.* 400, *n°.* 22. *Rhamnus dauricus.* Pallas, *fl. ross.* 1, *p.* 24, *t.* 61.

Il paroît que ce nerprun a de très-grands rapports avec le nerprun cathartique; mais *Pallas* assure qu'il en est distinct. Ses rameaux sont droits, non spinescens; les plus petits sont opposés, et feuillés au sommet. Ses feuilles sont plus oblongues, ovales-acuminées, fortement dentées en scie. Cet arbrisseau croît dans la Daourie, vers l'Argoun. Son bois est d'un rouge pâle.

No. 295.

RHAMNUS *erythroxilum*. Tab. 90, fig. 2.
Mongolis *Iaschühl*.

Frutex humanâ altitudine erectus, tortuosus, ramis paucis, abruptis, inordinatè patentibus rigens, inermis. *Truncus* inter rupes sæpe tortuosus, cortice tenui, fusco strigoso-incrustatus, ligno durissimo, rigido, intensè rubro. *Rami* seniores recti, cortice glabro, fusco vestiti; *ramuli* brevissimi, cicatricibus foliorum deciduorum scabri, tantùm apice foliati. *Folia* longissima, lanceolato-linearia, subtiliter serrata, serraturis distantibus, in masculino frutice, cui folia minora, vix conspicuis. — *Pedunculi* floriferi inter folia fasciculata crebri in utroque sexu. *Masculi* flores et in distincto et in femineo frutice (*fig. A*) parvi, quadrifidi, laciniis acutis flavescentibus. *Feminei* (*fig. B*), cum masculis sæpe simul, nunquam in masculo frutice, similes, virescentes, germine supero, stylis tribus corollâ longioribus, filiformibus, stigmate subcapitatis. *Bacca* (*fig. C*) mole pisi, globoso-triconvexa, acutè umbilicata, fusco-lutescente tinctura scatens. *Semina* (*fig. C*) tria magna, ovato-oblonga, triquetro-convexa.

Statura tota à Rh. lycioïde differt, licet foliis similis, inter apricas rupes et in glareosis ad Selengam, etiam in pinetis rarioribus, passim occurrit; ligno propter duritiam et colorem à Mongolis ad usus idololatricos requisitus. Floret initio junii, baccas versùs autumnum maturans.

* *Rhamnus (erythroxylum) floribus dioicis, foliis lanceolato-linearibus subtiliter serratis*. Gmel. *syst. nat.* 2, *p.* 400, *n°.* 23. *Rhamnus erythroxylum*. Pall. *fl. ross.* 2, *p.* 26, *t.* 62.

On ne sauroit disconvenir que ce nerprun ne soit fort rapproché par ses rapports du nerprun lycioïde. Si l'on considère même les figures que *Pallas* a données de l'un et de l'autre dans sa *Flora rossica* (vol. 2, tab. 62 et 63.), on a de la peine à se persuader que ce sont deux espèces parfaitement distinctes. Néanmoins, celui dont il est ici question n'est point ou presque point épineux; ses feuilles sont beaucoup plus grandes & plus longues que celles du *rhamnus lycioides*, et son bois est d'un rouge foncé, ce qui lui a fait donner le nom qu'il porte. Ce nerprun croît près de la Sélenga, et des autres rivières de la Mongolie, dans des lieux pierreux.

N°. 296.

RIBES *diacantha*. Tab. 72, fig. 2.

Grossularia Daurica montana, uvæ crispæ folio. *Cet.* AMMAN. *Stir. p.* 198, *n°.* 276.

Frutex sesqui-ulnaris, erectus strictus. *Rami* recti, epidermide gryseo-albicante obducti, subramosi. *Aculei* ad omnes gemmas gemini, divergentes subincurvi, in senioribus ramis truncisque oblitterati. *Folia* fasciculata, cuneiformia, trilobato-incisa, subtrinervia. *Racemi* inter folia solitarii, multiflori, ramento lineari ad singulum florem. *Flores* parvi, virescente-flavi. *Baccae* (*fig. D*) rubicundæ, dulces, *seminibus* 4, rariùs quinis, majusculis (*fig. d*) depressis fœtæ.

Abundat in glareosis et saxosis, circa fluvios Dauriæ et ad Selengam, nec à salso solo aliena. Floret, jam foliata, maio; baccas sub finem æstatis perficit, quæ etiam siccatæ usui gratæ.

* *Ribes* (*diacantha*) *aculeis geminis ad gemmas, foliis incisis basi cuneiformibus, floribus racemosis.* Dict. vol. 3, p. 51, n°. 10. *Ribes diacantha.* Lin. *f. suppl.* 157. Pall. *fl. ross.* 2, *p.* 36, *t.* 66.

Ce groseiller est remarquable par le caractère de ses feuilles, qui ressemblent en quelque sorte à celles de l'*hibiscus syriacus* (la ketmie des jardins), quoiqu'elles soient plus petites. Il forme un arbuste de deux à trois pieds, droit, très-glabre, et médiocrement rameux. Ses tiges et ses rameaux sont un peu effilés. Les épines sont courtes, au nombre de deux sous chaque faisceau de feuilles. Les feuilles sont pétiolées, cunéiformes, incisées au sommet en trois lobes dentés: elles sont fasciculées sur le vieux bois. Les fleurs sont petites, d'un vert jaunâtre; elles naissent sur de petites grappes latérales et presque droites, dans la partie supérieure des rameaux. Il leur succède de petites baies rouges, glabres, qui ont une saveur douce, légèrement acide. Cet arbuste croît dans la Daourie et la Mongolie, aux lieux pierreux, voisins des rivières.

N°. 297.

SALSOLA *arbuscula*. Tab. 50.

Frutex pumilus, circiter pedalis, diffusus, asperrimus, rigidus, totus lignosus, atque satis tenax. *Trunci* crassitie sæpe digiti, profundè radicati, supra terram reclinati, adscendentes ramis creberrimis, rectis, inordinatis, quorum majores alternè sparsi *ramulis* rigido patentibus. *Cortex* trunci gryseus, strigosus; ramorum niveus, fissuris gryseis. Rami ramulique undique adspersi squamulis corticalibus, alternis, gibbis (*litt. a, a*), gemmascentibus vel in florem, vel in sola *folia* fasciculata, carnosa, teretia, obtusa, infernè adtenuata, lætè viridia, sed facilè decidua. *Squamae* quæ flores tulerunt videntur sequenti anno gemmam proferre foliatam, in novum ramulum excrescentem, quorum tamen plerique siccis annis pereunt. Hinc è mortuis passim in ramis exhaustæ gemmæ abeunt in *calyculos* (*litt. B, B*) patentissimos, ovales, concavos, è quibus gemmatio ampliùs nulla. — *Flores* plerumque solitarii vel bini ex una gemma, adstantibus foliis plerumque ternis, cum fructu deciduis. *Calyces* fructus (*litt. a, b*) flavescentes, rariùs rubicundi. *Calyculus* germen continens quinquefidus, suprà germen laxè connivens, *paleolis* majoribus, oblongis membranaceis; in ambitu bracteæ striato-membranaceæ, tres majores, orbiculatæ, duæ oblongæ minores. *Paleae* in centro calycis recentis conniventes (*litt. b*) dessicatione apicibus reflectuntur et efficiunt quasi flosculum intra florem (*litt. a*). Bracteam majorem calycis integram decerptam vario situ exhibui ad (*litt. c*). *Fructus* intra calycem duriusculus lenticularis, umbilicatus: *stylo* persistente bifurco, stigmatibus recurvis (*litt. d*). *Semen* corculum nudum, spirale, viride, arillo proprio inclusum. — Copiosè occupat hæc planta summum marginem riparum lacûs salsi Inderiensis, in deserto Tatarico.

* *Salsola* (*arbuscula*) *fruticosa diffusa ramosissima, ramulis rigido-patentibus, bracteis alternis gibbis, foliis teretibus obtusis.* Gmel. *syst. nat.* 2, *p.* 453.

C'est un petit arbuste très-rameux, diffus, rude, à rameaux roides, ligneux, qui s'élève à un pied ou environ. Ses feuilles sont fasciculées, cylindriques, obtuses, charnues, vertes, adnées à leur base: elles naissent, ainsi que les fleurs, de l'aisselle d'une écaille gibbeuse, le long des rameaux; mais elles tombent facilement, et les écailles de chaque faisceau de feuilles persistent après leur chûte. On trouve cette soude dans les déserts de la Tatarie, aux lieux salins, et particulièrement près du lac Inderskoï. La figure ici indiquée (tab. 50) se trouve répétée par erreur à la planche 42.

N°. 298.

SALSOLA *vermiculata*. Kali fruticosum, ericæ folio. *Bruxb. cent. 1, t. 14, f. 1.*

Fruticulans, pumila, vixque spithamali major, lignosa, tenax, totaque à radice in folia lanugine brevi tomentosa. *Truncus* ramosè subdivisus, stricto habitu erectus. *Folia* non semper exactè terna, tereti-oblonga, obtusa, carnosa. *Calyces* ramos omnes creberrimi obtegunt, explanati flavescentes; horum *paleae* supra germen conniventes acutæ, breviores; *bracteae* limbi duo minores quidem, sed insigniores quàm in præcedenti specie. *Stylus* in germine lenticulari simplex, *stigmata* reflexa, crassiuscula. — Cum præcedente crescentem inveni.

* *Salsola* (*vermiculata*) *frutescens*, *foliis ovatis acutis carnosis*. Lin. *n°*. 11. Murr. *syst. veg. p.* 263. Barrel. *ic. t.* 215.

Comme *Pallas* assure que la plante qu'il cite de Buxbaume représente parfaitement la sienne, je crois pouvoir assurer que cette même plante diffère, au moins comme variété, de la soude vermiculée que *Linné* a décrite; la plante de *Linné* ayant ses feuilles et ses rameaux plus lâches, ses tiges plus effilées, et ses calices moins ouverts en rosette. Au reste, la soude vermiculée de *Pallas* est un arbuste nain, ligneux, tenace, rameux, s'élevant à la hauteur de sept à neuf pouces. Ses feuilles sont oblongues, cylindriques, obtuses, charnues, la plupart ternées, chargées d'un

duvet

duvet court. Les calices ouverts en rosette applatie, sont jaunâtres. Cette soude croît dans les déserts salins de la Tatarie.

N°. 299.

SALSOLA an (*frutescens?*) Kali fruticosum spicatum. *Buxb. cent.* 1, *p.* 8, *t.* 13.

Mentitur fruticem nitrariâ sæpe majorem, attamen annua; caules lignescere videntur, attamen succulenti atque fragiles. *Truncus* debilis, adeò fragilis, ut levi pedis impulsu maximum fruticem à radice dejicias. Ramosissima tota, suprà terram hæmisphæricè diffusa. Folia per totam plantam alternè sparsa, ternata, exterioré majore, carnosa, teretia, obtusa. *Rami* extremi calycibus fructûs rosaceis creberrimis quasi spicati et obtecti. *Calyces* in omnium foliorum alis sessiles, rosacei, *cotula* germen recipiens planiuscula, supra germen arctè connivens, *squamis* 5 acuminatis, albidis; ambitu alata *bracteis* coloratis, è flavo-rubentibus, tribus maximis, interjectisque duabus ovalibus minoribus et interioribus. *Germen* lenticulare, stylis duobus distinctis, tenuissimis instructum. *Filamenta* emarcida in adulto calyce conspicua. *Semen* succulentum intra arillum spirale corculum obvolventem. — Copiosa in salsa palude versùs castellum Georgii.

* *Salsola* (*fragilis*) *ramosissima prostrato-diffusa*,

foliis sparsis carnosis teretibus, calycibus rosaceis subspicatis.

Cette soude semble constituer un arbuste souvent plus grand que la nitraire; mais ses tiges succulentes et très-cassantes ne sont ligneuses qu'en apparence. Elle est très-rameuse, diffuse, et étalée, formant une touffe hémisphérique. Les feuilles sont alternes, cylindriques, charnues. Les calices, sessiles et axillaires, sont ouverts en rosette, et colorés de jaune et de rouge. Ils forment aux sommités des espèces d'épis terminaux. Cette soude croît dans les marais salins de la Tatarie.

N°. 300.

SALSOLA *kali auctorum.*

Planta minùs profundè radicata, herbacea, ramosissimè supra terram diffusa, sæpe plusquàm sesquipedalis. *Caules* flexuosi, teretes subhispidi, striis albis rubrisve longitudinalibus. *Rami* inordinati, alternè subdivisi. *Folia* alternata, filiformia, carnosa, spinula terminata, ubique ternata, medio elongato, plerumque spinulis aliquot supernè bifariàm adspersa, lateralibus brevioribus arrectiusculis. *Flores* ex omnibus alis foliorum. In florida planta, quam describo, *calyx* minutus, viridis, exiguus, quinquefidus; *antherae* 5 exsertæ; *stylus* unicus bifidus. Autumno planta rigescit, folia basi latescunt atque eriguntur circa *germen* gravidum, ovatum, superiùs coronatum ambeuntis calycis bracteis exiguis, rotundatis, duobus minutissimis. *Semen* crassum, umbilicatum. Sic plantam ad Samaram, et in montano tractu deserti Calmuccorum constanter observavi, locis non salsis et ubique ad vias copiosissimam.

B. *Varietas* hujus videtur, quæ in australioribus limosis campis ubique copiosissimè occurrebat, à solo subsalso et climate forsan mutato. Modo crescendi, caulibus striatis foliorumque dispositione convenit. Sed *folia* semper crassiora, brevioraque, imò sæpe medium lateralibus vix majus; mucrones terminales rigidi, pungentes, totaque planta magis confirmata, etiam ante florescentiam. *Flores* in foliorum alis plerumque bini, sessiles, copiosissimi. *Calyces* porrò maturescente semine latè explanati, rosacei, è pallido rosei rubrive in sicciori loco coloris, *bracteis* tribus orbiculato-latis et duobus angustioribus, ovatis laciniis expansi, supraque *germen* depressius atque lenticulare conniventes *squamis* quinis acuminatis. Pleræque plantæ, præsertim aridiore, magisque salso solo natæ, adeò dissimiles vulgaribus, ut nemo conjungeret, nisi intermediis collatis; mirumque quò magis ad austrum et in deserta salsa descendas, eò magis in posteriorem habitum degenerare speciem.

* *Salsola (kali) decumbens, foliis subulatis spinosis scabris, calycibus marginatis axillaribus.* Linn.

Les tiges de cette soude sont rameuses, étalées sur la terre, striées, scabres ou hispides. Les feuilles sont alternes, linéaires-subulées, terminées par une spinule, et scabres en dessous ainsi que sur les bords : elles paroissent ternées à cause des deux petites feuilles axillaires qui indiquent des rameaux non développés. Les fleurs sont latérales, axillaires; le calice fructifère est bordé d'un feuillet rougeâtre, épanoui en rose. Cette plante croît en Europe sur les bords de la mer, dans la Russie. Elle varie à feuilles plus ou moins piquantes.

No. 301.

SALSOLA *prostrata*.

LIN. *Sp. 1, p.* 323—4. Kali fruticosum incanum foliis exsuccis. *Buxbaum. cent. 1, tab. 15.*

Planta perennis, sicca et subtomentosa. *Radix* lignosa, crassa, simplex, perpendicularis, fibris lateralibus sparsis. *Caules* annui lignescentes plurimi, ab ipsa radice adscendentes, extremò ramosi; autumno passim bipedales, albidi, juniores sæpius rubicundi, pubescentes. *Rami* juniores subparalleli, in deflorata planta patentes, rigidi, fragiles, floribus undequaquò alternis obsiti et spicati. *Folia* circa imos junioresque caules conferta, fasciculata, linearia, exsucca, tomento incano, superius sparsa magis, et in sera planta marcescentia. *Flores* sessiles, stipulis seu foliolis suffulti ternis (*litt. c*), post florescentiam latis et concavis (*litt. i, k*). *Calyx* in florente planta minutus, viridis, quinquefidus (*litt. f, g, h*), *antherae* exsertæ, majusculæ (*litt. f*), citò deciduæ (*litt. g*); *stylus* declinatus, bifidus, stigmatibus reflexis (*litt. h, m*), cum germine adolescens (*litt. m, n*). *Defloratae* plantæ calyces (*litt. l, m*), cotula pro germine, profundè quinquefida, supra germen conniventes squamis quinis acutis, viridibus, margine membranaceis. *Bracteae* limbi quinæ, fuscescentes vel albæ mediocres, inæquales, duabus minoribus. *Germen* sphæroideo-depressum, *semen* obvolvens cochleato-spirale, crassum. — Copiosissima planta ad vias, locisque salsis limosis tractûs præsertim montani in desertum excurrentis Calmuccicum.

B. *Varietas* singulariter distincta, humidiori solo lecta (1) rarior. *Foliis* paulò latioribus, caulibus adscendentibus, simillimis, verùm simplicibus et ultra dimidium spicatis, florum glomerulis alternis, folio uno alterove suffultis, inque deflorata planta longè distantibus. Florentem non vidi. *Calyces* post florescentiam (*litt. o, p*) rosacei, explanati, *bracteis* multò majoribus et perfectè æqualibus, fusco-lutescentis coloris. *Cotulà* quinquepartita calycis supra germen depressius connivet callis quinque crassiusculis, viridibus, *tomentosis*. *Se-*

(1) *Salsola*, n°. 70. Gmel. — *Flor. sibir. III*, *tab.* 18, *f.* 1. — *Kali fruticosum toto anno folia retinens.* Cent 1, tab. 11, f. 2.

men quoque diversum, tenuius, neque spiraliter contortum, sed intra arillum (*litt. q*) conduplicato situ continetur corculum, detractoque arillo (*litt. r*) solvitur. Attamen habitus totius plantæ simillimus.

* *Salsola* (*prostrata*) *frutescens*, *foliis linearibus pilosis inermibus*. Lin. Jacq. *fl. austr. t.* 294.

Cette espèce n'est véritablement ligneuse que dans sa racine. Ses tiges sont menues, nombreuses, couchées sur la terre, ascendantes, à peine fruticuleuses, longues d'un pied et demi, pubescentes et blanchâtres. Les feuilles sont petites, linéaires, inermes, pileuses, pubescentes, semblent fasciculées à cause des rameaux non développés qui sont dans leurs aisselles. Les fleurs sessiles et situées deux ou trois ensemble dans les aisselles des feuilles supérieures, forment de petits paquets paléacés, distans, disposés en épis grêles et terminaux. On trouve cette soude dans la Russie, sur le bord des chemins, et dans les lieux salins et déserts : j'en possède un exemplaire communiqué par le citoyen *Patrin*, qui ressemble entièrement à la figure citée de Buxbaume, et n'a pas les feuilles aussi longues que le *salsola* n°. 71 de *Gmelin* (tab. 18, f. 2.).

N°. 302.

SALSOLA *hyssopifolia*. Tab. 43. Kali foliis linariæ tomentosum. *Buxb. p.* 10, *cent.* 1, *t.* 16.

Planta annua, sæpe cubitalis vel ultrà, erecta, rariùs (neque naturaliter) diffusa crescens. *Caules* teretes, striati, rigidi, tenerrimè lanuginosi, *rami* crebri, alternè patentiusculi, subsimplices, magis lanuginei. *Folia* alterna, plana, oblongo-linearia, lanugine canescentia. *Flores* ad foliorum alas in glomeres vel spiculas foliatas collecti, intra largam lanuginem sessiles. *Calyx* pubescens, minutus, semi-ovatus (*litt. e*), suprà depressus, ore quinquedentato (*litt. a*). *Stamina* quinque calyce aliquoties longiora; *antherae* oblongo-didymæ, majusculæ (*litt. h*), citò deciduæ (*litt. c*). *Germen* (*litt. e*) lenticulare; *stylus* simplex, bifidus, stigmatibus reflexis. Post deflorationem clauditur calyx (*litt. d*), cum germine crescit, enascunturque per ambitum setulæ 5 rigidæ, fuscæ, apice circinnatæ (*litt. f*). *Semen*, ut in congeneribus, spirale viride. —Lecta species passim in campis siccis atque salsis ad Rhymnum, infra fortalitium à Calmuccis dictum.

* *Salsola* (*hyssopifolia*) *diffusa, foliis alternis planis oblongo-linearibus lanuginosis*. Gmel. *syst. nat.* 2, *p.* 452, *n°.* 4.

Elle est remarquable par ses grandes feuilles et ses gros paquets de fleurs qui semblent des épilets axillaires et sessiles. Elle pousse des tiges rameuses, peu diffuses, ordinairement droites, légèrement lanugineuses, et qui s'élèvent à un pied et demi ou même davantage. Leurs rameaux ouverts les font paroître comme paniculées. Les feuilles sont alternes, oblongues, linéaires-pointues, planes, et chargées d'un duvet blanchâtre. On trouve cette soude dans les champs secs et salins de la Russie.

N°. 303.

SALSOLA *sedoïdes*. Tab. 41. Camphorata, n°. 94. *Fl. Sib. p.* 118, *t.* 23, *f.* 1.

Planta præsertim junior, simplicissima, rectissima, pedalis, adultior fit sæpe suffruticosa, ferè cubitalis ramosque adscendentes alternos, præsertim ex inferiore trunci parte, spargit. *Radix* brevissima, recta, conica, fibris paucis marcescentibus sparsa. *Caules* subtomentosi, ramosi; *rami* alternis obsiti *ramulis*, confertim foliatis. Folia succulenta, teretia, obtusa, quasi vermiculata, villis longis, canis, rariusculis lanata. Sub florescentiam ramuli magis elongati. *Flosculi* ex singulis foliorum alis solitarii vel plures, sessiles, minuti. *Calyx* globulosus, undique lanuginosus, semiquinquefidus (*litt. a, b, c*). *Antherae* longo filamento exsertæ 5 magnæ, didymæ, ovatæ (*lit. c*). *Stylus* bifidus (*litt. e*). *Calyx* circa germen subglobosum clauditur; ulteriores verò mutationes nondum observare potui. Vulgatissima planta in humidis salsisque ad Samaram, et Iaïkum medium. In australioribus rarior, nec nisi pumila, totaque lanâ albâ largiter vestita (*fig.* 2).

* *Salsola* (*muricata*) *fruticosa patula, ramulis hirsutis, calycibus spinosis.* Lin. *Mant.* 54 *et* 512.

Les rameaux et les feuilles de cette espèce sont velus,

lanugineux, et les calices fructifères sont muriqués, c'est à-dire hérissés de spinules divergentes, qui rendent cette espèce remarquable et très-distincte. Ses tiges sont fruticuleuses, rameuses, un peu lanugineuses, à rameaux étalés et ouverts. Les feuilles sont linéaires, molles, velues, longues de trois à quatre lignes. Les fleurs sont petites et disposées comme dans les autres espèces. Cette soude croît dans les régions australes de la Russie.

N°. 304.

SALSOLA *oppositiflora*. Tab. 51, f. 1.

Facie modoque crescendi adsimilatur kali* vulgari, ramosissima, diffusa, sed tamen erectior, *caules* sublignescentes, cortice fisso albido; rami rubicundo-striati, oppositi, subgeniculati, foliolis ad genicula oppositis, lineari-acuminatis, subcarnosis, pungentibus. *Spiculae* floriferæ intra folia axillares, flosculis alternis intra foliola vaginantia. *Calyces* fructiferi parvi, squamis quinis inæqualibus, gryseo-pellucidis, vel rubentibus rosacei. Icon habitum plantæ florentis exprimit.

Crescit in aridis, limosis australioribus ad Iaïkum campis cum S. rosacea, kali affini, promiscuè, minùs copiosa.

* *Chenopodium* (*oppositifolium*) *foliis oppositis lanceolato-subulatis brevissimis.* Lin. *f. suppl. p.* 172.

On est étonné de voir parmi les soudes une plante dont les feuilles, les rameaux et les épilets sont opposés; aussi *Linné* fils a-t-il pensé différemment au sujet de cette plante, puisqu'il l'a rapportée au genre de l'anserine (*chenopodium*): à la vérité la fructification des soudes n'est pas extrêmement différente de celle des anserines ; car les soudes ne s'en distinguent que parce que leur semence est un peu contournée en spirale, et que le calice qui la recouvre est capsulaire, la semence des anserines étant plus simple, lenticulaire, recouverte par un calice fermé et anguleux. Au reste, il est aussi rare de voir des anserines à feuilles opposées que des soudes ; et pour les soudes, on ne peut pas dire que ce caractère soit sans exemple ; car, depuis long-tems, on cultive au muséum national d'histoire naturelle, une soude à feuilles opposées, qui y est nommée *salsola sicula*, et dont je donnerai la description dans mon dictionnaire.

Le *salsola oppositiflora* de *Pallas* croît dans les régions australes de la Russie, vers l'Iaïk.

N°. 305.

SALSOLA *lanata*. Tab. 51, fig. 2.

Elegantissima species, rarò bipedalis, erecta, ramis alternis, radice brevi simplici suffulta. Junior planta tota lanugine longa, alba lanata, quam autumno à radice sensim exuit, nunquam tamen circa fructus et in extremis ramis. *Folia* carnosa, teretia, obtusa, parciùs lanata. *Flores* intra folia terna corollâ flavescente, antheris speciosis, pulcherrimè roseis, quo ab omnibus congeneribus differt. Calyx seu corolla excrescit in paleas acutas longissimas, circa quarum basin demùm excrescunt laminæ rosaceæ.

Copiosam hanc speciem circa Saratschik observavit N. *Sokolof*.

* *Salsola* (*laniflora*) *suffruticosa erecta*, *foliis obtusis carnosis; antheris coloratis.* Gmel. *syst. nat.* 2, *p.* 453, *n°.* 13. *Salsola laniflora.* Lin. *f. suppl.* 172.

Cette espèce est fort belle, droite, à rameaux alternes, et s'élève jusqu'à la hauteur de deux pieds. Elle est toute lanugineuse dans sa jeunesse; mais elle devient en partie nue en vieillissant, et particulièrement en ses sommités ou auprès de sa fructification. Ses feuilles sont cylindriques, obtuses, charnues. Les fleurs sont jaunâtres, axillaires, sessiles ternées; leurs anthères sont d'un beau rose, ce qui distingue fortement cette espèce. On la trouve près de la Samara et de l'Iaïk, dans les lieux humides et salins.

N°. 306.

SALSOLA *monandra.* Tab. 49, f. 2, A, B, C, D, *d.*

Planta erecta, annua, inter digitalem et cubitalem varians, plerumque spithamea (ut in Icone) minor, subsimplex, major, ramosissima. *Radix*, ut in salsolis annuis omnibus, exigua, brevis, simplicissima. *Folia* radicalia bina, cylindrica, carnosa, obtusa, et aliquot ad infimos ramos alterna. Reliqua tota planta teres, salicorniæ instar succulenta, glauca; alternè ramosa. *Denticuli* floriferi (ceu incisuræ) per ramos ubique alterni, constantes squamâ triangulari, concavâ, carnosâ, margine membranaceo includente *stipulas* duas convergentes, triquetras, acutas. Inter has *flos* glumis tribus membranaceis, cavis, conniventibus, acutis. *Germen* ovatum, succo fulvescente turgens; *styli* duo setacei; *filamentum* unicum; longitudine glumarum atque squamæ externæ, ita ut, florente planta, fusco-luteæ *antherae* exsertæ quasi apici squamarum impositæ videantur (*fig. A*). Post florescentiam squamæ externæ immutatæ manent; sed *glumae* floris unà cum germine, auctæ exseruntur, squamasque dimovent. Maturescente semine tota planta evadit pallida, et exsucca quasi collabescit, fitque strigosa; *calyces* fructiferi, extra squamam propulsi, inter stipulas laterales adauctas, argutè carinatas hærent, triphylli; concavi, bracteolâ rubicundâ, è singulæ glumæ medio enatâ alati, quarum superior paulò latior applicatur ramo, reliquæ duæ deorsùm patent (*fig. A, C, D*). *Semen* intra glumas calycis conniventes ad caulem verticaliter spirale, majusculum (*fig. d*), inundatum succo fulvo, calycem explente, sub maturitatem pœnè absumpto.

Singularis hæc planta, facie et floribus triglumibus monandris ab omnibus sui generis aliena, neque tamen ob calyces fructiferos alatos à salsolis segreganda, in paludibus salsis inundatis circa lacum Altan, aliasque deserti Astrachanensis salinas salicorniæ herbaceæ plerumque comes, passìm copiosa est, florens augusto, semina versùs octobrin perficiens.

* *Salsola* (*monandra*) *erecta ramosa supernè aphylla, floribus monandris.*

Cette soude, fort singulière en ce qu'elle est dépourvue de feuilles dans sa partie supérieure, ce qui lui donne l'aspect d'une salicorne, l'est encore plus par le caractère de ses fleurs, qui n'ont qu'une étamine. C'est une plante annuelle, rameuse, haute communément de sept à huit pouces, mais qui s'élève quelquefois jusqu'à un pied et demi. Ses rameaux sont cylindriques, succulens, glauques, et ont des fissures ou espèces de dents alternes qui donnent naissance aux fleurs. On observe, dans la partie inférieure de cette plante, quelques feuilles cylindriques, obtuses, charnues, dont les deux inférieures sont opposées, et les autres alternes. Les fleurs sont latérales, solitaires, sessiles, ont un calice de trois folioles, une seule étamine, et un ovaire surmonté de deux styles. On trouve cette plante dans les lieux humides et salins de la Russie australe.

N°. 307.

ANABASIS *cretacea*. Tab. 48.

Caudex plantæ curiosissimæ crassus, strigosus, radice lignosâ, verticali, longis flagellis fibrosa in terram descendens, supra in antiquioribus plantis multipartitus planiusculus; deciduisque surculis annuis, verrucosus acetabulis albidis. *Surculi* confertim enascuntur, simplicissimi, erecti, sesquipollicares, ad summum bipollicari longitudine, æqualiter articulati, novisque ex apice articulis crescentes, facillimè articulatim dilabentes. *Articuli* oblongo-cylindracei, infrà obtusi, apice, pro recipiendo proximo articulo, excavati marginatique tenui limbo, duobus petiolis oppositis acutis notato, qui situ cruciatim alternant in surculo (*litt. e*). *Substantia* articulorum duriuscula, succulenta; *color* viridis, in serotina planta et apicibus junioribus ruber, ubique nebulâ tenuissimâ obductus; superficies tota latentibus quasi glandulis punctata. — Surculi rari fructificant; tumque constanter uniflori, ad floriferum internodium angulo ferè recto infracti (*litt. a*). *Squamae* calycinæ (*litt. a, b, c, d*), rubentes, subtiliter striatæ, horizontaliter circa fructum conniventes (*litt. a*), inferæ duæ (*litt. c, d*) minores, superior major semiorbiculata (*litt. b*). *Germen* gravidum ad surculum verticale semi-ovatum, depressum, luteum, apice stigmate sessili notatum. *Semen* arillo proprio vestitum, multo liquore madidum; corculum spirale, plumula bifida in centrum convoluta.

B. *Florem* non vidi, summa verò fructûs analogia suadet, etiam flores subsimiles esse *anabaseos aphyllae*; ex hac itaque floris successivas mutationes subjungam (nascuntur autem ad omnia ramulorum internodia oppositi), dum floret planta, margines tres vix conspicui pro perianthio, et quini denticuli minuti, ceu corolla, receptaculum genitalium circumstant; hi tamen in anabasi cretacea vel desunt, vel saltem non cum fructu excrescunt, sed oblitterantur. Post lapsum antherarum filamenta flaccescunt, auctique denticuli supra germen connivent. Tum sensim margines excrescunt in bracteas tres majores coloratas, et à quinis denticulis tres qui his respondent latescunt, atque squamulæ instar bractearum basi interiùs adhærent; quod non in A. cretacea.

A. *Cretaceam* copiosissimam inveni in collibus cretaceo-argillosis montis Itschka in deserto Calmuccorum siti, sero autumno, quum jam surculos articulatim dimittere passim cœperat. Gustu subsalsa et evidenter calcareis particulis imbuta planta.

* *Anabasis* (*aphylla*) *aphylla*, *articulis emarginatis*. Lin. —*Salsola baccifera*, *salicorniæ facie*. Buxb. *cent.* 1, *p.* 11, *tab.* 18. Gmel. *sib.* 3, p. 101, *n°.* 78. *Anabasis*. Gærtn. *de fruct.* t. 77, *f.* 4. Lam. *Illustr. genr. tab.* 182.

La racine de cette anabase présente à son collet une souche ligneuse, fort épaisse, qui donne naissance à un grand nombre de tiges articulées, quelquefois simples et longues d'environ deux pouces, comme dans l'*anabasis cretacea* de *Pallas*, qui est une variété de l'*anabasis aphylla* de *Linné*, et quelquefois plus longues et rameuses, comme dans la plante figurée par *Buxbaume*. Les articulations de ces tiges et de leurs rameaux sont oblongues, cylindracées, obtuses à leur base, concaves et comme échancrées à leur sommet. Leur substance est un peu dure, succulente, verdâtre, quelquefois rougeâtre, et obscurément ponctuée. On trouve cette plante dans la Russie australe, et aux environs de la mer Caspienne.

No. 308.

GENTIANA *punctatae affinis, alpina, albiflora.* Tab. 98, fig. 1.

Gentiana floribus terminantibus diaphanis. GM. *Fl. Sibir. IV, p. 106.*

Radix perennis, è stipite transverso fibrosa, plures interdum caules proferens. *Folia* succida, tenera, radicalia plura è turione laterali sterili. *Caulis* rectissimus, teres, à digitali ad spithamalem varians, duobus tribusve paribus foliorum trinervium, lato-lanceolatorum, basi subvaginantium. *Flores* terni vel quaterni, quorum accessorii paulò inferiùs è foliorum summorum alis. *Calyx* cylindraceus, adulto flore plerumque hinc diffissus, semi-quinquefidus, laciniis linearibus, quarum duæ alternæ majores. *Corollae* magnæ, campanulatæ, quinquedentatæ, lacteæ, striis sursùm conniventibus ceu flammis, punctisque per tubum seriatim digestis, itemque atomis versùs limbum crebrioribus livido-cœrulescentibus magis minusve saturatis adspersa. *Filamenta* medio incrassata, cœrulea. — In processiore planta plerumque sola puncta corollæ, flammulis oblitteratis. *Capsulae* bivalves, acuminatæ: *semina* copiosa, grysea, scarioso-rugosa, ferè ut cimicifugæ. Siccatione tota planta flavescit, floresque

floresque pallidi evadunt. Gustu amarissima planta. A G. punctata, quæ in alpestribus Sibiriæ itidem albo flore occurrit, et præsertim consistentia differt, forsitan distinguenda, licet pro varietate posita ab Ill. LINNÆO.

In frigidissimis Alpibus Dauriæ, circa fontes Tschikoï et Witimi fluv. et in monte Sochonda altissimo, circa nives copiosè provenit.

* *Gentiana (alpestris) corollis campanulatis lacteis seriatim punctatis: punctis livido cœrulescentibus.*

Quoique cette gentiane ait de très-grands rapports avec la G. *punctata* de *Linné*, je crois qu'on peut la distinguer comme espèce; car son calice, la couleur de ses fleurs, et le limbe des corolles me paroissent offrir des différences suffisantes pour l'en distinguer. On la trouve sur les montagnes les plus froides de la Daourie.

N°. 309.

CACHRYS *odontalgica*. Tab. 78, f. 1.

Radix (*fig.* 2) perpendicularis, sæpe ulnaris, crassitie raró digiti minimi, teres, subsimplex, extremo bi vel tricruris, extùs fusca, intùs alba, acerrimè aromatica. *Folia* radicalia terna, patentia, suprà decomposita, tota subpubescentia, foliolis extremis digitato-multifidis, obtusis, elegantissimè sursùm incurvulis. *Caulis* è radice unicus, erectus, striatus, inter dodrantalem et trispithamalem altitudinem varians, subnudus, suprà ramis umbelliferis, quasi in thyrsum dispositis, paniculatus. *Folia* ad ortum ramorum inferiorum stipuliformia, apice laciniosa, ramentaque in ramulis umbelliferis. *Involucra* è ramentis paucis, exilibus, deciduis. *Radii* umbellæ 4—6; umbellulæ copiosiores, confertiores, floribus sæpe denis, pluribusve. *Flores* flavissimi toti, quinquefidi (in Icone, vitio Chalcographi, perperàm quadrifidi). *Fructus* magnus (*fig.* 3), Cachr. libanotidis simillimus, lævissimus, albus, bipartibilis. *Semina*, intra corticem fungosum fatuum, oblonga, grysea, tenuissimè striata, apice ramentosa, acerrimè aromatica.

Copiosissimè provenit in desertis limosis, aridissimis inter Volgam et Iaïkum; florens initio maii, semina post finem junii maturans.

* *Cachrys* (*odontalgica*) *foliis radicalibus suprà decompositis tomentoso-canis, caule nudo, seminibus lævissimis.* Lin. *f. suppl. p.* 181. *Armarinte odontalgique.* Lam. *Dict. n°.* 6.

La racine de cette armarinte est fort longue, cylindrique, perpendiculaire, presque simple, de l'épaisseur du petit doigt, velue à son collet. Elle pousse une tige droite, haute de neuf pouces ou davantage, presque entièrement nue, & paniculée dans sa partie supérieure, par les rameaux qui portent les ombelles. Les ombelles sont petites, nombreuses, à cinq ou six rayons, et garnies de fleurs d'un beau jaune. Les semences sont blanches et très-lisses. On trouve cette ombellifère dans les landes arides situées entre le Volga l'laïk. Sa racine, qui a un goût aromatique, mais très-âcre, fait couler la salive lorsqu'on en met dans la bouche; ce qui fait qu'on l'emploie comme salivaire pour soulager dans les maux de dents occasionnés par des fluxions.

N°. 310.

FERULA an *Nodiflora*? Tab. 56.

Radix profundissimê in sabulo delitescens, caules solitarios ad superficiem terræ ramentis muscosos protrudens. *Planta* dilutè viridis, sæpe quadripedalis, erecta, rigida. *Caulis* crassus, teres, striatus, subflexuosus, geniculis ad folia tumidulis. *Folia* rigidiuscula, radicalia pedalia, petiolis vaginantia, multiplicato ternata, teretia, striata extremis tantùm foliolis planis, trifidis. Caulina folia alterna, bi vel triternata, setaceo-rigida, sessilia, vaginis caulem ambientibus, striatis, margine membranaceis. *Umbella* terminalis magna, multiradiata, involucro communi nullo, circa quam è caule vel nudo, vel intra folia plerumque bina, plurave vaginantia enascuntur *umbellae* pauciorum radiorum, senæ, vel pauciores, in macilentis plantis marcescentes aut imperfectæ, in vegetis fastigiatæ, imò sæpe supra umbellam majorem elevatæ. *Umbellulae* particulares involucris circiter decaphyllis, globosæ, flosculis sessilibus velut in capitulum. *Flores* exteriores plerique abortiunt, reliqui, præsertim in disco, excrescunt in fructum, diù flore coronatum. *Semina* bina, latissima, ovalia, contorta, margine membranaceo. *Gustus* plantæ pastinacæ ferè æmulus, nisi gratior, seminibus satis acer.

Crescit inter colles arenosos locis humidioribus, copiosissimè supra fortalitium Jamyschewa, junio florens. Caules sicci cum seminibus maturis julio legebat studiosus N. *Sokolof* in arenis Iaïkum inter et Volgam sitis. *Icon* plantam sistit omnibus partibus ad dimidium imminutam; flosculi soli seminaque naturali magnitudine exhibita.

* *Ferula* (*sibirica*) *foliolis subulatis striatis, umbellulis globoso-capitatis, seminibus latissimis.*

Cette férule me paroît différente du *ferula nodiflora* de *Linné*, non-seulement par ses feuilles plus roides, moins surcomposées, mais aussi par le caractère de ses ombellules, et la conformation de ses semences. La plante s'élève jusqu'à la hauteur de trois ou quatre pieds, sur une tige droite, cylindrique, striée, épaisse, légèrement enflée aux articulations, c'est-à-dire, à l'insertion des feuilles. Les ombellules sont composées de fleurs sessiles, ramassées presque en tête, et dont les extérieures avortent. Les semences sont très-larges, marginées, ovales ou elliptiques. On trouve cette plante dans les lieux sablonneux de la Sibérie.

N°. 311.

RHUS *cotinus*. Tab. 57.

Iconem florentis meliorem, quàm apud auctores est, proposui; descriptio in notissimo frutice, qui et ligno et foliis totus tinctura flava scatet, technicumque usum insignem præbet, omnino supervacua est.

Provenit inter altissimos colles arenosos deserti Naryn, et versùs Caucasum.

* *Rhus* (*cotinus*) *foliis obovatis.* Lin. Jacq. *fl. austr.* 3, *tab.* 210. (Le fustet.)

Je trouve que ce fustet diffère un peu du nôtre par la forme de ses feuilles, et je ne doute pas qu'il n'en soit au moins une variété, s'il n'en est pas constamment distinct.

Au reste tout le monde connoît la beauté de cet arbrisseau, lorsqu'il est en fruit; ses panicules sont munies alors d'un grand nombre de filamens (ou bractées filiformes) plumeux, rougeâtres, et qui constituent des espèces de panaches qui terminent les rameaux. Les baies glabres et clair-semées dans ces panicules, sont portées sur des pédoncules fort longs, presque capillaires.

On trouve cette espèce de sumac en Russie, parmi les collines sablonneuses du désert de Naryn, et vers le Caucase.

N°. 312.

TAMARIX *germanica*. Tab. 75, fig. 2. Mongolis *Balgù*.

Arbustum aliquot sæpe orgyarum, statura tota tamaricis gallicæ. *Truncus* crassitie brachii, cortice gryseo, ligno cinerascente. *Rami* longissimi, annui virgati, ramulis crebris alternis, pallidi vel rubicundi, extremò floridi. *Foliola* creberrima, linearia, plana, mollia, in adultioribus ramis in *stipula* basi membranacea degenerantia. *Racemi* florum terminales, simplices, vel compositi, *bracteis* ad flores stipuliformibus, majusculis. *Flores* decandri, pentapetali, dilutè rosei; *filament* staminum basi in membranam germen ambientem connata. *Capsulae* (ut omnes partes) majores quàm in T. gallica, trivalves; *semina* ad 30, pappo multoties longiore coronata.

Icon incisa erat, antequàm in flora Danic meliorem exstare rescivi, nec tamen superflu erit nostra. — Provenit arbustum in ripis glareosis Dauriæ alpestris, Mongolis fronde, loco theæ, utile.

* *Tamarix* (*germanica*) *floribus decandris*. Lin. Mill *it.* 262, *f.* 2, *fl. dan. t.* 234.

Ce tamarisc paroît plus grand que notre *tamarix germanica* d'Europe; il en a d'ailleurs presque tous les caractères On le trouve sur les rives caillouteuses de la Sélenga en Mongolie; et sur les rives du Temnik et du Dshida en Daourie. Ses feuilles sont astringentes; les Mogols s'en servent en guise de thé.

Ni 3.

PHARNACEUM *suffruticosum*. Tab. 95, fig. 2.

Planta quam nonnisi siccam neque perfectis seminibus examinare licuit, ideoque de genere incertus sum. *Caules* ex eâdem radice plurimi, magnitudine genistæ, suffruticosi, recti, virgati, teretes, epidermide rufescente, striatâ corticati. *Rami* annui simplicissimi, herbacei, striati. *Folia* tenera, integerrima, ovata, subundulata; petiolo tenui insidentia, alterna, remotiuscula. *Flores* è petiolorum alis seni vel octoni, efficiunt quasi umbellulam sessilem, petiolo paulò longiorem, stipulis minimis rubris involucratam. *Flores* minores quàm in cerviana, subglobosi, foliolis quinis concavis, margine colorato albis. *Antherae* 5 crassæ, obtusæ, extùs sulcatæ. *Germen* minimum; *styli* tres filiformes, simplices, longitudine staminum.

Singularis planta, à studioso lecta in saxosis montium Carabom et Tschir ad Chaïlasum deserti Argunensis, media æstate florens.

* *Pharnaceum (suffruticosum) suffruticosum, floribus axillaribus umbellatis sessilibus.* Gmel. *syst. nat.* 2, *p.* 506, *n°.* 15.

J'avoue que d'après le port de ce petit arbuste, je n'aurois jamais pensé à le rapporter au genre *pharnaceum*, qui appartient à la famille des caryophyllées; mais j'aurois pensé à le rapprocher des *ceanothus*, dans la famille des nerpruns, dont il pourroit bien être une espèce. En effet, dans les petites espèces de céanothe, les pétales fort petits sont difficiles à appercevoir, et on peut croire alors que les fleurs en sont dépourvues.

On trouve cet arbuste dans les lieux pierreux de la montagne de Charabom, vers l'Argoun, en Mongolie.

N°. 314.

AMARYLLIS *tatarica*. Tab. 77, fig. 1.

Folia radicalia subquaterna, è *vaginula* tenuissima membranacea, linearia, sicciora, scapo sublongiora. *Scapus* dodrantalis, inter folia emergens, medio notatus foliolo marcescente. *Spatha* glumiformis, bivalvis; valvulis membranaceis, lanceolatis. *Flores* bini, longiùs pedunculati; *germen* inferum, oblongum, striatum; *corolla* purpuro-cœrulea, hexapetala, petalis oblongo-linearibus, strictim erectis, tribus extremo reflexis. *Stamina* tria dimidia longitudine corollæ, tria breviora, *antherae* erectæ polline albo. *Stylus* staminibus longioribus paulò minor, filiformis, stigmate simplici subcapitatus.

Cum præcedenti eodem tempore et loco rariùs lecta.

* *Amaryllis* (*tatarica*) *spatha biflora: petalis tribus apice reflexis*, *staminibus tribus longioribus*. Gmel. *syst. nat.* 2, *p.* 540, *n°.* 24.

Cette amaryllis a beaucoup de rapport avec l'*amaryllis montana* de la Billardière (*icones pl. Syriæ*, *dec.* 2, *p.* 5, *tab.* 1.), et qui croît sur le mont Liban. Mais celle de la Billardière a la spathe terminale multiflore, et la corolle bleue, ce qui la distingue principalement de l'*amaryllis* de Tatarie.

Les feuilles radicales de cette dernière sont au nombre de quatre ou environ, linéaires-subulées, étroites, un peu plus longues que la tige. Cette tige est une espèce de hampe presque nue, haute de sept à huit pouces, et garnie, dans sa partie moyenne, d'une petite feuille marcescente. La spathe est terminale, petite, glumiforme, bivalve. Il en naît deux fleurs pédonculées, d'un pourpre bleuâtre, à pétales oblongs, presque linéaires, dont trois ont leur sommet un peu réfléchi. On trouve cette plante dans la Tatarie, dans les déserts secs et salins situés vers l'Iaïk, et aux environs du lac Altan.

No. 315.

CRINUM *caspium*. Tab. 60.

Radix... — *Folia* radicalia bina, ternave, lanceolato-latiuscula, conniventia, undulata. *Scapus* foliis paulò longior, rectissimus, versùs bulbum valdè adtenuatus, teres, lævissimus. *Spatha* diphylla. *Umbella* speciosa, erecta, convexa, pedunculis flore multò longioribus, subæqualibus. *Flores* purpurascente-albi; *filamenta* corolla ferè duplo longiora, basi membranacea corollæ tubo brevissimo innata; *antherae* exiguæ, ovatæ, erectæ, fugaces, *stylus* staminibus paulò longior. *Germen* intra corollam cum filamentis persistens excrescit in capsulam corolla majorem, subtriquetram, retusam, stylo instructam, trilocularem, trivalvem, loculi monospermi, semina nigra.

Descriptio et Icon è planta sicca in herbidis circa mare Caspium primo vere lecta à studioso N. *Sokolof*.

* *Crinum* (*caspicum*) *foliis radicalibus lanceolatis undulatis*. Gmel. *syst. nat.* 2, *p.* 538, *n°.* 12.

Cette plante a tout-à-fait le port d'un ail (*allium*); mais comme ses fleurs ont leur corolle monopétale, et l'ovaire supérieur, *Pallas* a eu raison de la rapporter au genre *crinum*, en supposant ce genre constitué par les caractères du *crinum africanum* (*agapanthus hort. kew.*), comme il le fut en effet, et débarrassé de différentes espèces d'amaryllis, que depuis l'on y a réunies très-mal-à-propos.

La crinolle caspienne a deux ou trois feuilles radicales, droites, lancéolées, ondulées sur les bords. Elles embrassent par leur base une hampe nue, fort amincie inférieurement, un peu plus longue que les feuilles, et qui soutient une ombelle garnie de beaucoup de fleurs d'un blanc pourpré, et d'un aspect très-agréable. On trouve cette plante aux environs de la mer Caspienne.

N°. 316.

ALLIUM *cœruleum*. Tab. 59.

Bulbus parvus, simplex, tunicis lævibus, albis. *Scapi* teretes, solitarii vel bini, sesquipedales et ultrà. *Folia* circa imos scapos vaginantia, linearia, bina vel terna, scapis multò breviora; vaginæ foliorum per strias subtilissimis, vixque conspicuis spinulis scabra. *Umbella* speciosa, sphærica, dilutè cœrulea. *Pedunculi* floribus triplo longiores, versùs flores cœrulescentes. *Corollae* patentiusculæ, basi albicantes, nervo petalorum saturatiore. *Stamina* simplicia, basi membranacea, alternis latiore.

Inveni in planitie salsuginosa ad Irtin inter rivum Beresofka et septem palatiorum rudera copiosissimum, neque posteà ullibi.

* *Allium (cœruleum) umbellâ globosâ, staminibus simplicibus, foliis linearibus; vaginis spinulosis.* Gmel. *syst. nat. vol.* 2, *p.* 541, *n°.* 12.

Ce que cette espèce d'ail offre de remarquable, ce sont les spinules presque imperceptibles qu'on observe sur les gaines de ses feuilles et qui les rendent scabres. On trouve cette plante dans les fonds salins voisins du ruisseau de Bérésofka, vers l'Irtisch.

N°. 317.

ALLIUM *altaïcum.* Tab. 59.

Cepa rupestris radice turbinata dulci Stelleri. *Fl. Sibir.* 1, *p.* 64, *n°.* 24.

Bulbus majusculus, turbinatus, simplex, tunicis exterioribus fuscis, radiculis instructus simpliciter ramosis, longissimis. *Folia* è vagina striata, mutica germinant, terna, alternè vaginantia fistulosa, inferiùs ampla, subinflata, sensimque adtenuata. *Scapus* foliis longior, item fistulosus, amplissimus, in medio subventricosus, versùs umbellam valdè adtenuatus. *Spatha* simplex, lata. *Umbella* parva, confertissima, ovata. *Pedunculi* corollas subæquantes, medii longiores sensim. *Corollae* albido-hyalinæ, basi virescentes. *Stamina* simplicia, corolla longiora.

Crescit in altioribus jugis montium Altaïcarum, neque circa nivalia cacumina deest. Sapidissima et edulis allii species, culinis dignissima.

* *Allium* (*altaïcum*) *scapo tereti inani, foliis ventricosis sursùm attenuatis, capitulis parvis confertissimis.* Gmel. *syst. nat.* 2, *p.* 544, *n°.* 44.

Cette espèce a la tige et les feuilles fistuleuses comme l'oignon ordinaire, dont elle paroît rapprochée par beaucoup de rapports. Ses fleurs, d'un blanc pâle et verdâtre, sont petites et ramassées en une petite ombelle globuleuse. On trouve cette espèce d'ail sur le sommet des monts Altaïsks. Elle mériteroit d'être cultivée pour servir aux mêmes usages que nos oignons.

N°. 318.

TULIPA *biflora*. Tab. 102, fig. 1.

Statura semper minor tulipa sylvestri, cum qua promiscuè in eodem solo crescit, cuique proximè affinis est. *Bulbus* turbinatus, hinc magis gibbus, infrà *ungue* margine radicante mucronatus, membranis rufescentibus amiculatus, quarum intima arachniis copiosis bulbum fovet. Præter proles laterales rariores, bulbus quotannis post deflorationem perpendiculariter demittit bulbillum novum, qui priori, à flore exhausto succedit. Hinc antiquiores plantæ supra imum seu novissimum bulbum (digiti sæpe profunditate tenaci limo intrusum) exhibent seriem plurium bulborum exhaustorum, quorum relictas tunicas *caulis* annuus perforat et connectit (ut in Icone). Caulis digitalis, *supra* ipsam terram bifolius. *Folia* alterna, linearia, canaliculata, patenti incurva, toto caule longiora, succulentiora et magis glauca, quàm in Tul. sylvestri. E sinu folii superioris minoris pedunculi floriferi plerumque duo, rariùs tres, rarissimè solitarii, distincti, folio dimidio breviores. *Flores*, ut in T. sylvestri, patentes, sed minores, odorati, quorum secundarii minores seriùs explicantur. *Petala* tria exteriora lanceolata, extùs dilutè cyanæa vel virescentia, interiora alba cum nervo dorsali cyaneo, omnia intus basi maculâ magnâ fulvâ. *Germen* triquetrum, stigmate truncato; *stamina* filamentis flavis pistillum æquantia; *antherae* filamento breviores, et lanugo in fundo floris pænè ut in T. sylvestri. *Flos* secundarius plerumque stigmate contractus abortit; idem rariùs tetrapetalus, tetrandrus. *Capsulae* seminales (*fig. A*) convexæ triquetræ, à fructu Tul. sylvestris constanter diversæ brevitate, crassitie et stigmate non trilobo, sed in minutum mucronem mutato; quum sint in T. sylv. oblongæ, argutiùs triquetræ.

Tulipa sylvestris in eodem solo, cum hac nova specie, provenit. Non multò sæpe major, et albo flore varians, rarissimè biflora, imò triflora (1), semper tamen diversa et caule sæpius trifolio, quod in nostra nunquam. Provenit nostra locis desertis maximè argillosis, imò salsuginosis, nunquam in humido vel arenoso loco, ubi tamen Tul. sylv. promiscuè, variaque magnitudine crescit. Florescit aliquot diebus maturiùs, biduoque vel triduo ante Tul. gesnerianæ inflorescentiam, omnes pereunt, cùm contra T. sylvestris diutiùs duret, idque quotannis.

* *Tulipa* (*biflora*) *caule diphyllo bi-S. trifloro, foliis lineari-subulatis, floribus erectis planiusculis.* Lin. *f. suppl. p.* 196. Falck. *it.* 2, *t.* 6.

C'est une espèce bien distincte des autres par le caractère de sa tige pluriflore, les autres tulipes (si l'on en excepte le *tulipa breyniana*, qui peut-être n'est pas de ce genre), ayant leur tige uniflore, au moins ordinairement.

Ses bulbes se succèdent perpendiculairement à mesure que les plus anciens se dessèchent. Il s'en produit un nouveau tous les ans; c'est toujours le plus inférieur. Les fleurs de cette tulipe sont variées de blanc et de bleu, et ont leurs pétales fort ouverts, marqués chacun à leur base interne d'une tache rouge ou roussâtre. Cette tulipe croît en Russie dans les déserts voisins du Volga, aux lieux argileux, dont le fond est salin.

No. 319.

ORNITHOGALUM *bulbiferum*. Tab. 60.

Floribus et statura simillimum O. minuto.

(1) *Tulipa minor lutea italica.* Morisson, *sect.* 4, *tab.* 17, *fig.* 8.

Bulbus mole pisi, capillis copiosissimis radicatus. *Folia* radicalia plura, linearia, subcarinata. *Scapus* solitarius, uniflorus, foliis longior. *Corollae* petala exteriora viridia, margine flava, interiora nervo virescente. Circa scapum inferius copiosa enascuntur folia basi bulbosa, seu bulbilli in folium excrescentes, quo maximè singularis est hæc species.

Crescit in australibus circa Iaïkum et mare Caspium, primum observatum circa Orenburgum à diligenti floræ Rhymnicæ scrutatore *Rindero* quem nuper fatum abstulit.

* *Ornithogalum* (*bulbiferum*) *bulbis axillaribus, caule polyphyllo unifloro.* Lin. *f. suppl. p.* 199. Gmel. *syst. nat.* 2, *p.* 551, *n°.* 32.

Petite plante qui a les fleurs de l'ornithogale jaune, et à peu près le même feuillage; mais qui en est bien distinguée par sa tige uniflore, et par les bulbes qui naissent dans les aisselles de ses feuilles. Sa tige est simple, haute de deux pouces ou environ, et garnie de feuilles alternes, filiformes, dont les inférieures sont plus longues que les autres. Cet ornithogale croît dans les régions australes de la Russie, aux environs de l'Oural et de la mer Caspienne.

N°. 320.

ORNITHOGALUM *reticulatum.* Tab. 100, fig. 2.

Bulbus haud profundus, tunicis fibroso-reticulatis, sursùm in vaginam circa scapum laxam, cylindricam, elegantissimam elongatis vestitus, infernè crinitus fibris capillaribus. *Folium* radicale unicum, lineare, crassiusculum, circinnato contortum. *Scapus* folio dimidio brevior, umbellatus. *Involucrum* umbellæ constituunt folia tria pedunculis longiora et aliquot minora, lineari-adtenuata, itidem circinnata. *Flores* terni, rariùs plures, successivè efflorescentes, pedunculis subtomentosis, ornith. luteo majores et speciosiores. *Petala* tria exteriora majora, acuminata, viridia, margine flava; interiora teneriora, flava, nervo lato viridi. *Stamina* his breviora, *filamentis* inferiùs planis, sursùm setaceis; *antherae* oblongæ, flavissimæ. *Pistillum* altitudine staminum, *germen* cylindricum, obtusum, longitudine *styli* versùs stigma sensim incrassati. Abundat passìm in deserto limoso sicco Astrachanensi, maximè in solo salino circa nitrariam officinam; tardiùs florens Orn. luteo et bulbifero, ibidem vulgaribus.

* *Ornithogalum* (*reticulatum*) *scapo nudo*, *floribus ternis terminalibus*: *involucro triphyllo*. Gmel. *syst. nat.* 2, *p.* 549.

Le bulbe de cet ornithogale est environné de quelques tuniques à fibres réticulées, qui se prolongent supérieurement, et enveloppent la partie inférieure de la tige. La plante n'a qu'une seule feuille radicale; elle est linéaire-filiforme, contournée, plus longue que la tige. Les fleurs sont variées de vert et de jaune, pédonculées, et disposées en une ombelle terminale, inégale, garnie d'une collerette de trois feuilles inégales, semblables à celle de la racine, mais plus courtes.

On

On trouve cette plante dans les déserts des environs d'Astrakhan.

No. 321.

LEONTICE *incerta*. Tab. 77, fig. 3.

Habitus leontices, sed flores non vidi. *Radix* perennis, tuberosa. *Planta* mollis, succulenta; caule solitario, tereti, erecto, bifolio, racemo terminali erecto. *Folia* (exactè ut in Polyanthe BARREL. *icon.* 1029) ternata, foliolis vel lateralibus bilobis, medio trilobo; vel lateralibus inæqualiter quadrilobis, terminali tripartito, intermediâ parte trifidâ, lateralibus subbifidis. *Pedunculi* circa caulem vaginantes. *Racemus* simplex, pauciflorus, *bracteâ* ad pedunculos singulos reniformi, amplexicaule. *Pedunculi* fructiferi recti, bractea longiores. *Fructus* vesicarii maximi, extimo inflati, subtùs magis ventricosi et quasi recurvi, basi angustatâ, supra convexo-didymâ; membranacei toti, pallidi vel rubicundi, venis prominulis elegantissimè recticulati. *Semina* in fundo vesicæ quatuor globosa, fusca, germinantia foliis seminalibus binis ovatis, carnosis, glaucis.

Copiosè observata vere, in præruptis limosis circa lacum Inderiensem, ubi maio jam fructus à pedunculo deciduos, ventisque velitandos maximam partem maturaverat.

* *Leontice* (*vesicaria*) *radice tuberosâ*, *foliis ternatis*; *foliolis lobatis*, *capsulis inflatis*. Gmel. *syst. nat.* 2, *p.* 556, *n°.* 5. Pall. *act. petrop.* 1779, 2, *t.* 9, *f.* 4.

Cette léontice me paroît avoir de très-grands rapports avec le *leontice leontopetalon*, qui a pareillement sa racine tubéreuse, et ses capsules enflées ; mais l'espèce que décrit ici *Pallas* est distinguée des autres par la forme particulière de ses capsules, qui ne sont point amincies en pointe à leur sommet, comme celles du *leontice leontopetalon*. (*Voyez* mes Illustr. des genres, pl. 254, f. 1.)

La léontice vessiculeuse croît aux environs du lac Inderskoi.

N°. 322.

BERBERIS *sibirica*. Tab. 69, fig. 2.

Fruticulus è fissuris rupium excelsarum procrescens, sæpe vix spithameus, vel pedalis, rarò altior, rigidus, ramosus, erectus. *Lignum* citrinum. Spinæ novenæ, septenæ, plerumque quinæ, rarò ternæ, è foliis ortæ. *Folia* ovata spinulis 13, 19 ciliata. *Pedunculi* axillares uniflori, nudi. *Baccae* obovatæ, rubræ. Flores non vidi.

In montibus altioribus, saxosis, sylva destitutis, rupibusque elatis montium Altaïcarum et Sibiriæ ulterioris passim copiosè crescit.

* *Berberis* (*sibirica*) *pedunculis axillaribus nudis unifloris*, *foliis ovatis ciliato-spinosis*, *spinis subquinis*. Gmel. *syst. nat.* 2, *p.* 575. *Berberis sibirica*. Murr. *in comment. gott.* 1784, *t.* 6. Pallas, *fl. ross.* 2, *p.* 42, *tab.* 67.

On trouve ce vinettier sur les rochers les plus élevés des

monts Altaïsks; on le rencontre aussi vers la Sélenga et dans la Daourie. Ce qui le rend le plus remarquable, c'est la disposition de ses fleurs qui ne viennent point en grappe, mais qui naissent sur des pédoncules solitaires simples et uniflores. Cet arbuste est fort petit.

N°. 323.

RHODODENDRON *chrysanthum*. Tab. 76, fig. 1 et 2.

Andromeda foliis ovatis utrinque venosis, corollis campanulatis obliquis. GMEL. *Flor. Sibir. IV, p. 121, tab. 54.*

Frutex pedalis, rariùs sesquipedalis, diffuso-patulus, ramis adscendentibus, apice subdiviso foliatis et floriferis. *Truncus* raró crassitiem pollicis superat, rami calamum subæquantes, velut annuo incremento subarticulati, epidermide ubique fuscâ. *Folia* in extremis ramorum pauca, alterna, ovata, in pedunculum adtenuata, venosissima, suprà scabra, subtùs pallida, margine inflexa, rigidaque ad instar folii laurini. *Turiones* ramorum biennium terminales floriferi, è squamis testaceis, subtomentosis, quarum externæ ovatæ, interiores elongatæ. *Pedunculi* floridi inter has squamas in ipso rami apice alternè positi, conferti adeò ut umbellam referant, plerumque seni pauciores ve, nonnunquam usque ad decem, erecti. *Flores* (*fig. 1*) magni flavi, nutantes, campanulato-patentes, quinquefidi, *laciniis* rotundatis; quarum superiores tres paulò majores, versùs tubum livido striatæ, inferiores immaculatæ. *Stamina* decem inæqualia, deorsùm inflexa, antheris pallidis oblongis. *Stylus* filiformis simplex, staminibus longior, stigmate subquinquelobo capitatus. *Germen* superum, quinquangulare (deciduo flore auctoque et rigidè erecto pedunculo), excrescens in *capsulam* (*fig.* 2) oblongo-pentaëdram, quinquevalvem, apice dissilientem valvulis cymbiformibus, utroque margine contractis. *Semina* exigua, scobiformia, grisea.

Crescit in alpestribus jugis frigidissimis, sylva destitutis montium Sajanensium, ut et Dauriæ, totiusque Sibiriæ orientalioris.

* *Rhododendrum* (*chrysanthum*) *foliis oblongis impunctatis suprà scabris venosissimis, corollâ rotatâ irregulari, gemmâ floriferâ ferrugineo-tomentosâ.* Lin. *f. suppl.* 237. *Rhod. chrysanthum.* Pall. *fl. ross.* 1, *p.* 44, *t.* 30.

Petit arbuste, diffus, qui croît en touffe ou en petit buisson, et qui a un aspect agréable lorsqu'il est garni de fleurs. Ses feuilles sont oblongues, rétrécies aux deux bouts, veineuses, à bords un peu repliés, vertes en dessus, pâles ou roussâtres en dessous. Les fleurs sont jaunâtres, pédonculées, et disposées six à dix ensemble en cymes ou ombelles terminales. Ce rosage croît sur le sommet des montagnes de la Sibérie. Les Tatars et les Russes en font usage pour guérir toutes sortes de maladies chroniques.

N°. 324.

SAXIFRAGA *punctata*. Tab. 93, fig. 1.

Radix fibrosa. *Folia* radicalia copiosa, glabra, subcarnosa, longè petiolata, petiolo sensim dilatato in folium cuneiformi-obovatum, extremò sublobatum dentationibus acutis, medio majoribus latere subimbricatis, è quinario ad undenarium numerum. *Scapi* radicati erecti, dodrantales, filiformes; extremitate florida ramoso-paniculati, *foliolo* unico ad primam divisuram lanceolato, inciso, stipuliformibus ad ramos et pedunculos. *Flores* superi, paulò minori gradu, quàm S. crassifoliæ. *Calycis* laciniæ acutæ; petala parva, ovata, alba. *Germen* crassum, conicum, apice mutico.

Crescit in montibus Sibiriæ summis, nivalibus et angulo maximè orientali Asiæ.

* *Saxifraga* (*daurica*) *foliis cuneiformibus supernè dentatis sublobatis longè petiolatis, caule subnudo.*

Pallas dit, dans une note, qu'il a donné par erreur, dans divers passages des relations de son voyage, le nom de *Saxifraga nivalis*, et celui de *Saxifraga punctata* à la plante dont il est ici question, au lieu de la nommer *Saxifraga sibirica*, nom qu'il croit être le sien. Si *Pallas* entend parler de la *saxifraga sibirica* de *Linné*, je crois qu'il se trompe fort; car la sienne me paroît en différer beaucoup. Elle se rapproche bien plus de la *saxifraga punctata*, comme il l'a pensé, avec raison, et peut-être n'en est-elle qu'une variété.

No. 325.

Sedum *populifolium*. Tab. 76, fig. 3.

Radix sublignosa, è radiculis longissimis (per muscos, nudas supra rupes decurrentibus) collecta in *truncum* bipollicari sæpe diametro, è quo *rami* lignosi copiosissimi, crassitie plus minùs calami, extùs testacea epidermide obducti assurgunt, è quibus *surculi* annui, herbacei, subspithamæi, culmo graminis haud crassiores, floriferi sine ordine excrescunt. *Folia* in ramis lignescentibus majora et copiosiora, è petiolis longis, teretibus molliter pendula (facie ferè populi), cordata inæqualiter crenato-sinuata, peltato-concava, tota carnosa, mollia, lætè viridia, nervo distincto nullo. *Rami* floribundi fragiles, recti, adtenuati, simplices, rubicundi vel intensioris coloris, adspersi foliis alternis minoribus, versùs flores minutis, ovatis, dentato-laceris. *Corimbus* terminalis copiosus, foliolis sparsis, lanceolato-dentatis. *Calyx* florum quinque-dentatus, carnosus. *Petala* quinque fugacia, angusta, acuta, flava, apice rubicunda, basi cœrulescentia. *Stamina* 10 antheris rubris; *germina* 5 rubentia, acuminata.

Copiosam inveni loco unico, in ipsis faucibus umbrosis Alpium Sajanensium, quibus

Jenisei fluvius emittitur, ubi omnes rupes muscosas exornat; floret augusto, et septembri semina perficere videbatur.

* *Sedum* (*populifolium*) *foliis petiolatis cordatis dentatis, floribus paniculatis.* Lin. *f. suppl.* 242.

C'est une espèce bien distincte de toutes celles que l'on connoît, par la forme de ses feuilles. Elle pousse du collet de sa racine des tiges menues, herbacées, feuillées, terminées par un beau corymbe de fleurs blanches à anthères rouges. Ses feuilles sont pétiolées, un peu en cœur, charnues, dentées sur les bords. Cette plante croît dans la Sibérie, sur les rochers ombragés des montagnes.

N°. 326.

SEDUM *quadrifidum.* Tab. 104, f. 1, a.

Radix perennis, pro statura plantæ maxima, vel simplex, spithamali sæpe longior, vel stipite duplici, imò triplici, digitali, fibrisque pluribus descendens; extùs rugosa, rubra, gustu subacida, adstrictoria. Supra terram incrassatus radicis truncus finditur in capita plurima, reliquiis priorum caulium ramentosa. *Cauliculi* crebri, erecti, tenues, circiter sesquipollicares, simplicissimi, subæquales, terminati corymbo paucifloro, fastigiato, totique usque ad flores adspersi *foliolis* crebris, alternis, carnoso-teretibus, acutis, quales et in pedunculis florum adstant. *Flores* quadrifidi (octandri, tetragyni), minores quàm in sedo acri. *Calyx* è foliolis quatuor linearibus, acutiusculis; *petala* quatuor calyce longiora, lanceolata, flava (*fig. A*). *Stamina* octo, filamentis petala æquantibus, antheris globoso-didymis, minutis. *Germina* quatuor subulata, excrescentia in *capsulas* proportione magnas, acuminatas, testaceas.

Provenit copiosè in quibusdam montibus limoso-lapidosis plagæ arcticæ circa Uralense jugum, et in summis rupibus montis Sochondoï, Alpium Dauricarum Coryphæi, ubi cum claytonia sibirica, arnica et hieracio alpinis, et *gymnandra* (supra n°. 264) summam regionem ornat.

* *Sedum* (*quadrifidum*) *foliis acutis, caulibus erectis simplicissimis; floribus octandris tetragynis quadrifidis.* Gmel. *syst. nat.* 2, *p.* 732, *n°.* 23.

Ce petit orpin se rapproche du *sedum acre* par ses rapports; mais il est distingué de toutes les espèces connues de son genre, par un nombre moindre dans chacune des parties de sa fructification. Sa racine, qui est fort longue, est rougeâtre, pousse quantité de tiges simples, menues, feuillées, hautes d'un pouce et demi à deux pouces, et terminées par des fleurs jaunes disposées en cyme corymbiforme. On trouve cette espèce sur le sommet des montagnes de l'Oural et de la Daourie.

N°. 327.

COTYLEDON *malacophyllum*. Tab. 70, fig. 1.

Facies simillima cotyledoni spinoso. *Radix*

ramentis tribus vel quatuor alternatis subdivisa, biennis, florescentiâ peractâ peritura. *Folia* radicalia ante florem in rosam conferta, interiora longiora, lanceolato-lingulata, plana, carnosa tenerrima, margine acuto integerrima, apice rotundato inermi. *Scapus* solitarius (rariùs minore ad radicem laterali) simplicissimus, ad medium foliis alternis crebris vestitus, hinc floribus undique confertim imbricatis interjectisque bracteis ovato-acutis, carnosis spicatus. *Flores* subpedunculati, albidi, calyce et corolla pentapetalis; *stamina* decem, corolla longiora; *pistilla* longitudine corollæ quina.

Eadem ferè structura floris in cotyledone spinosa, quam Ill. LINNÆUS (sic priùs appellatam) è GMELINI hallucinatione nimis leviter ad crassulas retulit.

In montanis Dauriæ maximè transalpinæ, rupestri pariter et humoso solo passim nascitur, locis apricis, insolatis; vere pullulat, florens sub finem æstatis.

* *Cotyledon* (*malacophylla*) *foliis lanceolato-lingulatis planis integerrimis carnosis, floribus spicatis.* Gmel. *syst. nat.* 2, *p.* 730, *n°.* 15.

Il a l'aspect du cotylier épineux ou de Sibérie (*dict. n°.* 7), et il ne diffère, comme lui, des crassules, que parce que ses fleurs sont décandriques.

C'est une plante bisannuelle, dont la tige, ordinairement très-simple, est abondamment garnie de feuilles dans sa moitié inférieure, et se termine supérieurement par un long épi blanchâtre, garni de beaucoup de fleurs presque sessiles, et entremêlées de petites bractées ovales-pointues. On la trouve sur les montagnes de la Daourie.

No. 328.

CUCUBALUS *fruticulosus.* Tab. 69, fig. 1.

Radix lignosa inter saxa perennans. *Trunci* antiqui lignosi, breves, crassitie sæpe digiti minimi, subramosi, adsurgentes ramis annuis simplicibus, summo floriferis, per internodia viscosis. *Folia* opposita, basi per membranulam connata, linearia, nervo crassiusculo instructa, acutissima. *Flores* in summis ramis pauci, alterni; *calyces* cylindraceo-ventricosi, decem striati, scabri. *Petala* sublinearia; bifida, alba, staminibus paulò breviora, revoluta. *Capsulae* intra calycem marcescentem.

Crescit in rupibus apricis montium Altaïkarum, usque in summa cacumina nivalia, florens julio.

* *Cucubalus* (*fruticulosus*) *petalis bifidis, calycibus cylindrico-ventricosis scabris decem-striatis, foliis linearibus acutissimis.* Gmel. *syst. nat.* 2, *p.* 713.

La partie inférieure de cette plante présente des souches ligneuses, persistantes, courtes, souvent de l'épaisseur du petit doigt, et un peu rameuses. Elles donnent naissance à des rameaux annuels, menus, feuillés, qui se garnissent dans leur partie supérieure de quelques fleurs droites, alternes, blanches, et pédonculées. On trouve ce cucubale sur les rochers des monts Altaïsks.

No. 329.

NITRARIA *schoberi*.

Non inutile erit fructificationem è planta fera repetiisse. — *Calyx* vix ullus nisi receptaculum velis, 5 denticulis crassis inter petala notatum. *Corolla* pentapetala alba, subreflexa, seu patentissima; petala oblonga, concava, apice obtuso, cucullari, cum denticulo tenui receptaculum respiciente. *Stamina* 12 — 15 longitudine corollæ; *antherae* oblongæ, flavæ, basi bifidæ. *Germen* conicum, terminatum stigmate mutico, tripapillari. — *Drupa* conico-convexa, succulenta, obscurè rubra, maturitate dessicata, nigra, subsalsa. *Nux* conica, acutissima, basí convexa, et cavernulis circiter duodenis quasi cariosa; apice veluti sex valvis, at valvulis coalitis, alternis linearibus angustissimis. *Nucleus* non trilocularis, sed simplex, cylindraceus, in apicem nucis usque productus, flavus; *arillo* flavo striato vestitus. Corymbi rari dichotomi, deciduis fructibus persistentes, unde frutex subspinosus evadit. *Folia* fugacia, succulenta, glauca, oblongo-linearia, basi adtenuata; quum deciderint, puncto fuco in cicatrice petioli notata.

* *Nitraria* (*sibirica*) *foliis oblongis integerrimis*, *drupis cylindraceo-conicis*. Lam. *Illustr. genr. t.* 403, *f.* 1. — *Nitraria schoberi*. Lin. Pall. *fl. ross.* 1, *p.* 79, *t.* 50.

Cette nitraire, que je ne décrirai point ici, parce qu'elle l'a été suffisamment par différens botanistes, ne diffère de la nitraire d'Afrique que parce que, dans cette dernière, les feuilles sont cunéiformes, la plupart à deux ou trois dents à leur sommet, et que les fruits sont trigones. La nitraire d'Afrique a d'ailleurs ses tiges droites et non étalées comme celle de Sibérie. En attendant que j'en publie une description détaillée, je la caractérise de la manière suivante :

Nitraria (africana) foliis oblongo-cuneiformibus apice subtridentatis, drupis trigonis.

N°. 330.

PTEROCOCCUS *aphyllus*. Tab. 61. Calmuccis *Torlok*.

Frutex tri vel quadripedalis, è *radice* crassa, lignosa, diametri sesquipollicaris, profundissimè in arenam demersa, superiùs capitato-tuberosa, proferens *truncos* plurimos, digiti crassitie, erectos, ramosissimos, dichotomos. *Lignum* durissimum, fragile, vestigiis geniculorum interceptum, vestitum cortice æquali, gryseo, striato. *Folia* omninò nulla, sed rami lignosi è geniculis, tuberibusque passim antiquiorum geniculorum cicatricosis (*h*) omni vere pullulant juncis herbaceis, tenuissimis, macris, longissimis, dichotomis, geniculatis, quorum internodia longa, rectissima, linearia, superiùs limbo exili subbilabiato coronata, quo superiora suscipiuntur ac inferioribus, ferè ut in anabasi. Horum præcociores firmantur in ramos ligneos persistentes, herbacei hyeme pereunt. *Flores* copiosissimi è ramis ligneis junioribus, præsertim circa tubera verucosa (*b*), et è viminibus herbaceis, ex ipsis geniculis, intra exilem stipulam membranaceam enascuntur glomerati, albi (*a c*). *Calyx* nullus. *Corolla* pentapetala, albida persistens; petalo inferiore paulò majore, duobus oppositis oblongioribus, minoribus. *Stamina* decem, longitudine corollæ, erecta, excrescente fructu cum corolla marcescentia, nec decidua: *filamenta* setacea, basi crassiuscula, tomentosa; *antherae* subglobosæ, didymæ. *Germen* conicum, tetraëdrum, rarò triquetrum, angulis bifidis excrescentibus in alas fructus; *styli* tres reflexi, stigmate capitati. *Fructus* nux oblonga, tetraëdra, carinis in tenuem cristam productis (*d* ubi sectio transversa nucis), cui adnata *ala* orbiculata, vel subovalis, membranacea, coloris cinnamomei, à disco versùs marginem striata atque sessilis, undulata. Alæ quatuor circa nucem undique connivent, eamque celant. *Nucleus* oblongus, tetraëdrus, inter angulos profundè exsculptus, corculo centrali, per apicem nucis excrescente.

Mira hæcce arbuscula, quam ad genera botanicorum referre non potui, copiosissimè provenit in universo deserto arenoso, quod campos vastos inter Volgam et Iaïkum sitos clivoso tractu usque ad Caspium lacum percurrit, et sub nomine *Rynpeski* accolis notum est. A Calmuccis desertum illud frequentantibus, Kirgisisque in quorum regione pariter arenosis locis provenire dicitur, nomine *Torlok* nota est, truncique ad exsculpendas fistulas tabacarias adhibentur. Radicis truncus recens dissectus in superficiem taleolorum exsudat copioso gummate, quod adhuc copiosius è rasura radicis emulsione elicitur, tragacanthæ instar tumescens, primum hyalino-pallescens, admixtâ calidâ aquâ lutescens, subdulce, ægrè exsiccandum, brevìque fermentans. Virgultum supra arenam eminens gummate orbum. — Vimina primo vere velut è vaginulis propullulant. Floret sub initium junii, fructus maturos spargit julio.

* *Calligonum* (*pterococcum*) *fructibus angulis membranaceis bifidis dentato-cristatis.* Illustr. genr. t. 410. *Pallasia caspica.* Lin. *f. suppl.* 252. *Pallasia pterococcus.* Pall. *fl. ross.* 2, *p.* 70, *t.* 77 *et* 78.

Il n'y a pas de doute pour moi que cet arbuste ne soit une espèce de *colligonum*, et non un nouveau genre, comme l'avoient pensé *Pallas* et *Linné* fils. Mais cette espèce diffère du *calligonum polygonoides*, en ce que ses fruits ne sont point garnis de filets rameux ou de spinules dichotomes comme ceux du *polygonoides* de *Tournefort*.

Au reste, l'espèce dont il s'agit ici forme un arbuste de trois ou quatre pieds, très-rameux, paroissant comme dépourvu de feuilles, et à ramifications articulées et dichotomes. Ses fleurs sont petites, latérales, blanches, un peu pédonculées ; elles viennent deux ou trois ensemble aux articulations des petits rameaux. Cet arbuste croît dans les lieux sablonneux de la Russie, entre le Volga et l'Iaïk.

N°. 331.

PYRUS *salicifolia*. Tab. 62, fig. 1, A B.
(S. Pyrus elæagnifolia.)

Pyrus sylvestris, orientalis, folio oblongo incano, *Tournefort.* Corollar. 43.

An asgil Persarum, GMEL. *itin. persic. vol. III, p.* 311 et 348?

Arbor orgyalis vel sesqui-orgyalis, facie mali sylvestris, ramosissima. *Rami* extremi rigidi, recti : *steriles* ramulis patentissimis, spinescentibus, velut stimulis infesti : *feraces* inermes, turionibus crebris, alternis, foliosis, velut ramulis brevissimis, obsiti ; *folia* circa turiones quasi fasciculatim conferta, in spinescentibus ramulis alternè sparsa, lanceolata, integerrima, subtùs tomento-alba, suprà canescentia, salicis arenariæ simillima. *Flores* mihi non visi. *Fructus* (*fig.* 3 et *A*) in ramis inermibus è turionibus inter folia terminales, solitarii, parvi, sine pedunculo sessiles, turbinati, basi velut collo tereti adtenuati, coronati calyce quinquefido, staminum reliquiis intùs echinato, in media pulpa quinqueloculares (*fig. B*).

Crescit solitaria in arenosis deserti inter Terekum et Kumam fl. præsertim cotina intermixta circa colles *Dubigi* dictos, 12 stadiis ad orientem æstivum oppidali Cosaccici Tscherulenoï, inque vicinia hujus oppidi, à studioso lecta. Sub finem aprilis florere dicitur, fructum junio maturat.

* *Pyrus (salicifolia) foliis lineari-lanceolatis canis subtùs albo-tomentosis, floribus axillaribus solitariis subsessilibus.* Lin. *f. suppl. p.* 255. Pallas, *fl. ross.* 1, *t.* 9.

Ce poirier est remarquable non-seulement par la forme de ses feuilles, qui ont l'aspect de celles du saule, mais encore par la disposition de sa fructification, ses fleurs étant communément solitaires et presque sessiles, comme celles du coignassier. Il forme un petit arbre épineux, très-rameux, à feuillage blanchâtre. Il croît dans les déserts sablonneux de la Sibérie.

N°. 332.

SPIREA *altaïca*. Tab. 68, fig. 1.

Frutex virgis exsurgens plurimis, robustis, erectis, parcè ramosis, digiti crassitie, altitudine sesquiulnari, teretibus, cortice fusco, levi vestitis, tenacissimis. *Folia* in senioribus virgis circa cicatrices gemmantes alterna conferta, in junioribus ramis alterna, oblonga, glabra, integerrima, mollia, inferiùs adtenuata in speciem pedunculi alati, apice notata denticulo minutissimo, à nervo emergente. *Florum* racemi terminales ramosi, subfastigiati; flores albis albi, magnitudine ut in Sp. sorbifolia. *Capsulae* seminales majusculæ, quaternæ, dispermæ, recentes subviscosæ, odore fragranti rosato.

Crescit in convallibus apricis et ad pedes altiorum inter Altaïkos montium; semina maturans initio augusti, tumque passim secundâ vice ramis lateralibus inflorescens, qualem et Icone expressum sisto.

* *Spiræa* (*lævigata*) *foliis oblongis integerrimis sessilibus, racemis terminalibus compositis. Spiræa lævigata.* Lin. *Mant.* 244. Lam. *Illustr. genr. t.* 439, *f.* 3. *Spiræa altaïca.* Pall. *fl. ross.* 1, *t.* 23.

Cette belle espèce de spirée ressemble tellement au *buplevrum fruticosum* par son feuillage, qu'à peu de distance on pourroit s'y tromper, lorsqu'elle n'est point en fleur. C'est un arbuste haut d'environ deux pieds, droit, un peu rameux, glabre et lisse dans toutes ses parties, feuillé, et terminé supérieurement par plusieurs grappes disposées presqu'en cyme. Il croît en Sibérie, sur les monts Altaïsks.

N°. 333.

SPIREA *aquilegifolia*. Tab. 73, f. 1.

An spirea foliis variis per fasciculos congestis, AMAM. *Stirp.* n°. 267?

Frutex statura spireæ crenatæ, inter eamque et Sp. lobatam (LIN. *Mantiss. p.* 244) quæ ipsa proximè affinis est chamedrifoliæ, quasi media. *Rami* recti, strictiores, testaceolutescentes, epidermide secedente passim scariosi. *Folia* per ramulos sparsa, glabra, glauca, ovato-cuneiformia, in petiolum longiusculum producta, inferiora subintegra, in summitate ramorum extremo latiora, trilobato-incisa, lobis obtusis. *Extrema* ramulorum obsita *umbellulis* sessilibus alternis, quæ floribus 4 — 12 constant, foliolis oblongis, sæpe sublobatis stipati. Hinc rami terminales fasciculatis floribus quasi spicati. *Flores* albi, vix majores quàm Sp. crenatæ. *Capsulae* quinæ, majusculæ, breves, obtusæ, stylo setaceo mucronatæ.

Crescit in rupibus apricis Dauriæ trans-Alpinæ, maturiùsque Sp. chamædrifolia floret, cum qua et crenata promiscuè, sed parciùs occurrit.

* *Spiræa* (*thalictroides*) *foliis cuneiformibus trilobato-incisis, umbellis lateralibus sessilibus racemos terminales efficientibus.* — *Spiræa thalictroides.* Pall. *fl. ross.* 1, *p.* 34, t. 18.

Arbrisseau assez élégant, qui a le port de la spirée à feuilles de millepertuis et de la spirée crénelée, et qui est remarquable par ses petites feuilles cunéiformes, pétiolées, la plupart incisées au sommet en trois lobes obtus. Les fleurs sont blanches, petites, pédicellées, et disposées par petites ombelles latérales, sessiles, alternes, formant des espèces de grappes terminales. Cette spirée croît dans la Daourie.

No. 334.

SPIREA *palmata*: Tab. 71, fig. 1.

Ulmaria foliis profundè laciniatis, AMMAN. *Stir. n*o. *97?*

Spirea folio impari majore multifido, GMEL. *Flor. Sibir. III, p. 192, n*o. *56*.

Habitus simillimus ulmariæ. *Petioli* radicales utrinque *laciniis* paucis minutis, dentatis, alternè alati; folio terminali magno, palmato, plerumque septemlobo, lobis ovato-acutis, vel lanceolatis, inæqualiter serratis; *Caulina* folia similia, sed petiolo sæpissimè nudo, vel lacinia una alternave instructo. *Stipulae* latiusculæ, semi-ovatæ, acutæ, serratæ; in superioribus foliis lobi quini angustiores, summum simplex, subsessile. Inflorescentia ulmariæ. *Pistilla* 5 villosa.

In regionibus alpinis trans-Baïkalensibus, maximè in Dauria frequentissima, rarior ad Jeniseam, ubi vulgaris quoque ulmaria provenit. Pro varietate vix habenda.

* *Spiræa* (*palmata*) *foliis palmatis : impari palmato multifido, floribus cymosis, capsulis villosis. — Spiræa palmata.* Pall. *fl. ross.* 1, *p.* 40, *t.* 27.

B. eadem? floribus rubris. Spiræa lobata. Jacq. *hort. vol.* 1, *t.* 88.

L'espèce dont il s'agit ici a les plus grands rapports avec

l'ulmaire ou reine des prés, et ne s'en distingue que parce que le lobe terminal de ses feuilles est palmé et découpé profondément en sept ou neuf lobes, et que ses fruits sont velus ou hispides. On la trouve dans la Daourie.

Quant à la plante ici citée de Jacquin (*var.* B.), elle diffère de la spirée palmée de *Pallas* par ses fleurs rouges, et par ses feuilles nues en-dessous; peut-être devra-t-on la distinguer comme espèce.

N°. 335.

DRYAS *geoïdes*. Tab. 88. fig. 3.

Agrimonia caryophyllatæ Alpinæ luteæ Bauhinianæ facie, saxatilis. MESSERSCHM. *hodeget Mss.*

Radix fibrosa, sarmentis reptantibus inter saxa cæspitans, rufa, gustu caryophyllata, *folia* radicalia crebra, ad summum digitalia, lyrato-pinnata, pilis longis præcipuè subtùs et ad basin hirta, foliolis incisis, non ubique oppositis, inferioribus minutis, extrorsum sensim majoribus, terminali maximo trifido vel quinquefido, inciso. *Pedunculi* radicati foliis longiores, erecti, uniflori, subpilosi, *foliolis* aliquot lanceolatis, alternis stipulati, quorum infimum plerumque trifidum. *Calyx*, ut in geo, campanulatus, decem *fig.* 2), rariùs duodecim dentatus (*fig. A*), dentibus alternis parvulis, striis totidem, quot dentationes, longitudinalibus angulatus. *Limbus* æqualis, intra dentes calycem coronans, ciliatus filamentis staminum circiter 40, setaceis. Inter hunc limbum denticulosque minores calycis, adnata totidem petala (5 vel 6) orbiculata, flava. *Antherae* item flavæ. *Pistilla* è fundo calycis (10 vel 12), è germine sensim adtenuata, setacea, nuda, staminibus breviora. In deflorato *calyce* margo dentatus marcescit, augetur scyphus et limbus staminiferus, filamentis persistentibus, rigescentibus pectinatus (*fig. B*). *Semina* intra scyphum oblonga, utrinque acuta, scabra, grysea, *stylo* arefacto, vix conspicuo (*fig. C*).

NOT. 1. DRYAS *octopetala* seu *chamaedryoïdes*, habitu naturali magis, quàm charactere descriptæ convenit. Differt præsertim : *calyce* profundis laciniis inciso, sexfido (7 vel 8 fido), denticulis interpositis nullis; *staminum pistillorumque* numero multo majore; *stylis* villosis, in *plumam* seminis calyce multò longiorem excrescentibus. *Calyx* fructus non in scyphum effingitur, sed florido similis, *limbo* staminifero cum filamentis eidem insidentibus marcescente. *Radix* astringens nec caryophyllata.

NOT. 2. DRYAS *anemonoïdes*, quæ *pentapetala* LINNÆO, et *anemone pusilla*, GAERTNERI, *nouv. Comment. Petrop. vol. XIV, part. 1, p. 543, tab. 19, fig. 23.* Anemone fol. ternatis, foliolis cuneiformibus, apice serratis, scapo subunifolio unifloro KRANZ *forts. d. Gronl. hist. p. 286.* Inter *chamaedryoïdem* et *geoïdem* fere media. Modus crescendi, ut in utraque. *Radix* adstrictoria. *Folia* radicalia pinnata (rarò ternata), foliolis duorum, trium, quatuorve parium, extimis sensim, terminalique majoribus, inciso-serratis, vix quidquam pubescentibus. *Pedunculi* radicati erecti, medio notati foliolo simplici, vel triphyllo, quibusdam nullo. Calyx profundè semiquinquefidus, laciniis ovato-acutis, interjectis angustioribus, eadem longitudine, apice subpræmorsis. *Petala* quinque ovata, alba vel pallida, magnitudine D. geoïdis. *Stamina* in limbo calycem coronante, stylique (ad 30) hirsuti, etiam D. chamædryoïde copiosiores. *Calyx* fructus, ut in posteriore, cum limbo staminifero marcescens: *semina* (ut in atragene vel pulsatilla) aristâ pilis plumosâ, calycem excedente, breviore tamen, quàm in Dr. chamædryoïde. — *Plantam* summo vigore florentem exhibet Icon *tab.* nostræ 97 (*fig.* 2.); calycem seminibus plumosis repletum. (*fig.* 5.)

Hæc ultima extra Kamtschatkam nundùm reperta; Dr. *chamaedryoïdes* in Alpibus frigidis totius Europæ Asiæque borealis; Dr. *geoïdes* in rupestribus mediæ regionis, à montibus Altaïcis usque ultra Jeniseam abundat, primo vere florens, maturiùs paulò quàm priores.

I OBS. Ni le *dryas geoides*, ni le *dryas anemonoides* dont il vient d'être question, ne sont point de vrais *dryas*, c'est-à-dire, ne sont point, selon moi, congénères du *dryas octopetala* (voyez-en le caractère dans mes Illustr. des genres, pl. 443) ; mais ce sont l'une et l'autre deux véritables espèces de *geum*, genre connu en françois sous le nom de *benoite*. Voici comment je caractérise ces deux espèces.

I. *Geum* (*potentilloides*) *foliis interruptè pinnatis hirsutis cespitosis*, *scapis declinatis subtrifloris*. Dict. vol. 1, p. 400, n°. 8. — *Dryas geoïdes*. Pall. *tab*. 88, *f*. 3. Jacq. *hort*. 3, *t*. 68.

Cette benoite croît dans la Sibérie ; ses tiges portent une à trois fleurs jaunes, bien ouvertes. Leur calice se resserre pendant le développement du fruit, et devient campanulé.

II. *Geum* (*anemonoides*) *foliis pinnatis : pinnis distinctis subnudis*, *scapo unifloro*. — Benoite de Kamtschatka. Dict. vol. 1, p. 400, n°. 7. — *Dryas anemonoides*. Pall. (*tab*. 97, *f*. 2.) Lin. *amæn. acad*. 2, *p*. 325.

Cette espèce a le port de la sylvie ou l'anémone des bois. Ses feuilles sont presque glabres, pinnées, à pinules distantes, dont celles du sommet sont les plus grandes et cunéiformes. La tige est une hampe filiforme, presque nue, terminée par une fleur blanche assez grande et bien ouverte. Cette benoite croît au Kamtschatka.

N°. 336.

DELPHINIUM *puniceum*. An D. elati varietas ?

Facie et præsertim inflorescentia refert delphinium, *Flor. Sibir. IV*, *tab*. 77. — *Caules* è radice perenni erecti ulnares, simplicissimi, inter folia flexuosi, racemo florum terminali, rariùsque ramulo unico infrà racemum. *Folia* alterna, peltata, quinque-partito-multifida, laciniis linearibus acutis. Florum pedunculi strictim erecti, calcare breviores, bracteolis minutis, subulatis, altera ad basin, altera versùs florem. *Corollae* magnitudine vix consolidæ, puniceæ, seu purpurascente-nigræ extùs totæ lanugine prostratâ canescentes. *Petala* quatuor inferiora ovato-lanceolata; *nectarium* diphyllum, petalis æquale, foliolis interioribus glabris, trapezoïdeis, summitate incisis. *Petala* inferiora profundè bifida, pilis longis hirsutissima. *Capsulae* ternæ, uti tota planta, tomento vix conspicuo, velut pulvere lectæ.

Provenit in aridissimis deserti circa Volgam maximè australem, præsertim in convallibus monticulorum circa salinas Tschaptschatschi copiosissimum.

* *Delphinium* (*puniceum*) *labellis bipartitis pilosis nectarii cornu recto, foliis multipartitis, bracteis calycinis nullis*. Lin. *f. suppl.* 267.

Ses fleurs sont d'un rouge brun. On trouve cette dauphinelle dans les déserts arides, vers les régions australes du Volga. Elle ressemble par son port au *delphinium elatum* de *Linné*, et au *delphinium urceolatum* de *Jacquin*.

No. 337.

CLEMATIS *hexapetala*. Tab. 74, fig. 2.

Clemateïdes Daurica, foliis angusta cornu cervi divisura sursùm rigentibus, duris, fatuis. Ranunculi flore albo, semine clematidis urente. MESSERSCHM. *Hodeget Mss.* 1274.

Clematis erecta fol. angustis, cornu cervi divisura, AMMAN. *Stirp.* n°. 108.

Atragene fol. pinnatis, foliolis ex lineari-lanceolatis, simplicibus, bi et trifidis, GMEL. *Flor. Sib. IV, p.* 194, n°. 32.

Radix perennis. *Caules* erecti, rectiusculi vel subflexuosi, striati, simplices, extremò subpaniculati. *Folia* per caulem opposita, adscendentia, pinnata: *foliolis* duris venosis, marginatis acutis, imi paris ramoso-quadrifidis, superioribus lanceolatis bifidisque, terminali tripartito. *Planta* tota glabra, præter corollas. *Supremae* foliorum alæ pedunculos subsimplices, unifloros exserunt. *Flores* in panicula subfastigiati, seni, septeni, denis rarò plures. *Corolla* hexa, rariùs heptapetala, alba. *Petala* oblonga, extùs tomentosa, reflexa. *Stamina* copiosissima, filamentis purpurascente nigris, antheris striatis flavescentibus. *Pistilla* villosissima, adolescunt in *se-*

mina ovato-compressa, nudiuscula, terminata stylo rariùs duplo longiore, villis albis disticho (*fig. A*).

In campis aridis circa Argunum ubique, interque Argunum et Ononem passim copiosè provenit, florens julio, augustoque semina maturans. (Ob petala interiora nulla atragene esse nequit.)

* *Clematis* (*sibirica*) *foliis compositis : foliolis lineari-lanceolatis integris coriaceis, floribus hexapetalis.*

Les tiges de cette clématite sont presque droites, striées, un peu paniculées au sommet. Ses feuilles ont des folioles linéaires-lancéolées, dures, glabres, entières. Les fleurs sont blanches, à sept pétales, et disposées en cyme terminale. Cette plante croît dans les champs arides aux environs de l'Argoun. Il ne la faut pas confondre avec le *clematis hexapetala* de *Linné* fils.

No. 338.

MOLUCCELLA *tuberosa*. Tab. 78, fig. 2, 3.

Radix maxima, è duobus tribusve tuberibus ovatis, in radiculam extenuatis composita; interdum simplex, napiformis; gustu rapæ subamaricante. *Folia* radicalia longiùs petiolata, ovata, profundè crenata, dentationibus obtusis, passìm subemarginatis. *Caulis* solitarius dodrantalis vel pedalis, erectus, tetragono-obtusangulus, lateribus duobus convexis, totidemque canaliculatis; brachiatus *ramis* binis vel quaternis, ad internodia maximè pilosus.

(Proceriores plantæ caulem subsimplicem, verticillis 5 vel sex floridum, unicum ramum exserentem proferunt.) *Folia* caulina opposita, ad ramorum primariorum ortum radicalibus similia, brevissimè petiolata; ad superiores et ad verticillos sessilia, ovato-cuneiformia, extremo crenata; *verticilli* pauci, tri et quadriflori, imò sexflori. *Calyces* maximi, pallidè virides, pulchrè venis reticulati (initio florescentiæ cylindraceo-coarctati (*fig.* 2), adultiores fructiferique), infundibuliformes (*fig.* 1. 3) patentissimi, nervis longitudinalibus angulati, plerumque sexdentati, dentibus spinula setacea terminatis. *Corollae* flavissimæ, calyce duplo majores: *galea* angusta, elongata, concava, erecta, apice villis fimbriata; *labium* inferius fulvum, trilobum, intermedio lato, lateralibus rotundatis, deflexis. *Stamina* corolla longiora. *Semina* 4 in fundo calycis lentissimè maturescentia, oblongo-triquetra, suprà truncata atque villosissima, propria membranula calyculata. *Planta* odore debili, ingrato lamii prædita est. Conferant, quibus occasio est, cum moluccella lævi, odorata *C. B.*

Occurrit hæc planta passim in limosis deserti Tatarici australis collibus, maximè frequens in collibus ad Volgam ex adverso Jenataëvensis fortalitii. *Floret* maio, semina julio perficit, tumque à ventis volvitur.

* *Moluccella (tuberosa) calycibus infundibuliformibus subsex-dentatis, corollis flavis calyce longioribus.*

La racine de cette belle moluccelle est fort grosse, composée de deux ou trois tuberosités ovales. Il sort de son collet quelques feuilles pétiolées, ovales, crénelées profondément. La tige est haute de neuf pouces à un pied, droite, tétragone, cannelée, feuillée, et un peu branchue. Les fleurs sont sessiles, disposées quatre à six ensemble par verticilles, qui occupent les sommités de la plante. Elles ont le calice fort grand, veineux, à découpures épineuses; leur corolle est jaune, plus longue que le calice. On trouve cette plante dans les déserts de la Tatarie australe.

N°. 339.

PEDICULARIS *flava*. Tab. 74, fig. 1, A. B.

Radix crassa, perennis, pulposa, caules aliquot proferens. *Planta* crassa, succi plena, pumilla dum floret. *Caulis* crassus subtomentosus, præsertim senior argutè angulatus, angulis alternantibus à nervo foliorum decurrente productis. *Altitudo* summa, post florescentiam, spithamalis. *Folia* radicalia et caulina alterna linearia, pinnatifida, succulenta, pinnis distantibus pinnatifido-dentatis. *Florescit* caule vix pollicari. *Spica* oblonga, imbricata, basi rariuscula et foliis basi dilatatis frondosa, cæterum bracteis lanceolatis, serrato-dentatis, calyce paulò longioribus inter mixta. *Calyces* pallidi, tomento obducti, subventricosi, pentaëdri, interjectis striis, quinque-dentati; *dentes* tres extimi propiores, omnes fronde minuta, viridi, serrato-palmata terminati (*fig. A. B*). *Corollae* magnæ, flavæ: *galea* gibba, mucrone truncato-emarginata (stylo exsuperante); *labium* inf. trilobum, lateralibus latis, rotundatis, intermedio minore. *Capsulae* intra corollam emarcidam excrescentes, calyce vix longiores, cylindraceæ, apice compresso acuminatæ. *Semina* magna, cinerascentia.

In glareosis circa Onon-Borsa fl. copiosè, nec alibi observata; floret sub finem maii, junio exeunte semina maturat.

* *Pedicularis* (*flava*) *caule simplici angulato, foliis pinnatifidis: pinnis distinctis pinnatifido-dentatis, spicâ foliosâ.*

On trouve cette pédiculaire dans la Daourie, aux environs de l'Onon-Borsa. Ses fleurs sont d'un jaune de soufre. Leur calice est chargé de duvet, pentaèdre, et à cinq découpures dentées.

N°. 340.

PEDICULARIS *striata*. Tab. 94, fig. 3, C.

Radix perennans, ramosa, multicaulis. *Caules* simplicissimi, sesquidodrante nunquam majores, à radice ad flores foliis alternis, superiùs sensim minoribus adspersi. *Folia* pinnatifida, rhachi lineari, angustissima, *pinnis* linearibus, parallelis, serrulatis (quod in Icone non benè expressum est). *Flores* in spica terminali imbricata, bracteis trifurcis et lanceolatis intermixta. *Calyx* cylindraceus, glaberrimus, quinque-dentatus: dentibus utrinque duobus lateralibus coadunatis in ligulam bifidam, latiorem, productam; inferiore profundè discreto, breviore. *Corolla* calyce triplo longior, erecta, lutea, venis puniceis vel obscurè purpureis eleganter picta: *galea* obtusa, bidentata (stylo exsuperante), lineis longitudinalibus striata; *labium* inf. striis ramosis pictum trilobum, lobis rotundatis, quorum laterales majores circa galeam connivent, medius complicatus. *Antherae* magnæ flavæ. *Capsulae* calyce vix longiores, acuminatæ, compressæ. *Planta* tota glabra, siccior.

Provenit in excelsis, apricis, rupestribus montium soli oppositorum; præsertim in monte Burgulteï propè Kiachtam, et circa vallem Urulunguï Dauriæ lecta. Floret junio.

* *Pedicularis (striata) caule simplicissimo, foliis pinnatifidis: laciniis linearibus serrulatis, corollis calyce triplo longioribus striato-venosis.*

Cette espèce ne s'élève qu'à sept ou huit pouces sur une tige très-simple, feuillée, terminée par un épi de fleurs. Les corolles sont deux ou trois fois plus longues que le calice. Elles sont jaunes et agréablement veinées de rouge-brun. On trouve cette pédiculaire dans la Daourie, sur les rochers des montagnes, à l'exposition du soleil.

N°. 341.

PEDICULARIS *myriophylla*. Tab. 97, fig. 1, A.

Radix simplex, exilis, apice subramosa. *Caulis* è radice primarius unicus, et sæpe terni laterales subsimplices, foliosi et spica terminati. *Folia* crebra, verticillato - terna, pinnatifida, filiformia, pinnis copiosis distantibus, parallelis, dentato-serratis. E verticillis caulis primarii mediis sæpius *ramuli* totidem, quot folia, floribus paucis, terminalibus, spica primaria ante laterales florescit. *Spicae* terminales confertæ, intermixtæ *bracteis* foliolo pinnatifido similibus, cujus petiolus basi in vaginam ovatam concavam dilatatus. *Calyces* ventricosi, glabri, nervosi, quadridentati, dentibus duobus lateralibus majoribus, dorsali approximatis, infero quarto profundiùs distincto. *Corollae* erectæ flavæ: *galeâ* brevi, subfalcatâ, apice acutissimâ, integrâ; *labio* majore, trilobo, lobis patentibus, rotundatis. *Capsulae* calyce multò majores, acinaciformes, acuminatæ; basi lata ventricosæ. *Semina* majuscula, grysea; planta glabra.

Spithamea vel pedalis inter nuda saxa montium excelsorum ad Jeniseam, locis apricis provenit; semiulnarem, foliis ramulisque quaternatis, in paludibus alpinis Dauriæ ad Kirkun rivum et in summis jugi Altaïci, montisque *Sinaia-Sopka* dicti legit studiosus. Floret julio et usque in autummum.

* *Pedicularis (myriophylla) caule subramoso, foliis verticillatis pinnatis: pinnis filiformibus pinnatifido-dentatis distinctis, calycibus glabris.*

Elle a des rapports avec la pédiculaire des marais; mais ses feuilles verticillées, à pinnules très-menues, et ses fleurs jaunes l'en distinguent fortement. On la trouve parmi les rochers des montagnes, vers l'Enisséï et dans d'autres régions de la Sibérie.

N°. 342.

PEDICULARIS *spicata*. Tab. 93, fig. 2, B.

Radix fibrosa, brevis, perennis. *Caules* (sæpe ulnares) simplicissimi, rectissimi, teretes, piloso-subclavati, præsertim ad verticillos remotissimos. *Folia* verticillatim quaterna, lanceolata, pinnatifida, pinnis distantibus, obtusis, crenulatis; inferiora minora. E verticillis superioribus modo *ramuli* nudi, spicaparva terminati, vel flores sessiles. *Spica* primaria terminalis cylindrica, bracteis confertim imbricata, basi involucrata foliis quaternis, lanceolatis, crenatis. *Bracteae* inter flores ovato-acutæ, subintegræ, calyce paulò longiores. *Calyces* sessiles, ovati, nervosi, extùs præsertim margine pilosi, truncato-bilobi, lobis rotundatis interjecto dente supero,

acuto,

acuto. *Corollae* parvulæ, ad angulum rectum (ut in Pedic. verticillato) exsertæ et nutantes, purpureæ: *galea* brevis, obtusa; *labium* inferius profundè trilobum. *Capsulae* ovato-ensiformes, bracteis longiores, acutissimæ.

Lecta in frigidissimis alpium Dauricarum paludibus.

* *Pedicularis* (*spicata*) *caule subsimplici rectissimo, foliis verticillato-quaternis lanceolatis duplicato-crenatis, spicâ imbricatâ.*

Cette pédiculaire a le port et l'aspect d'une cocrête (*rhinantus*), et même son calice paroît la rapprocher encore plus de ce genre que de celui de la pédiculaire. Sa corolle est purpurine, à lèvre sup. courte et obtuse. On trouve cette plante dans les lieux humides et très-froids des montagnes de la Daourie.

N°. 343.

MYAGRUM *rigidum*. Tab. 65, et tab. 105, f. 1.

Proximè videtur accedere ad myagrum tertium III. HALLERI. *Planta* annua, ramoso-divaricata, sub maturitatis tempus rigidissima, tenax, spontaneam maturam (*tab. 65*), cultam et florentem (*tab. 105, f. 1*) exprimunt. *Radix* simplex. *Folia* subpilosa, uti tota planta, plerumque omnia ovali-oblonga, dentata, radicalia longiora; rariùs hæc lyrato-sinuata (ut in icone posteriore); caulina semper ovalia, in culta planta oblongiora, ubique alterna et pauca. *Flores* magnitudine vix seminis milii, fugaces, primi inter folia sessiles, axillares vel à foliis remoti, plerique in *spicis* lateralibus nudis, quæ fructiferæ longissimè excrescunt. *Calyx* foliolis convexis, apice pilosis, pallescentibus, alternè minoribus; *petala* vix calyce majora, alba retusa, promiscuè bina, terna vel quaterna; *stamina* tetradynama, pallida, longiora approximata. *Siliculae* parvæ, sessiles, didymæ, mucronatæ, scabræ, atque pilosissimæ, sulco extùs distinguente transversim striato, biloculares, dispermæ. *Semina* oblonga virescentia.

In præruptis fossis circa lacum Bogdensem cum præcedenti abundabat; præterea nusquam observata. Maio jam defloruerat, siliculis maturis obsita, quæ sponte deciduæ haud fiunt, neque finduntur.

* *Myagrum* (*syriacum*) *foliis oblongis dentatis, siliculis ovatis rostratis villosis subsessilibus.* Dict. vol. 1, p. 570, n°. 9. *Anastatica syriaca.* Lin. Jacq. *fl. austr. t.* 6.

J'ai rapporté au genre cameline (*myagrum*) cette plante connue depuis long-tems des botanistes, et que *Linné* a placée dans son genre *anastatica*. *Pallas* l'a aussi rapportée au genre *myagrum*; mais il l'a regardée comme une plante nouvelle ou non décrite, puisqu'il n'en indique aucun synonyme.

N°. 344.

VELLA *tenuissima*. Tab. 77, fig. 2.

Planta tandem spithamalis vel pedalis, annua. *Radicula* parva, adtenuata, fibris aliquot lateralibus. *Caulis* filiformis, in tres plerumque ramos divisus, teres, pilis raris, patentissimis vel reclinatis sparsus. *Folia* (tantùm in caule inferaque parte ramorum) paucissima, lanceolata, obtusiuscula, margine pilosa. *Flores* sessiles (ferè ut in bursa pastoris), parvi, albi; *calyce* pallido, *petalis* oblongis. *Siliculae* in spica valdè elongata remotissimæ, scabriusculæ, biloculares, globoso-subexhangulæ; angulis binis obsoletissimis, reliquis per paria approximatis, striâ interpositâ; *stylus* infructo auctum appendiculæ instar subdistinctus, facilèque deciduus, filiformis. *Semen* in singulo loculo unicum, orbiculare, planum, flavescens.

Præter colles sic dictos Inderienses ad Iaïkum australem, nusquam observata plantula. Floret aprili.

* *Vella (tenuissima) foliis lanceolatis obtusis margine pilosis, siliculis remotissimis.* Gmel. *syst. nat.* 2, *p.* 970, *n°.* 3.

Elle a le port du *myagrum paniculatum*, et devroit peut-être en être rapprochée comme congénère. Cette crucifère croît sur les collines d'Inderskoï, vers la partie australe de l'Iaïk. Elle a aussi des rapports avec le genre *cochlearia*.

N°. 345.

LEPIDIUM *ceratocarpon*. Tab. 63.

Radix perpendicularis, dura, crassiuscula, adtenuata, radiculis lateralibus crebris ramosa. *Caules* ex eadem radice modò solitarii, modò plures, erecti, vel simplices, vel extremitate ramosâ aliquot ramis multifidi. *Folia* radicalia non vidi; caulina lanceolato-sagittata, dentata, sessilia. *Flores* copiosi, in racemos æqualiter digesti, exigui, albi. *Siliculae* pedunculis longioribus elevatæ, gibbæ, ovato-bicornes, valvula nempe singula inferiùs carinata, summo compressa atque elongata in corniculum planum, acutissimum. *Semina* in quolibet loculo bina, ovata, hinc depressa, striata, testaceo-fusca, dissepimento versùs apicem unum sub altero affixa.

Hanc plantam copiosissimam observavi in campis salsuginosis inter stationem Belokamenskoï et fortalitium Septempalatiorum, locis depressioribus, herbidis, neque alio unquam loco oblata fuit. Semina sub finem junii maximam partem jam matura, flores paucissimi superstites.

* *Thlaspi* (*ceratocarpon*) *glaberrimum, caule sulcato, foliis sagittatis lanceolatis subserratis, siliculis bilobatis.* Linn. *f. suppl.* 295. *Thlaspi ceratocarpon.* Murray, *comm. goett.* 1774, *t.* 1.

Les silicules de ce tabouret semblent surmontées de deux cornes pointues par le rebord membraneux et très échancré dont elles sont munies. Les feuilles de cette plante sont sagittées, légèrement dentées et sessiles. On la trouve dans la Sibérie.

No. 346.

ALYSSUM an *minimum?* LIN.

Planta digitalis, annua, subsimplex, vel ab imo subramosa. *Radix* simplex. *Caules* furfure cani atque scabridi. *Folia* linearia, inferiùs adtenuata, crassiuscula et punctis radiantibus, ferè ut alyssum montanum, adspersa. *Flores* multò minutiores, flavescentes. *Siliculae* majores, ovales, planæ, stylo brevissimo mucronatæ, polyspermæ.

Crescit in præruptis, limosis, sole illustratis, primo vere cum draba verna inflorescens, et alysso montano præcociùs semina maturans.

* *Alyssum (minimum) caulibus herbaceis diffusis, foliis linearibus tomentosis, siliculis compressis.* Linn.

C'est une plante annuelle, dont les tiges sont de la longueur du doigt. Ses fleurs sont jaunes, et, selon *Linné*, leurs pétales sont un peu échancrés. Cet alisson croît dans la Sibérie.

No. 347.

CARDAMINE *nivalis*. Tab. 68, f. 2.

Radix perennis, sublignosa; caules simplices. *Folia* succulenta, crassiuscula, radicalia ovata, longiùs pedunculata[1], inæqualiter serrata, caulina magis lanceolata, sessilia, alterna, superiora sensim subintegra. *Racemus* caulem terminat simplex, longissimus, rectus, floribus copiosissimis. *Flores* parvi albidi, vix in summo caule supererant emarcidi, pedunculis brevissimis insidentes. *Siliquae* pedunculo proprio, tenui, ex axi pedunculi floralis elongato deorsùm pendulæ, lanceolatæ, planæ, valvulis tenuibus, venosis, dissepimento acuto paulò brevioribus. *Semina* plana, orbiculata, grysea. *Planta* tota pallidè viridis, glaberrima.

Crescit circa nives in summis montium Altaïkorum cacuminibus perennantes, sub finem julii jam maturans semina.

* *Cardamine (nivalis) foliis radicalibus ovatis inæqualiter serratis: caulinis sublanceolatis sessilibus alternis.* Gmel. *syst. nat.* 2, *p.* 979.

Je pense que cette plante devroit être rapportée au genre des lunaires avec lesquelles elle a plus de rapport qu'avec les cressons. Ses siliques sont pédicellées comme celles des lunaires; ce qui la distingue de la ricotie, qui d'ailleurs a comme les lunaires, les siliques planes et à deux loges. On trouve cette plante sur les sommets couverts de neiges des monts Altaïsks.

No. 348.

SISYMBRIUM *salsugineum*. Tab. 64.

Planta annua, tenuis, glaberrima, ad summum bipedalis. *Radix* ut in halophilis vulgò solet, brevis, simplex, adtenuata, interdum fibris aliquot lateralibus. *Caules* teretes, graciles, lævissimi, subflexuosi, ramis paucis alternis. *Folia* radicalia parva, oblonga, in petiolum adtenuata, fugacia; caulina ad caulis ramorumque divisuras oblongo-cordata, sessilia, subcarnosa, colore glauco vel obscurè viridi, vel rubente. Rami extremo aphylli, toti adspersi *floribus* exiguis, albis, *siliculisque* linearibus, teretibus, stigmate subacutis, utrâque valvulâ striâ obsoletâ notatis. *Semina* copiosissima, flava, mole arenulæ.

Vulgatissima planta circa lacus et lacunas sale præsertim amaro abundantes ad Irtin inter fortalitia Shelesenka et Iamyschewa; seminibus maturis jam initio junii.

* *Sisymbrium* (*salsuginosum*) *foliis oblongo-cordatis sessilibus subcarnosis*. Gmel. *syst. nat.* 2, *p.* 981.

Cette crucifère me paroît avoir beaucoup de rapport avec le *brassica* (choux), et peut-être en a-t-elle les caractères. J'ajouterai qu'elle a le feuillage et à peu près le port du *brassica orientalis*, dont elle est vraisemblablement congénère. Ses fleurs sont blanches et fort petites. Ses siliques, quoique cylindriques, ont une strie ou peut-être une petite côte sur chaque valve, ce qui alors les rendroit un peu tétragones. Elle croît en Sibérie, vers l'Irtisch, aux environs des lacs et des étangs salins.

No. 349.

SISYMBRIUM *album*. Tab. 96, fig. 1.

Sisymbrium fol. pinnatis, pinnis integerrimis, confluentibus, siliquis brevioribus, GMEL. *Flor. Sibir. III, p. 269, n°. 36.*

Radix perennis, teres, ramosa, sublignosa, suprà in plura capita divisa, crassitie sæpe digiti minimi. *Caules* spithamales, erecti, teretes, tenuissimè tomentosi, foliosi, ramulo uno alterove ex alis florido, corymboque terminali. *Folia* radicalia et ramea pauca, tomento tenui exalbida, pinnatifida, *pinnis* oblongo-linearibus, obtusis, plerumque simplicibus, passim bi vel trifidis; *laciniâ* terminali incisa. *Flores* in corymbum conferti, magnitudine alyssi incani; *calyx* coloratus, albus; *petala* majuscula, candida, integra; *antherae* flavescentes. *Siliquae* (in racemo elongato) lineares, teretes, læves, stigmate subcapitato.

In frigidis circa Baïkalem junio floret.

* *Sisymbrium (album) siliquis lineari-teretibus lævibus, foliis pinnatifidis incanis: laciniis oblongo-linearibus obtusis subintegris.* Gmel. *syst. nat. p. 982, n°. 31.*

Le feuillage de cette belle espèce de sisymbre est légèrement tomenteux, blanchâtre, et remarquable par ses découpures obtuses. Les fleurs sont blanches, et disposées aux sommités en cîmes corymbiformes et terminales. On trouve cette plante aux environs du lac Baïkal.

No. 350.

SISYMBRIUM an *asperum*? LIN.

Radix perennis, perpendicularis, adtenuata, extremo ramis vel fibris lateralibus, subdulcis. *Caules* erecti, senioribus radicibus plures, plerumque solitarii, erecti, pedales imò sesquipedales, ab imo ad summum crebrò foliosi, superiùs ramosi teretes, adspersi pilis raris, punctisque prominulis, glanduloso-duris, usque in ramos et pedunculos florum creberrimis exasperati. *Folia* pilosa et asperata, *radicalia* majora confertissima, linearia pinnatifida, laciniis linearibus, subacutis; *caulina* sensim rariora, ramea dente vix uno alterove. *Rami* extremò elongati, nudi, floribus subfastigiatis, post florescentiam in racemum longum excrescentes. *Pedunculi* florum patentes. *Calyx* simplex, pallidus, foliolis ante petala deciduis. *Petala* magna, alba plana. *Filamenta* staminum 4 majorum, membranacea, circa pistillum vaginantia, apice obliquè truncata, mucrone extimo sustinente antheram, breviora stamina simplicia. *Siliquae* in pedunculo elongato patenti arrectæ, lineares, stylo subbifido.

Plantæ radicum robustiorum minùs proceræ, sed ramosissimæ. In frigidissimis alpinis planta exilis, caule subsimplici, foliis tantùm radicalibus et circa imum caulem.

Frequentissimè crescit in ripis glareoso-lapillosis Baïkalis lacûs, fluviorumque Sibiriæ maximè orientalis.

* Obs. Le sisymbre que décrit ici *Pallas* me paroît différent du *sisymbrium asperum* de *Linné*, et appartenir à une autre espèce. Il est plus grand, à feuilles moins profondément pinnatifides, moins pectinées, et à fleurs blanches; tandis que celles du *sisymbrium asperum* sont constamment jaunes. Cette plante croît sur les bords du lac Baïkal et des rivières de la Sibérie orientale, aux lieux pierreux.

N°. 351.

ERYSIMUM *polyceratum*. Tab. 107, fig. 1, A. *Erysimum cornutum*.

Planta annua, à pollicari ad digitalem altitudinem florens, matura ad summum palmaris. *Radix* simplex, fibris paucis lateralibus. *Caulis* teres, lævis, subpilosus, plerumque in ramos binos foliatos et floridos excrescens, intermediâ spicâ brevi aphyllâ. *Folia* pauca, alterna, oblongo-acutiuscula, repandodentata, dentibus acutis patentibus. *Pili* rariùs sparsi, patentissimi, in culta planta evanescentes. *Flores* parvi, ephemeri, sessiles; *calycis* folia æqualia, lineari-acuta. *Petala* quatuor è rubicundo alba, oblonga. *Siliquae* pilosæ sessiles, patentes, rigidæ, nec sponte fissiles: caule tandem crassiores atque sesquipollicares, teretes, versùs basin crassiores, dissepimento valvulis longiore, acuto. *Pili* in siliquis cultura deficiunt. *Semina* parva, lutescentia.

* *Erysimum (polyceratum) foliis repando-dentatis, siliquis pilosis sessilibus patentibus.* Gmel. *syst. nat.* 2, *p.* 983.

Plante annuelle qui fleurit n'ayant que deux ou trois pouces de hauteur, et qui n'en acquiert que cinq ou six dans tout son développement. Elle a le feuillage de l'*erysimum cheiranthoides* de *Linné;* mais sa fructification me paroît la rapprocher du genre des juliennes (*hesperis*). Elle croît en Russie, aux environs du lac de Bogdo.

No. 352.

CHEIRANTHUS an *littoreus* LIN.? Tab. 103, fig. 2.

Planta ut videtur, biennis. *Radix* simplex, rigida, apice subramosa, rectiuscula. *Caules* plurimi, dodrantales, vel ultrà adscendentes, subsimplices, tomentosi. *Folia* crassiuscula atque tomentosa, oblonga, sinuato-dentata, laciniis obtusis, alternis; imò in sicciori solo sæpe quasi pinnatifida, pinnulis subrecurvis, hinc lobatis. Radicalia folia majora (*fig.* 2, *b*) in adultiore planta crebrò succrescentia, caulina pauca alterna. *Flores* alterni, longiùs pedunculati, dimidium sæpe caulem occupantes, obsoletè flavi, odorati, fugaces. *Calyx* lanuginosus, basi vix gibbus. *Siliquae* lineares, longæ, tomentoso-albæ, interdum torulosæ, stigmate nudo, luteo, bilobo, subreflexo. Maturescentes siliquæ fiunt, uti tota tunc planta, rigidissimæ, ferè ligriosæ, glabrescunt, et rectangulari ferè situ divaricatæ caulem circumstant, ut planta tota quasi globum rarum referat, ventis volubilem. *Semina* oblonga, leviter marginata, flava.

Crescit in campis limosis versùs mare Caspium et circa Irtin in australioribus, à primo vere florens, seminaque junio perficiens.

* *Cheiranthus (caspicus) tomentosus, foliis sinuato-pinnatifidis: laciniis obtusis, caulibus nudiusculis subsimplicibus; siliquis apice bilobis.*

Ce n'est point le *cheiranthus littoreus* de *Linné*; son feuillage ainsi que ses fleurs sont différens; et il paroît que c'est une espèce encore inconnue, qui peut-être se rapproche plus du genre des juliennes, tel que je l'ai établi dans mon dictionnaire de botanique, que de celui des giroflées. Cette plante croît dans les champs vers la mer Caspienne, et dans les régions australes de l'Irtisch.

No. 353.

CHEIRANTHUS *montanus*.

Erysimum foliis linearibus, incanis, integris, GERARD. *Flor. Gallopr.* Leucoium angustifolium alpinum, flore sulphureo, TOURNEF. 222. ALLION *pedem.* 44, *tab.* 9 *S.* 3.

Caules annui, lignescentes, in mera plana

pedales, simplices, foliis sparsissimis linearibus, paucisque floribus; in lætiori sæpe tripedales; ramosi, flexuoso decumbentes. *Folia* radicalia longissima, lanceolata linearia, in speciem pedunculi adtenuata, magis minusve obducta nebulâ incanâ; caulina sparsissima, linearia. *Rami* longè floriferi subspicati; *flores* majusculi, alterni, pedunculati, colore et odore cheiri. *Calycis* foliola duo basi velut in vesiculam producta. *Petala* integra. Siliculæ succedunt, crassæ, ovato-lanceolatæ, depresso-tetragonæ, terminatæ stylo persistente, ipsa siliqua longiore, lineari, *stigmate* bituberculato terminali. *Silicula* bilocularis, bivalvis, *valvulis* compresso-carinatis. *Semina* minimè marginata, minuta, ovata, fulva, copiosissima, ad utrumque dissepimenti marginem adfixa.

* *Cheiranthus* (*cornutus*) *foliis linearibus integris canaliculatis, floribus subsessilibus, siliquis brevibus stylo longo mucronatis.* Dict. vol. 2, p. 717, n°. 8. — *Cheiranthus quadrangulus.* L'Herit. *stirp. nov. p.* 91, *t.* 44.

C'est une espèce bien remarquable par ses feuilles longues et étroites, et sur-tout par le caractère de ses fruits. Elle s'élève jusqu'à la hauteur de deux ou trois pieds, et se garnit à son sommet de fleurs presque sessiles, alternes, disposées en grappes terminales. Ses fleurs sont assez grandes et d'un jaune pâle, comme celles de la giroflée des Alpes. Les siliques sont courtes, veloutées, blanchâtres, tétragones, et terminées par un style persistant, aussi long qu'elles, et qui les fait paroître cornues. On trouve cette plante dans la Sibérie. Les synonymes de *Gerard*, d'*Allioni*, et de *Tournefort* que cite le professeur *Pallas*, ne lui conviennent point.

N°. 354.

CHEIRANTHUS an *chius?* LIN. *Spec. pl. II*, *p.* 924, 3.

Radix simplicissima, tenuis, filiformis. *Folia* in perfectissimis plantis radicalia pinnatifida, laciniis sæpe alternis; *caulina* et ramea oblongo-lanceolata, subrepanda, alternatim notata denticulis acutis, imò summa et in plantis macris pleraque integerrima. *Caulis* teres, pilis minutis, raris adspersus, ab imo ramosissimus. *Rami* alterni, divaricati, flexuosi, extremò floriferi. *Flores* purpurei parvi. *Calyces* subviolacei, glabri, basi vix gibbi. *Siliquae* arcuatæ, teretes, torulis nodosæ apice longissimo, recto, subulato, bivalves. *Semina* circiter bis dena planiuscula, margine membranaceo exili cincta. — In solo arido planta simplex, sæpe vix pollicari major, folio uno et altero, et à radice ferè flores proferens alternos, perfectos, fertiles.—Copiosa et lætè crescit ad ripas inundatas Volgæ.

* *Raphanus* (*sibiricus*) *siliquis teretibus torulosis villosis, foliis linearibus pinnatifidis.* Murray, *comm. goett.* 1775, *t.* 2.

C'est une véritable espèce de raifort, ce qu'a reconnu par la suite le professeur *Pallas* qui l'a nommée *raphanus tenellus* (voyez le n°. 356, et la planche CII, fig. 1), et ce que je puis confirmer l'ayant vue vivante au jardin botanique de Paris, où elle ne s'élève communément qu'à la hauteur de cinq ou six pouces. On la trouve en Sibérie, sur les bords du Volga.

N°. 355.

HESPERIS *tatarica*. Tab. 67.

Radix crassa, perennans, fusiformis (*fig.* 1), subcarnosa, circa foliorum ortum tomentosa. *Folia* tantùm ad radicem, crassiuscula, tomento rudi, ut in verbasco, obducta, ovali-oblonga, laceroque dentata, obsoletiùs venosa. *Caules* ex antiquis radicibus, tri vel quadripedales, nudi, flexuoso decumbentes, divisi in aliquot *ramos* (*fig.* 2) longissimos, virgatos, siliquis, floribusque copiosis, alternis sparsos. Summi rami florescunt, dum siliquæ inferæ maturescunt. *Flores* livido-flavi (*litt. a*) *petalis* contra solem obliquis, oblongis (*litt. b*), ungue ultra calycem productis. *Calyces*, uti folia, cano tomentosi, foliolis duobus basi vesiculosis (*litt. a*). *Stamina* (*litt. c*, *d*), duo dimidio breviora, nectatio conspicuo nullo; sed majorum filamenta versùs basin membranula marginata (*litt. e*). *Germen* cylindricum, filamentis paulò brevius (*litt. d*), terminatum *stigmate* crasso, sessili, subbilobo. *Siliquae* (*fig.* 2, *litt. f*) longissimæ, lineares, depressiusculæ, dissepimento valvulis longiore, capitato stigmate persistente, fungoso facto; *valvulae* extùs striâ longitudinali, convexâ exaratæ. *Semina* (*litt. g*) plana, gryseo-fusca, margine insigni membranaceo cincta. — *Planta* non infrequens in montibus circa Inderiensem lacum gypseis, ubi maximè saxoso atque glareoso solo crescit.

* *Hesperis* (*tatarica*) *foliis radicalibus tomentosis laciniato-dentatis, caule nudo.* Dict. vol. 3, p. 322, n°. 3.

Sa racine, qui est vivace, est épaisse, fusiforme, tomenteuse à son collet. Elle pousse des feuilles un peu épaisses, tomenteuses, ovales-oblongues, dentées et comme laciniées latéralement. Les tiges sont nues, longues de trois ou quatre pieds, foibles, penchées, et divisées en quelques rameaux effilés. Elles portent des fleurs d'un jaune livide, à calice tomenteux et blanchâtre. Cette plante croît dans la Tatarie australe, aux lieux montagneux et pierreux.

N°. 356.

RAPHANUS *tenellus*. Tab. 102, fig. 2.

Ad hoc nomen referenda descriptio *Itinerarii* (Append. *n*°. 354) proposita. Culta solo succulento planta in ulnarem altitudinem ramosissima adolescit, et acerrimum raphani gustum acquirit, qui spontaneæ debilis et gratior. In palustri æque ac siccissimo loco minima provenit, sæpe vix pollicaris, floribus paucis. —Forsan huc referendum Synonymon, BUXBAUMII *Centur. II, tab. 32, fig.* 2.

In

In deserto Caspio ubique provenit, locis præsertim præruptis et nitrosis; maximèque viget initio maii.

* Voyez mon observation et la citation du synonyme de *Murray*, à la suite du n°. 354.

N°. 357.

SPARTIUM *aphyllum*. Tab. 99, fig. 2, *a*, *b*.

Caules (licet annui) excrescunt in altitudinem sæpe orgyalem, trunco pollicis vel digiti crassitiem æquantes, strictim erecti, ramis copiosissimis, virgatis, alternis, tenuissimè junceis subdivisi. Extremi rami (floriferi) exsoletè virides, macilenti, vix grossioris fili crassitie; trunci seniores striatò angulati, atomis fuscis adspersi, demum quasi lignescentes, epidermide cinereâ, tamen annui. *Folia* omnino nulla, nisi *stipulae* minutissimæ, lineares, ad singulam divisuram ramorum, in senioribus marcescentes. *Flores* in extremis ramulis rari, alterni, stipulâ minutissimâ ad pedunculum; *calyx* quinquedentatus, campanulatus; *corolla* obscurè violacea, basi flavescens, ambitu vexilli, alarum et apice carinæ breviculæ purpurascentibus. *Legumen* intra calycem siccum adolescit, primo ensiforme, compressum, tomentosum, stylo mucronatum (*fig.* 3); *maturum* glabrum, lunatum, turgitum, plerumque dispermum (*fig. a, b*). *Semina* magna, reniformi-compressa, cinerea vel rufescentia; illa citissimè germinant. Hæc nulla maceratione emollienda, durissima.

Crescit in arena mobili collium Naryn et Saskol deserti Volgensis. Floret junio; semina octobri maturat.

* *Genista* (*virgata*) *ramis teretibus striatis glabris virgatis, foliis minutissimis linearibus, leguminibus dispermis.* Dict. vol. 2, p. 616, n°. 3. — *Spartium aphyllum.* Linn. *f. suppl. p.* 320.

Cette espèce a en quelque sorte le port et l'aspect du genêt monosperme; mais ses fleurs sont disposées différemment, d'une autre couleur, et tous ses rameaux très-effilés et comme nuds, sont annuels, c'est-à-dire, se dessèchent et tombent tous les ans. Toute la plante paroît nue, ou entièrement dépourvue de feuilles: néanmoins on observe sous les divisions des rameaux de très-petites feuilles linéaires qui semblent être des stipules, et se flétrissent en peu de tems. Ce genêt croît en Russie dans les sables des déserts du Volga.

N°. 358.

CYTISUS an *nigricans?* Tab. 101, fig. 1. A. Calmucc. *Tamahne-Schil ebessyn* (herba nervus cameli).

Frutex pulcherrimus, in vepretum sæpe aliquot ulnarum diametro, sed vix bipedali altitudine diffusus, virgulis crebris à radice erectis. *Ramuli* annui (*fig.* 3), pedales lanuginosi; *folia* alterna, itidem lanuginosa, rhachi tenui, stipulis ad basin magnis, triangulo-oblongis acutis, testaceo-membranaceis. *Foliola* orbiculata, suprà glabra, 3—6 parium. *Racemi* axillares et terminales, pedunculo foliis multò longiores, erecti. *Flores* circiter deni, subopposititi, stipula acuminata ad singulum pedunculum, intensiùs flavi, et speciosiores quàm in cytiso piloso. *Legumina* cylindracea, extremo turgescentia, pilis glanduliferis hirsuta, stylo mucronata (*fig. A*). *Semina* magna, grysea, testaceo variegata; germinant *foliis primordialibus* simplici et ternatis.

In quibusdam regionibus deserti montosi inter Volgam et Tanaïn, solo arido glareoso, occurrit frequens, sed localis. *Floret* junio, semina perficit augusto.

* *Colutea* (*wolgarica*) *foliolis integris subrotundo-ovalibus, racemis subterminalibus erectis.* — *Cytisus* (*wolgaricus*) *canus, racemis simplicibus erectis, floribus secundis, foliis pinnatis : foliolis subrotundis, stipulis subulatis.* Linn. *f. suppl.* 327. *Cytisus pinnatus.* Pall. *fl. ross.* 1, *p.* 73, *t.* 47.

Cet arbuste, selon moi, n'a aucuns rapports avec les cytises, et doit être plutôt rapproché des *phaca* de Linné. Mais comme j'ai trouvé convenable de supprimer dans mes ouvrages le genre *phaca*, parce qu'une partie des plantes qu'on y rapportoit sont de véritables astragales, et que les autres sont des *colutea* (des baguenaudiers), l'arbuste dont il s'agit ici est dans ce dernier cas, ses gousses étant tout-à-fait uniloculaires. En effet, outre l'indice tiré de son feuillage, on lui voit des stipules très-remarquables, comme dans les astragales, les *phaca* et les *colutea*; tandis que les cytises n'en ont pas de bien apparentes. *Voyez* l'observation qui termine le genre *cytise* dans mon Dictionnaire de Botanique (*vol.* 2, *p.* 251). Ce bagnaudier croît en Russie, aux environs du Volga, sur les collines. Il y forme des buissons qui sont fort agréables à voir lorsqu'ils sont en fleurs. Les chevaux et les moutons en sont très-friands.

N°. 359.

CYTISUS an *Austriacus!* Tab. 100, fig. 3.

Cytisus floribus in capitulum congestis, GERBER, apud GMEL. *Flor. Sibir. IV*, *p.* 18.

Radix magna lignosa, truncis supra terram brevissimis perennans. *Caules* annui, subhirsuti, copiosi, sæpe bipedales vel ultra, strictim erecti, subsimplices, vel ramis crebris alternis luxuriantes, ab imo ad summum foliosi, capitulis floridis caulem ramosque terminantibus. *Folia* subhirsuta, ternata, stipulis minimis; *foliola* oblongo-lanceolata, acumine minimo. *Flores* 6—10 inter summa folia in capitulum congesti, flavissimi, magnitudine paulò infra cytis. pilosum. *Calyces* flavescentes pilosi, trifidi, laciniâ inferâ acutâ, lateralibus truncato-acuminatis, superiori margine denticulo incisis. *Legumina* non vidi.

In campis herbidis, pinguibus, circa Tanaïn et collaterales fluvios abundat passim, junio florens.

* *Cytisus* (*austriacus*) *floribus umbellatis terminalibus, caulibus erectis, foliolis lanceolatis*. Linn. Jacq. *fl. austr.* 1, *t.* 21.

C'est bien, à ce qu'il paroît, la même espèce que le *cytisus austriacus* qu'on trouve en Europe. Ses tiges droites et nombreuses forment de jolies touffes qui s'élèvent à environ deux pieds, et sont très-agréables à voir lorsqu'elles sont en fleurs. On trouve ce cytise en Russie, aux environs du Tanaïs et des rivières qui viennent s'y rendre.

N°. 360.

ROBINIA *halodendron*. Tab. 83, f. 1.

AMAN. *Stirp. ruth. p. 284. Flor. Sibir. IV, p. 15, n°. 19.*

Arbuscula humanæ altitudinis, inculta, ramosissima, erecta, rigida, supra tantum frondescens, spinosissima, Rob. frutescente robustior, cortice tecta strigoso, cinereo. *Rami* subflexuosi, alterni, extremi striati, petiolis antiquis, alternè sparsis, gemmiparis vel floriferis spinosi. Ramuli foliaque plura è spinarum alis. *Folia* obovato-oblonga, tomento subtilissimo canescentia, spinulâ mucronatò, vulgâ quaternâ petiolatâ, paribus distantibus, insidentia petiolo communi spinescente. In quibusdam fruticibus dantur folia binata, quaterna, imò sena simul. *Flores* in summis ramis copiosi dispositi, racemis plerumque trifloris purpurei, colore ferè lathyri tuberosi, odorati. *Calyx* campanulatus, quinque-dentatus, dentibus duobus approximatis. Vexillum alis et carinæ subæquale, petala omnia basi albescunt. Corolla in multis floribus; et sæpe per fruticem unum alterumve totum hexapetala, alis nempe duplicatis. *Stipula* minima ad singulum pedunculum particularem. *Legumina* brevia, inflata sive ventricosa, dura, in alterum annum persistentia. *Semina* reniformi-subglobosa.

Abundat pulcherrimus hic frutex in campis aridis, salsis ad Irtin à fortalitio Jamyschewa usque ad pedem montium Uralensium, florens junio, insectis gratiosissimus, præsertim meloïdibus variis.

* *Caragana* (*argentea*) *foliis subbijugis; foliolis oblongis mucronatis undulatis tomentoso-argenteis, stipulis petiolisque spinescentibus, pedunculis trifloris.* Dict. vol. 1, p. 616, n°. 4. (Le caragan argenté) *Robinia halodendron.* Linn. *f. suppl.* 330. Pall. *fl. ross. t.* 46.

Il est évident pour moi que parmi les plantes que *Linné* a réunies sous le nom de *robinia*, celles qui viennent d'Amérique, ne sont nullement congénères de celles qu'on trouve en Russie. En effet ces dernières ont les fleurs, les fruits, et le feuillage fort différens des premières et doivent en être distinguées comme genre. (Voyez *mes Illustr. des g. plan. DCVI et DCVII.*)

Le caragan argenté, dont il s'agit maintenant, est un arbrisseau fort joli, très-épineux, rameux, diffus, haut de quatre à cinq pieds, et chargé d'un duvet court, blanchâtre, et qui le fait paroître comme argenté. Ses fleurs sont rougeâtres ou d'un rose pâle. On le trouve en Sibérie, aux environs de l'Irtisch.

N°. 361.

ROBINIA *ferox*. Tab. 96, fig. 2, 3, 4. Mongolis *Altaganah*.

Frutex trunco vix sesquipollicaris diametri, sed altitudine humana, et ramis sæpe orgyalibus subdivisis, tortuosis, confertis per ambitum diffusus; totus floribus opertus, pulcherrimus. *Lignum* puniceum, extùs flavum. *Epidermis* in ramis junioribus virescente-aureola; minus nitida, quàm in Rob. pygmea, et strigosior, nervis longitudinalibus, cinereis, à ramo ad ramum decurrentibus strigosa. *Rami* teretes, divaricati, alterni. *Spinae* quaquaversùm angulo ferè recto patentes, alternæ, maximæ, è petiolis foliorum persistentibus ortæ, foliorum etiam cicatricibus notatæ, basi stipatæ *spinâ* utrinque parvâ, setaceâ, arrectâ, è stipulis ortâ. *Folia* plura, flores bini ternive ex axillis spinarum omnium in ramis. Foiorum *petioli* spinescentes; *foliola* plerumque quaterna, interdum sena vel octona, linearia, apice mucronata, per paria remota. *Calyx* angulatus, glaber, dentibus duobus superioribus approximatis, longioribus. *Corolla* flavissima, calyce duplo longior, vexillo oblongo, reflexo, alis longiore. *Legumina* testacea, rigidissima, teretia (*fig.* 3). *Semina* ovalia, virescentia, fusco punctulata.

Abundat præsertim in valle glareosa, subhumida, salsuginosa inter Temnikum et Orongoï fl. ad sinistram Selengæ, similique loco ad Tschikoium in regione pagi Beregowaja. Circa Pekinum frequentissima esse dicitur. Floret post initium junii; semina perficit autumno et legumina copiosa in sequentem usque annum retinet integra. Ad sepes vivas ob stimulos et crescendi modum utilissima.

* *Caragana* (*ferox*) *foliis abruptè pinnatis: foliolis oblongis angustis mucronatis, stipulis petiolisque spinescentibus*. Dict. vol. 1, p. 615, n°. 3. Illustr. gen. t. 607, fig. 1. *Robinia spinosa*. Linn. *mant.* 269. *Robinia spinosissima*. Laxm. *nov. act. petrop.* 15, *p.* 558, *t.* 30, *f.* 4. *Robinia ferox*. Pall. *fl. ross.* 1, *p.* 70, *t.* 44.

C'est un arbrisseau qui s'élève en buisson touffu jusqu'à la hauteur de trois à cinq pieds, et qui est horriblement hérissé d'épines. Aussi est-il excellent pour faire des haies vives qui seroient impénétrables. Il se garnit au printems de quantité de fleurs, d'un jaune soufre qui lui donnent un aspect très-agréable. Ce caragant se trouve dans la Russie orientale, aux lieux un peu sablonneux et humides.

N°. 362.

GLYCIRRHIZA *echinata*. LIN.

Radix sæpe sesquipollicari crassitie. *Caules* lævissimi, in umbrosis succulentis erecti, quinque-pedales, à sole pressi terræ udæ applicantur, vix bipedales. *Folia* minora quàm sequentibus, molliora, trium quatuorve parium, figura media inter *glycirrhizam laevem et hirsutam*. Folia 3-4 parium, ovato-lanceolata, nervo in apice minutissimo prominente acuminata, petiolata, solo impari fere sessili. *Stipulae* minutæ, citò marcescentes. *Fructus* congesti in capitula ex alis foliorum brevissimè pedunculata. *Receptaculum* siliquarum crassum. *Legumina* ovato-compressa, mucrone acuminata, basi lecta lævigata, sed extremo undique setis rigidis, longis echinata spadicea. *Semina* duo, rariùs solitaria. *Rarior* sequente, nec nisi in australioribus observata.

* *Glycyrrhiza (echinata) leguminibus echinatis, foliis stipulatis: foliolo impari sessili.* Lin. Jacq. *hort. t.* 95. Gaertn. *t.* 148, *f.* 6.

Cette espèce de réglisse est remarquable par la disposition de ses fleurs, et par le caractère de ses fruits. Ses fleurs viennent sur des épis arrondis en tête, pédonculés, et axillaires. Ses fruits sont de petites gousses hérissées vers leur sommet, et qui contiennent une et plus souvent deux semences. On trouve cette plante dans les parties australes de la Russie.

N°. 363.

GLYCIRRHIZA *hirsuta*. LIN.

Caules erecti, læves, non tamen semper omnis adsperitatis expertes. *Foliola* in deflorata planta duriuscula, margine subundulata, circumscriptione ex ovali subrotunda, nunquam acuta. *Paria* in singulo folio 3 - 4 breviter petiolata, impari insidente rhachi longiùs productæ. *Stipulae* ad ortum petioli in caule majusculæ, lanceolatæ. *Spicae* florum, longæ, floribus copiosissimis. *Legumina* oblongo-linearia, acuta, subnodosa, undique setis brevibus, rarioribus, minusque rigidis hispida, glutinosa, obscurè spadicea.

* *Glycyrrhiza* (*hirsuta*) *leguminibus hirsutis*, *foliolo impari petiolato*. Linn.

Comme la description ci-dessus de *Pallas* convient entièrement à la plante figurée planche LXXX, il seroit possible que *Pallas* se fût trompé dans la citation et l'inscription de cette planche. Au reste le *glycyrrhiza hirsuta* dont il s'agit ici paroît avoir de très-grands rapports avec le *glycyrrhiza asperrima* (Voyez n°. 365 et 366): il a de même ses gousses noueuses à la manière des *sophora*. On trouve cette plante dans la Russie méridionale, aux lieux salins.

N°. 364.

GLYCIRRHIZA *laevis*. LIN.

Caules hinc inde exasperati uno alterove aculeo minutissimo. *Foliola*, quàm in præcedentibus, majora, magis remota, ovata et acuta, paulò nervosiora quàm glycirrhizæ hirsutæ, 3 - 5 parium petiolata; impari petiolo distincto à rhachi frondis elongata. *Stipulae* omnino nullæ, sed petiolus ad caulem incrassatus ; quod etiam in glycirrhiza hirsuta. Inflorescentia eadem, nisi spicæ laxiores. *Calyx* persistens, insignior quàm in præcedentibus, supra denticulis quatuor linearibus barbatus. *Legumina* pallidè spadicea, depressiora atque latiora, lanceolato-linearia, utrinque torulis subconvexis imò interdum subarticulata, plerumque glabra, non rarò tamen spinulis hinc inde raris adspersa. *Semina* 1 - 6 plerumque trinis plura. Rariùs occurrit, cum *glycirrhiza hirsuta* promiscuè crescens in australiori deserto ad Iaïkum.

* *Glycyrrhiza* (*glabra*) *leguminibus glabris*, *stipulis nullis*, *foliolo impari petiolato*. Linn. *et* Lam. *Illustr. gen. tab.* 625, *f.* 1.

C'est ici la réglisse ordinaire ou officinale, plante très-connue par le fréquent emploi qu'on fait de sa racine dans les tisanes. On la trouve dans les régions australes de la Russie. Ses gousses sont comprimées, et médiocrement renflées aux endroits des semences, sans être noueuses.

N°. 365.

GLYCIRRHIZA *aspera*. Tab. 80.

Planta pusilla rarò spithamalis, simplex, erectiuscula, quæ frondibus aliquot et ramo uno alterove fructificanti absolvitur. *Radix* perennis, dulcedinis omnis expers. *Caules* teretes, basi lignescentes, in juniore planta undique spinulis setaceis horridi. *Stipulae* caulinæ, erectæ, acutæ, persistentes. *Folia* pinnata, *foliolis* ovatis, crassioribus quàm congenerum, rotundatis, constanter octonis, cum impari longius producta rhachi pedunculatæ. *Rhachis* et petioli foliorum, imò hæc ipsa margine et subtùs, uti caules spinulis exasperata; decrepita planta, præter folia, tota ferè glabrescit. Caulis extremo elongatus, bi vel trifidus, fructificans. *Flores* ignoti. *Legumina* matura arcuatim nutantia, in spicam brevissimam congesta, teretia, nodoso-articulata, basi adtenuata, in calycem persistentem inserta. *Semina* 3 - 8, cinerascentia. In aridissimo australioris deserti limo frequens planta, Calmuccorum pauperioribus theæ loco usitata.

* *Glycyrrhiza* (*asperrima*) *leguminibus glabris? foliolis ellipticis cuspidatis, caule hispido scabro.* Lin. *f. suppl. p.* 330.

Cette plante a des gousses noueuses comme celles des *sophora*, et me paroît fort rapprochée du *glycyrrhiza hirsuta* de *Linné* par ses rapports. *Pallas*, qui représente ses gousses glabres, ne dit pas, dans sa description, si elles le sont réellement. Et comme il paroît présumer que la plante suivante n'est qu'une variété de celle-ci, je soupçonne fort que toutes les trois (n°s. 363, 365 et 366) ne sont que des variétés de la même espèce.

N°. 366.

GLYCIRRHIZA *hispida*. Tab. 81, fig. 1, 2.

Ad descriptionem, quam in *Append.* n°. 365 dedi, addatur : *radix* utique dulcissima vere, crassitie minor calamo, longissima. *Caules* ex eadem radice frequentissimè bini, rariùs terni, diffuso patuli, hispidi. *Foliola* subtùs et margine hispida, obovata, mucrone acuminata, conduplicata, dura ; terminalia majora. *Stipulæ* minimæ, acuminatæ. *Spicae* verticaliter erectæ, *stipulis* hispidatis. *Flores* crebrò oppositi, pallidè violacei, carinâ et alis albicantes, minores inter congeneres. *Calyx* purpurascens, subhispidus maximè laciniis linearibus, corollas subæquantibus.

Reliquis omnibus maturior floret, inque deserto inter Volgam et Iaïkum abundat, colles et prærupta glareosa amans.

* C'est encore ici le *glycyrrhiza asperrima* de *Linné* fils, mais qui varie à tige plus fortement hispide, et à folioles moins obtuses, et souvent moins nombreuses. *Voyez* le numéro précédent.

N°. 367.

HEDYSARUM *grandiflorum*. Tab. 82.

Radix perennis, spongiosa, multiceps. *Folia* et scapi intra stipulas latas, tomentosas enascuntur. *Folia* longiùs petiolata, pinnata; foliolorum tribus quatuorve paribus cum impari; foliola ovalia, tenera, lanugine candicantia, petiolo brevissimo instructa. *Scapi* copiosi, aphylli, subpedales, floribus magnis, speciosis, pallidè flavis nutantibus spicati. Pedunculi brevissimi, singuli *stipula* marcescente. *Calyces* lanati, ferè usque ad basin quinquefidi, laciniis linearibus. *Vexillum* latum, cordatum seu profundè emarginatum, patens; *alae* multò breviores, oblongæ; *carina* vexillum subæquans, compresso-lata, gibba, concolor, apice biloba. *Legumen* intra florem persistentem, exsiccatum adolescit, ex articulis binis ternisve orbiculatis, lanuginosis, monospermis concatenatum.

Crecit pulcherrima hæcce planta copiosè ad Volgam australiorem, rariùs ad Irtin, præsertim in præruptis limoso-argillosis; florens maio.

* *Hedysarum* (*argentatum*) *foliis pinnatis subtùs sericeis lucidis, leguminibus articulatis, scapo aphyllo.* Lin. *f. suppl.* 333. *Hedysarum argenteum.* Lin. *astragalus....* Gmel. *fl. sib. IV*, *p.* 61, *n°.* 78, *t.* 31.

B. idem floribus purpuro-violaceis. Hedysarum scapis radicatis. Gmel. *fl. sib. IV*, *p.* 30, *t.* 13.

Très-belle espèce de sainfoin, à feuilles pinnées, lanugineuses, soyeuses, et comme argentées en-dessous, et à fleurs grandes, fort belles, disposées en épi sur des hampes nues et radicales. Ces fleurs, d'abord d'un blanc de lait, quelquefois nuancé de rouge, deviennent ensuite jaunâtres. Dans la variété B, elles sont d'un pourpre violet, et l'épi est plus court. Ce beau sainfoin croît dans les régions australes de la Sibérie. Sa variété se trouve dans la partie orientale des monts Ouralsks, et dans l'île d'Olchon.

N°. 368.

HEDYSARUM *fruticosum*. Tab. 92, f. 2.

Astragalus caulibus ramosis erectis, foliolis et floribus dissitis, GMEL. *Flor. Sib. IV, p. 45, n°. 60, tab. 22.*

Frutex ulnaris vel ultrà, radicibus longissimis in arenam descendens, supra terram sparsus virgis raris erectis, rigidis, dichotomo-divaricatis, subarticulatis, quorum internodia longa, recta, teretia, epidermis gryseo-albida, striata. *Rami* herbacei è dichotomia fruticis, sæpe ulnares, vix ramosi, subflexuosi, læviter lanuginosi. *Folia* remotè alterna, patentia, impari-pinnata: *foliolis* ovalibus, crassiusculis, mollibus, glaucis, non exactè oppositis. *Racemi* axillares atque terminales, pauciflori; *pedunculi* breves, *stipulâ* minimâ, emarcidâ stipati. *Calyces* rubicundi, obsoletissimè angulati, quinquedentati, dentibus 2 superioribus paulò propioribus. *Corolla* dilutè purpurea, venis subtilissimis saturatioribus: *vexillum* cordatum, patens, macula disci oblonga alba, flavo marginata; *alae* exiguæ, acutæ;

carina lata, longitudine ferè vexilli, compressa, biloba (*fig.* 2). *Legumen* (*fig.* 3) moniliforme, articulis compressis, rugoso-reticulatis. *Semina* orbiculata, grysea. Germinat foliis primordialibus sex vel septem primis simplicibus, lanceolato-falcatis.

Copiosissimus frutex in collibus sabulosis circa Selengam fl. et vallem Chaïlassutu Dauriæ; viget junio julioque lentè succedentibus floribus, semina sero autumno maturat. Speciosissima planta, equis grata et ad firmandam arenam utilissima, præsertim quum per semina facilè multiplicetur.

* *Hedysarum* (*fruticosum*) *foliis pinnatis* : *foliolis alternis oblongis mollibus*, *stipulis subulatis*, *ramis axillaribus*, *leguminum articulis reticulatis.* Lin. *f. suppl.* 333.

Ce beau sainfoin forme un arbuste qui vient en touffe très-lâche et irrégulière. Ses tiges sont étalées, frutescentes, garnies de rameaux herbacés, redressés et blanchâtres. Les feuilles sont pinnées, à folioles lâches, la plupart alternes, d'un vert glauque, un peu blanchâtre. Les fleurs sont purpurines, disposées sur des grappes peu garnies et moins longues que les feuilles. On trouve cette espèce dans la Daourie, sur les collines sablonneuses.

N°. 369.

GALEGA *daurica*. Tab. 81, fig. 3.

Caulis herbaceus, semi-ulnaris, erectus, subramosus, striatus atque pilosus. *Folia* alterna

alterna, albo-pilosa, pinnata, paribus 5 ad 8, cum impari, subpetiolatis, lanceolatis. *Flores* in spica brevi, terminali conferti. *Calyces* pilosi, subpedunculati, profundè quinquefidi, laciniis longis, linearibus. *Stipula* linearis ad singulum florem. *Corollae* purpureæ, minusculæ. *Legumina* in spica productiore linearia, erecto-subrecurva, pubescentia, stylo setaceo terminali. Matura non vidi.

In ripis glareosis fluviorum Transbaïkalensium, ad Ononem, Dshidam, Selengam, sera æstate demùm floret.

* *Galega (daurica) leguminibus retro-falcatis linearibus pubescentibus erectis spicatis, foliolis lanceolatis subpetiolatis albo-pilosis.* Gmel. *syst. nat.* 2, *p.* 1130, *n°.* 15.

Plante herbacée, haute d'environ un pied et demi, à tige droite, feuillée, un peu rameuse. Elle est velue ou pileuse, à poils blanchâtres. Ses feuilles sont ailées avec impaire, à folioles lancéolées, peu distantes entr'elles. Les fleurs sont purpurines, disposées sur des épis courts et terminaux. Il leur succède des gousses linéaires, droites, un peu recourbées, chargées de poils blancs. On trouve ce galéga dans la Daourie, sur les rives caillouteuses des rivières.

N°. 370.

ASTRAGALUS *cornutus*.

Planta erecta, stricta, parciùs ramosa, *caulis* suffrutescens, simplex sæpius cubitalis, adspersus *petiolis* exsiccatis foliorum prioris anni, alternis, à caule divaricatis. Ex horum ala gemmæ alternæ, unde et *ramuli* annui floriferi alterni sunt, tomento prostrato obducti. *Folia* mollia, pinnata paribus 4, cum impari; *foliola* oblonga, angusta, pilis rariusculis, prostratis maximè subtùs, canescentia. *Stipulæ* marcescentes, acutæ. *Pedunculi* axillares, nudi, floribus in spicam brevem congestis; perfectissimè terminales. *Stipulae* ad pedunculos partiales nigro-pilosæ, acutæ. *Calyces* item nigro-pilosi, cylindrici, longi, superiore latere canescentes, quinque-dentati. *Vexillum* calyce longius, oblongum, subemarginatum, purpurascens. *Carina* cum *alis* conniventibus brevior, albida. *Legumina* oblonga, subtriquetro-teretia, acuta, fusca, leviterque tomentosa, unilocularia. — Sero autumno florens observata planta ad rivum Derkul in montano tractu deserti Rhymnici.—An *astragalus sulcatus* !

* *Astragalus* (*cornutus*) *suffrutescens strictus, spicis pedunculatis brevibus subterminalibus, leguminibus triquetro-teretibus acutis.*

Pallas dit que cette astragale approche beaucoup de celle dont il est parlé dans la *flora sibirica* de Gmélin (*vol.* 4, *p.* 47, *n°.* 62, *t.* 24), et qu'elle vient en buisson. Ses fleurs sont longues, purpurines, et ramassées en épis courts, pédonculés, qui deviennent comme terminaux. On la trouve en Sibérie et dans la Russie orientale.

N°. 371.

ASTRAGALUS *spicatus*. Tab. 84.

Radix perennis, paucos scapos proferens. *Folia* tomentosa, radicalia, pinnata paribus 15 ad viginti, foliolis ovato-acutis inferioribus magis distantibus, superioribus sensim minoribus. *Scapi* plures ex eadem radice pedales vel ultrà, tomentosi aphylli, terminati spica onobrychidis simili formâ et colore, *flores* intra stipulas alternas, vexillo alis non multò longiore. *Legumina* perfecta non vidi.

Crescit in aclivibus saxosis australioribus et apricis ad orientales limites montium Uralensium, præsertim circa Uïum fluvium, florens junio.

* *Astragalus* (*spicatus*) *scapis tomentosis*, *floribus spicatis confertis suberectis.*

Il est dommage que *Pallas* ne nous ait pas donné plus de détails sur cette plante. Au reste si c'est véritablement une astragale, elle est si remarquable par son port, et par la forme de ses épis, qu'il sera toujours très-facile de la distinguer des autres. On la trouve sur les pentes ou côtes pierreuses des limites orientales des monts Ouralsks.

N°. 372.

ASTRAGALUS *ammodytes*. Tab. 83, f. 2.

Mira et elegantissima species in suo genere.

Radix perennans, fibrosa, nervis plurimis longissimis, subsimplicibus profundè in arenam descendens. *Surculi* è radice copiosissimi, infirmi, in circumferentiam ulnarem et ultrà quaquaversùm prostrati, ramosissimi, subnodosi. Ramuli annui et biennes velut articulis lanatis intercepti, è quibus folia, novi rami, floresque. *Folia* petiolis longissimis, elevata, ut extra arenam emergant, impari pinnata, foliola à quinis ad undena, confertissima, ut faciem palmati folii referant, oblongo-ovata, cum extremis ramis petiolisque alba lanugine vestita, ut sæpe planè candida appareant. *Flores* è ramulorum nodis semper bini, longiusculi, albi. *Calyx* albo-lanatus, cylindricus, lacinulis linearibus quinquedentatus. *Vexillum* angustum, carina multò longius, alæ paulò breviores vexillo. *Legumina* parva nuda, ventricoso-didyma, ovata, lanugine obducta, stylo subincurvo mucronata, farcta seminibus pluribus, reniformibus, luteis, à quorum colore pellucente legumina ipsa lutescunt. Planta tota præter folia et extremos ramulos intra cumulos hæmisphericos glaræ mobilis, quos ipsa colligit, latet; floret quoque intra arenam et fructus arena defossos maturat, unde à muribus arenariis (*n*°. 13) eruuntur.

Copiosè crescit in arenosis collibus australioris regionis ad Irtin supra fortalitium Jamyschewa.

* *Astragalus* (*ammodytes*) *caulescens suffruticosus, floribus geminis, leguminibus ovatis didymis lanatis*. Linn. *f. suppl.* 338.

La racine de cette astragale est divisée en fibres simples, extrêmement longues. Elle pousse des tiges très-rameuses, foibles, couchées, feuillées. Les feuilles sont pinnées, à petioles fort longs, nus inférieurement. Les fleurs sont blanches, géminées, latérales ; elles produisent de petites gousses enflées, didymes, mucronées, lanugineuses. On trouve cette plante sur les collines sablonneuses de la Sibérie australe. Elle retient et affermit les sables mouvans.

N°. 373.

ASTRAGALUS *melilotoides*. Tab. 94, fig. 1, 2.

Lotus montana erecta, oblongo et angusto folio parvulo, et siliqua melitoti, septo obliquè transverso divisa, bi-capsulari, MESSERSCHM. ap. AMMAN. *Stirp. p.* 119, *n°.* 157.

Astragalus caulibus erectis, ramosissimis, pedunculis folio longioribus, foliolis quinis, floribus laxè spicatis, leguminibus rotundis, GMEL. *Flor. Sibir. IV, p.* 38, *n°.* 51.

Radix perennis, producens *caules* striatos, plus minus cubitales, erectos in ramos tenues strictos, subdivisos, facie ferè meliloti. *Folia* ad axillas et in ramis alterna, rariusculè sparsa, plerumque paribus duobus cum impari, rariùs tribus composita, *foliolis* brevissimè petiolatis, oblongis, obtuso-subemarginatis, glabris. *Stipulae* minutæ, setaceæ. *Spicæ* terminales omnium ramorum virgatæ, nudæ, floribus brevissimè pedunculatis, minutis, alternis. *Corollae* purpurascenti-albæ, liturâ carinæ violaceâ. *Legumina* (*fig.* 2) erecta, parva, ovata, didymo - subtriquetra, transversim striata, stylo mucronata, bilocularia, disperma; *semine* singulum loculum explente nigro.

In montanis siccis et apricis ad Jeniseam, inque regionibus Transbaïkalensibus frequens, floret julio et augusto. Legumina septembri maturantur, deciduntque integris loculis, semina ægrè demittentibus.

* *Astragalus* (*melilotoides*) *spicis terminalibus nudis, caulibus striatis, leguminibus erectis didymo-subtriquetris transversim striatis.* Gmel. *syst. nat.* 2, *p.* 1132, *n°.* 2.

On ne sauroit disconvenir que cettte espèce a un port très-particulier qui la distingue de toutes ses congénères, et la rapproche des lotiers ou des coronilles par son feuillage, et des mélilots par ses épis. Ses fleurs sont petites, variées de blanc, de pourpre et de violet. Il leur succède de petites gousses ovoïdes, un peu didymes, presque trigones, mucronées, striées transversalement. Cette plante croît aux lieux secs et montagneux de la Daourie.

N°. 374.

ASTRAGALUS *leptophyllus*. Tab. 72, f. 1.

An astragalus pedunculis radicatis, foliolis linearibus pluribus, glaberrimis, GMEL. *Flor. Sibir. p. 53, n°. 68, tab. 24, B?*

Radix perennis, nunquam calamo crassior, perpendicularis, apice subdivisa. *Folia* radicalia pauca, nudiuscula, rhachi elongata, extremitate pinnata foliolis 9 ad 13 linearibus, angustissimis. *Scapi* pauci, longitudine foliorum, prostrati, floribus terminalibus binis, ternis, quinis, rarissimè senis, brevissimè pedunculatis, in capitulum ferè congestis, interjectis stipulis hirsutis. *Calyces* hirsuti, cylindrici, dentati laciniis quinis linearibus. *Corollae* magnæ, colore lathyri tuberosi intensiùs roseo, sub deflorescentiam cœrulescentes. *Legumina* (*fig. B*) pubescentia, inflata, ovato-mucronata, hinc magis ventricosa, *unilocularia*, dissepimento angustissimo ad suturam superiorem.

In campis apricis et subsalsis inter Ononem et Argunum copiosè floret sub finem maii; semina æstate præbuit.

* *Astragalus* (*leptophyllus*) *scapis prostratis, folio-*

lis angustissimis subulatis, floribus subternis in capitulum congestis.

Quel contraste entre le port de cette astragale, et celui de l'espèce qui précède. Celle-ci est petite; elle pousse de sa racine, dont le collet est chevelu, quelques hampes nues, filiformes, couchées, terminées chacune par deux ou trois grandes fleurs ramassées et de couleur rose ou purpurine. Les feuilles sont radicales, ont de longs pétioles garnis supérieurement de folioles linéaires-subulées et très-étroites. Cette plante croît dans la Daourie, entre l'Onon et l'Argoun.

N°. 375.

ASTRAGALUS *dasyanthus*. Tab. 85, fig. 1, A.

An astragalus Caprinus, LIN. *Spec. pl. II, p. 1071, Sp.* 29. (Certè *morisoni* Icon simillima.)

Radix perennis, ramosa, tenax, capitibus crassitie calami scariosis. *Planta* tota lanugine copiosa albet. *Folia* impari-pinnata, foliolis oblongo-ovalibus, 9—14 parium, intermediis majoribus. Interdum lætior (in horto semper), caulescit *caule* hirsutissimo, palmari, foliato cum *stipulis* magnis, triangularibus, extùs hirsutissimis, proferente *pedunculos* plures axillares, foliis breviores (ut in Icone). Frequentiùs scapi radicati, longitudine ferè foliorum. *Flores* in capitulum lanatum congesti, interjectis stipulis longitudine calycis, lanceolatis, hirsutissimis. *Calyces* item lanati, cylindrici, quinquefidi, dentibus lateralibus longioribus, inferis approximatis. *Corollae* angustæ, flavæ, *vexillo* extùs toto, et alarum antico margine lanuginosis (quod in nulla alia congenerum). *Legumina* (*fig. A*) albo-villosa dura; ovato-mucronata, subtriquetra, dorso longitudinaliter excavato, carinâ convexâ; *septum* carinam non attingit. *Semina* reniformia, plana, pallida.

Provenit in collibus glareosis herbidis ad Glowiam et Melwedizam fl. cum Astrag. piloso; florens æstate, semina augusto perficiens, quæ citò dehiscentibus leguminibus effunduntur.

* *Astragalus* (*dasyanthus*) *lanuginosus*, *scapis folia subæquantibus*, *floribus capitatis*, *leguminibus subtriquetris villosis*. Gmel. *syst. nat. p.* 1137, *n°.* 53.

Cette astragale a de si grands rapports avec l'*astragalus caprinus* de *Linné*, que je présume qu'elle n'en est qu'une variété plus lanugineuse, et à épi plus ramassé. Elle est aussi un peu plus caulescente. On la trouve en Russie, près du Volga, sur des collines caillouteuses.

N°. 376.

ASTRAGALUS *laguroides*. Tab. 91, fig. 2.

Radix perennis, calami raro anserini crassitie, perpendicularis. *Folia* radicalia pauca, pilis prostratis hispido - tomentosa, longiùs pedunculata; pinnata paribus duobus tribusve cum impari; *foliola* lanceolata, terminali sæpe majore. *Scapi* radicati solitarii vel bini ex eadem radice, foliis subbreviores, hispidi, terminati spicâ florum confertissimâ, crassâ ovali, vel cylindraceâ, hirsutie albente. *Calyces* sessiles, quinquangulares, cylindracei, cum bracteis adpositis pilosissimi, quinquedentati, laciniis longis, linearibus. *Corollae* angustæ, calyce minus duplo longiores, purpureæ, *vexillo* ferè lineari, compresso, alis non multò longiore. Marcescente flore inflantur calyces et ore coarctati intus maturant *legumen* parvum, compressum, falcatum, stylo acuminatum, pilosum, biloculare et dispermum.

Circa Selengam, in planis inter montos aridissimis florebat junio, et initio julii semina perficiebat.

* *Astragalus* (*laguroides*) *piloso - tomentosus*, *scapis erectis folia subæquantibus*, *spicâ densâ ovali.*

Cette petite plante est pileuse, blanchâtre, et ne s'élève qu'à deux ou trois pouces de hauteur. Ses hampes, solitaires ou géminées, sont terminées par un épi dense, ovale, légèrement lanugineux. Les calices sont enflés, sur-tout pendant le développement du fruit. Il paroît que ses gousses sont enfermées dans le calice. On trouve cette plante dans la Mongolie, près de la Sélenga.

No. 377.

ASTRAGALUS *lupulinus*.

Anthyllis herbacea, foliis pinnatis, foliolis quinis æqualibus, terminatrici maximo, GM. *Flor. Sibir. IV, p.* 34, *n°.* 46. (Saltem secundùm *Synon. Stellerianum.*)

Facie simillima præcedenti, et affinitas summa, nisi pilosior. *Radix*, folia scapis longiora; spica crassa, conferta, ut in eadem. *Stipulæ* radicales hirsutiores. *Scapi* sulcato-angulati. *Calyces* hirsutissimi, à prima florescentia ventricoso-inflati, magni, ore coarctato, quinquefido, laciniis linearibus fusco-pilosis. *Corollae* majores, quàm in A. laguroide, flavæ, vexillo oblongo, alis duplo longiore. *Legumen* (intra calycem inflatum) ovato-compressum, stylo uncinatum, semibiloculare, dispermum.

In insulis arenosis Selengæ et circa Baïkalem floret junio.

* *Astragalus* (*lupulinus*) *scapis sulcato-angulatis folio brevioribus, floribus spicatis; calycibus hirsutissimis.* Gmel. *syst. nat. p.* 1137, *n°.* 56.

Les fruits de cette astragale sont enfermés dans le calice, et plusieurs autres espèces, sur-tout celles dont le calice est enflé et vésiculeux, sont dans le même cas; ce qui les rapproche beaucoup des *anthyllis*. Aussi la plante dont *la Billardière* a fait un anthyllis (*anthyllis tragacanthoides*, &c.

pl. syr. decas 2, *p.* 16, *t.* 9.) peut être regardée comme une astragale par d'autres botanistes.

L'astragale lupuline croît dans les îles sablonneuses de la Sélenga, et autour du lac Baïkal. C'est par erreur de l'édition fr. in-4. qu'on a donné le nom de cette plante à la fig. 1 de la planche 91. *Voyez* le n°. 378.

N°. 378.

ASTRAGALUS *ampullatus*. Tab. 91, f. 1, et 97, f. 3.

Radix perennis, crassa, verticalis, in ramos grossiores divisa, supra terram cæspitans, multiceps. *Folia* crebra radicalia, pinnata paribus 3, 5, vel 9, cum impari; tota tomento subargentea; *foliola* sessilia, lanceolata. In florente planta scapus erectus, æque ac folia, vix pollicaris; seriùs folia petiolis in bipollicarem longitudinem excrescunt; scapi fructiferi verò quadripollicaribus sæpe majores et per ambitum prostrato-subadscendentes. *Flores* terminales bini, quaterni, nec plures, quorum pedunculi biflori, brevissimi scapum apice quasi dichotomum sistunt. *Stipulæ* longitudine ferè calycis, lanceolato-carinatæ, in bifloris quaternæ. *Flores* minusculi. *Calyx* villosus, cylindrico-angulatus, basi fuscescens, quinquedentatus, laciniis linearibus. *Corolla* dilutè purpurea. *Legumina* (*tab.* 97, *f.* 3) calyce disrupto inflata, magna, ovato-mucronata, stylo setaceo acuminata, cano-villosa, unilocularia; quæ matura integra defluunt.

In rupestribus ad Jeniseam et circa Baikalem passim provenit, tota fermè æstate florens, semina perficiens autumno.

* *Astragalus* (*ampullatus*) *foliis tomentoso-argenteis scapo brevioribus, floribus subquaternis, leguminibus ovatis inflatis cano-villosis.*

Ses feuilles sont radicales, courtes, pinnées, tomenteuses et comme argentées ou soyeuses. La hampe florifère est droite, longue d'un pouce, mais lorsqu'elle porte les fruits, elle est plus longue, couchée et ascendante. Les gousses sont ovales, enflées, mucronées, couvertes de poils blancs. Cette plante se trouve près de l'Enisséi, et aux environs du Baïkal, parmi les rochers.

No. 379.

ASTRAGALUS *vesicarius.*

Fortè varietas præcedentis, cui simillimus. *Radix* maxima, multò majores cæspites formans, capitibus villosissimis; folia ferè glabra. *Calyces* lanuginosi, licet scapis ferè glabris. *Flores* quini vel seni lactei (adultiores basi cœrulescentes) omnes maculâ livido-cœrulante carinæ. *Legumina*, ut in præcedenti, lanuginosa, unilocularia, decidua. *Calyces* primò inflantur, demùm diffinduntur.

Hæc primo vere in glareosis et rupestribus Dauriæ floret, sub finem maii jam deflorescens, junioque semina maturat. Varietatem circa Baïkalem observavi foliolis ternatis, rariùs quinatis, corollis purpurascentibus, quæ magis adhuc ad præcedentem accedit.

* D'après la description que donne ici *Pallas*, la plante dont il parle ne me paroît pas être l'*astragalus vesicarius* de *Linné*, dont les fleurs sont en épi lâche. Sans doute que sa plante est, comme il le présume, une variété de la précédente.

No. 380.

PHACA *oxyphilla*. Tab. 87, fig. 3.

Radix perennis, capitibus vaginatis vix evidenter caulescens, multicaulis. *Folia* è vaginis infundibuliformibus, stipuliferis membranaceis; rhachi ad $\frac{1}{3}$ ferè nudâ, dein rariùs pinnatâ; foliola plerumque ternata, imò quaterna, lanceolato-acuminata, tomentosa, opposita, et radiatim circa rhachin divaricata. *Pedunculi* subradicati, declinati, per maturitatem prostrati, nudi, spicâ terminali confertâ, usque ad 20 flora. *Calices* hirsuti; bracteæ calyce haud longiores. *Corollæ* mediocres, pallidè violascentes vel albidæ, cœrulescente striatæ atque umbratæ, apice carinæ intensiùs violascente. *Legumina* (quibus maximè distinguitur) ovato-inflata, stylo elongato acuminata, extùs pilosa, valvulis tenuibus membranaceis, perfectè unilocularia; matura etiam viridi, interdum versùs apicem purpurascente colore gaudent. *Semina* fusco-lutescentia, majora, quàm in Ph. myriophylla; germinant foliis primordialibus tribus simplicissimis, lanceolatis, proximis ternatis vel aliquot parium cum foliolo terminali magno, falcato.

Crescit in collibus apricis, siccis, glareosis ad Jeniseam et in Dauria, ab initio æstatis florens et usque in autumnum semina perficiens.

* *Phaca (oxyphylla) leguminibus ovato-inflatis extrinsecus pilosis, foliolis tomentosis subquaternis.* Gmel. *syst. nat.* 2, *p.* 1131, *n°.* 8.

Je ne vois pas pourquoi cette plante n'est pas une astragale, comme celles qui précèdent; et j'en dis autant des suivantes. Dans mon Dictionnaire de Botanique (*vol.* 1, *p.* 309), j'ai fait voir que le genre *phaca* de *Linné* ne pouvoit pas être conservé, parce qu'il étoit composé de véritables astragales auxquelles on avoit réuni quelques espèces de baguenaudier (*colutea*) à tige herbacée.

Quoique la gousse de ce *phaca oxyphylla* soit uniloculaire, la suture inférieure est sans doute un peu rentrante, ce qui suffit pour le caractère d'une astragale.

N°. 381.

PHACA *sylvatica.* Tab. 86, f. 1.

Hæc fortè antecedentis varietas loco umbroso humidiore mutata videri posset, sed cultura non mutatur, uti nec prior (licet magnitudine multùm augeatur) eidem similis unquàm evadit. *Radix* maxima, multiceps, supra terram (ut præcedentis) vix evidenter caulescens et subdivisa. *Folia* longis pilis pubescentia, stipulis ad basin rhacheos magnis, membranaceis, acuminatis alata; pinnis plurimis solitariis, lato - lanceolatis, vel ovalibus, hinc inde accessoriis minoribus. *Pedunculi* declinati, longitudine foliorum striati, pilosi, spicâ terminali copiosâ longiusculâ. *Bracteæ* floribus totis longiores, cum calyce pilosæ. *Calyces* quinquangulares, pallidi, laciniis marginis linearibus viridibus. *Corollæ* angustæ, exiles, purpurascentes, compressæ. *Legumina* fusco-pilosa, inflata; non vidi perfecta, sed formâ et consistentiâ præcedentium similia ferè videbantur.

In pinetis Dauriæ, cum trifolio hedysaroïde frequens occurrit.

* *Phaca* (*sylvatica*) *leguminibus inflatis fusco-pilosis, foliis pinnatis longis pilosis.* Gmel. *syst. nat.* 2, *p.* 1131, *n°.* 9.

Cette plante a de si grands rapports avec l'*astragalus uralensis*, que l'ayant reçue de Sibérie, je l'avois rapprochée de cette astragale, dont elle n'est peut-être en effet qu'une variété. Que ceux qui auront, comme moi, les deux plantes, savoir celle de Suisse (*hall. helv. n°.* 410, *t.* 14), et celle de Sibérie, jugent de l'arbitraire qu'ont établi les botanistes dans la composition de leurs genres, puisque deux plantes aussi rapprochées par tous leurs caractères, sont l'une un *phaca*, et l'autre un *astragalus*.

N°. 382.

N°. 382.

PHACA *mycrophylla*. Tab. 90, fig. 1.

Modus crescendi, ut in *oxyphylla*; sed capita radicis suprà terram planè non caulescere videntur, stipulis foliorum villosissimis scariosa. *Folia* longa, foliolis copiosis, minutis, ovalibus, rariùs duplicatis pinnata, pilis hirta, suprà glabra. *Scapi* radicales longitudine foliorum erecti vel declinati, floribus ferè in capitulum congestis. *Calyces* pallidi, punctis prominulis fuscis muricati, lanuginosi. *Corollae* magnæ purpureæ. *Bracteae* calyce breviores. *Legumina* non vidi.

Provenit in insulis arenosis Selengæ et Baïkalis.

* *Phaca* (*microphylla*) *foliolis binatis ovatis obtusis villosis, calyce muricato piloso: dentibus undique hispidis.* Lin. *f. suppl.* 337. Gmel. *syst. nat. p.* 1132, *n°.* 12.

Cette plante a beaucoup de ressemblance avec mon *astragalus densifolius* (*Dict. vol.* 1, *p.* 317, *n.* 41), que j'ai décrit d'après des individus secs, recueillis par *Tournefort*; je crois cependant qu'elle peut en être distinguée, ayant ses folioles moins serrées et moins laineuses; mais seulement pileuses en-dessous et sur les bords. Elle vient dans les îles sablonneuses de la Sélenga et du Baïkal.

N°. 383.

PHACA *prostrata*. Tab. 87, fig. 1.

Radix crassitie sæpe digiti, supra cæspitem ramosa. *Capita* radicis, ut in præcedentibus, imbricata stipulis vaginantibus, quæ sunt biangulatæ, extùs pilosissimæ; è quibus *folia* pilis prostratis canescentia ultra dimidium nuda, hinc pinnata. *Foliolis* raris, linearibus, plerumque gemellis inæqualibus, divaricatis suprà glabris. *Scapi* radicales plurimi, prostrati, glabri, pauciflori. *Flores* ferè in capitulum congesti; *bracteis* brevissimis, lanceolatis stipati. *Calyx* brevissimè pedunculatus, lanuginosus, laciniis linearibus, superis paulò magis distantibus. *Corollæ* magnæ; *vexillum* oblongo-ovale, integrum purpureum, maculis disci 2 oblongis, parallelis, virescente-flavis; *alae carinaque* concolores, hæc liturâ apicis livido-cœrulante. *Legumina* non vidi; sed flore differt ab affinibus omnibus.

In arenosis salsis circa lacum exsiccatum Tarei copiosè florebat sub finem maii, reliquis his descriptis præcocior; nec albi observata fuit.

* *Phaca (prostrata) foliolis binatis linearibus sericeis, scapo procumbente, calyce villoso: dentibus lanceolatis brevibus.* Linn. *f. suppl.* 336. Gmel. *syst. nat. p.* 1132, *n°.* 11.

D'après l'inspection des figures, il est évident que le *phaca prostrata* (pl. LXXXVII, f. 1.) de *Pallas* a de très-grands rapports avec son *phaca oxyphylla* (n°. 380, pl. LXXXVII, f. 3); on ne voit pas même d'abord comment

Ils se distinguent, si ce n'est que les folioles du *phaca prostrata* ne sont que géminées pour la plupart, et jamais quaternées. Les hampes sont glabres, dit *Pallas*; mais le dessinateur les a représentées velues. Cette plante croît aux environs du lac Taréi, en Sibérie.

N°. 384.

PHACA *myryophylla*. Tab. 86, fig. 2.

Astragaloïdes incana, non ramosa, floribus carneis, AMMAN. *Stirp. p. 113, n°. 150, tab. 19, fig.* 2.

Astragalus pedunculis radicatis, foliolis linearibus quaternis et quinis radiatim rhachin amplectentibus, GM. *Flor. Sibir. IV, p. 63, n°. 80.*

Astragalus verticillaris, LINN. *Mantiss. p.* 275.

Radix magna, perennis, ramosa, supra terram divisa in capita copiosa, villosissima. *Folia* radicalia crebra erecta, subdodrantalia, tenuiter lanuginosa, tota *foliolis* creberrimis multiplicatis, linearibus, binis, ternis, quaternis ex eodem puncto ortis, circa rhachin radiantibus, subincurvis pinnata. *Stipulae* ad basin rhacheos dilatatam lineares, villosæ. *Scapi* radicati, foliis longiores villosioresque, striati, terminati spica speciosa, 10 ad 20 flora. *Calyces* villosi, subpedunculati, viridi-purpurascentes, cylindrici, laciniis linearibus quinque-dentati, quarum superæ breviores atque remotiores. *Bracteæ* lanceolatæ, longitudine calycis. *Corolla* oblonga, dilutè purpurea; *vexillo* integro, disco albo striato; *alis* dilutioribus, brevibus; *carinâ* violascente, acuminatâ. *Legumina* tomentosa, rigidissima, recta, cylindraceo-depressa, stylo acuminata, rhachi hinc longitudinaliter impressa, intùs semi-locularia; *semina* parva, reniformia, grysea.

In regionibus Transalpinis Dauriæ vulgatissima et pulcherrima planta; citra Alpes rarior, minorque, ut quasi extra patriam. Ad Selengam in arenosis variat flore pallidè cœrulescente, vexillo alisque ferè albidis; sed forma in omni solo constantissima. *Floret* maximè post medium junii.

* *Astragalus* (*verticillaris*) *foliolis aggregato-semiverticillatis*. Lin. *mant. p.* 275. Gmel. *syst. nat. p.* 1136.

Celle-ci a été placée par *Linné* parmi les astragales et y est restée dans l'édition du *systema naturæ* de *Gmélin*, quoique *Pallas* en ait fait un *phaca*; mais ces deux genres ne peuvent subsister, au moins tels qu'on les a établis. *Voyez* la note du n°. 380.

Dans quelque genre qu'on la place, elle n'en est pas moins une très belle plante, fort remarquable par ses feuilles dont les folioles linéaires, très-menues, sont insérées trois à cinq ensemble à un même point de chaque côté, comme si elles étoient verticillées. Les hampes, un peu plus longues que les feuilles, sont terminées par un bel épi de fleurs purpurines. On trouve cette plante dans la Sibérie, la Daourie.

N°. 385.

PHACA *muricata*. Tab. 89, fig. 1.

Facies et crescendi modus exactè præcedentis; inter affines glaberrima. *Radix* magna, perennis, libro dilutè rubro vestita (quod in nulla alia), supra cæspitem multifida. *Folia* radicalia copiosa, spithamalia vel longiora, erecta, glabra, rhachi ad basin dilatata in stipulam latissimam, viridem, subpilosam, utrinque laciniâ plusquam semi-pollicari, acuminatâ auritam. *Foliola* per rhachin rariùs disposita, bina, terna, quaterna ex eodem puncto radiantia, lineari-lanceolata, subcanaliculata, glabra, subtùs plerumque punctis submuricatis scabrida, præsertim in juniore planta. *Scapi* radicati foliis ferè longiores, teretes, terminati spica copiosa florum 10 ad 20. *Calyces* sessiles, albidi, subpilosi, laciniis subulatis viridibus, æquidistantibus. *Corolla* pallida; *vexillum* alis duplo longius, integrum; *carina* brevis, acuminata, brevior, liturâ livido-cœrulescente maculata. *Legumina* (*fig.* B) maxima, semi-cylindrico-arcuata, stylo mucronata, punctisque acutis, sparsis muricata; supra eadem secundùm rhachin impresso-canaliculata, unde introrsùm producitur, dissepimentum bilamellatum ad oppositam suturam non pertingens. *Semina* ut in præcedenti, olivaceo-lutescentia. *Germinat* foliis primordialibus 2 primis ternatis, proximo quinato, vel pinnis duplicatis.

Copiosissima planta in montanis campis inter Yïussum et Jeniseam; etiam circa Baïkalem observata. Floret initio junii, semina augusto perficit.

* *Phaca* (*muricata*) *foliolis ternis S. quaternis lineari-subulatis subtùs muricatis, calyce glabro, dentibus ciliatis*, Linn. *f. suppl.* 337. Gmel. *syst. nat. p.* 1132, *n°.* 13.

La précédente est un *astragalus* pour *Linné*, et celle-ci un *phaca* pour *Linné* fils comme pour *Pallas*. Qui pourroit cependant douter que ces deux plantes ne soient nécessairement congénères? celle-ci ne diffère sensiblement de la précédente que parce qu'elle est glabre, que son épi est plus court et à fleurs jaunes, et que ses folioles sont moins étroites. On la trouve dans les champs montagneux de la Sibérie.

N°. 386.

PHACA *lanata*. Tab. 87, fig. 2.

Astragaloïdes hirsuta minor, non ramosa, floribus purpurascentibus, AMMAN. *Stirp. p. 111, n°. 149, t. 19, fig. 1.*

Astragalus radicibus caulescentibus, foliolis 4 et 5, *rhachin* radiatim cingentibus, GMEL. *Flor. Sibir. IV, p. 63, n°. 81.*

Phaca sibirica, LINN. *Sp. pl. II, p. 1064.*

Radix in arenis profundè fibrosa, sursùm

in paucos ramos elongatos divisa, supra terram caulescens. *Folia* digitalia, tomento alba et lanuginosa, innata *stipulae* infundibuliformi, villosissimæ, utrinque in laciniam linearem elongatæ; quales caules totum vaginarum instar vestiunt. *Foliola* circa rhachin remotiùs disposita, bina ternaque in eodem puncto, rariùs solitaria, majuscula, lanceolato-linearia. Scapi terminales foliis paulò longiores, teretes, villosissimi, spicâ sex vel octoflorâ terminati. *Calyces* lanati, evidentiùs pedunculati, quinquedentati, laciniis æqualibus; *bracteae* calyce paulò longiores, lineares. *Corollae* speciosæ, intensæ purpureæ, *vexillo* latiore, quàm in præcedentibus, saturatioribus striis; *carina* infernè pallida. *Legumina* ovato-acuta, stylo mucronata, durissima, rudiùs lanato-tomentosa, unilocularia; sutura intus hinc carinata, pro receptaculo seminum virescentium.

Abundat in arenis aridissimis circa Selengam, à pumila *Ammannianae*, ad Iconis nostræ staturam varians; sub finem junii atque initio julii floridissima.

NOT. Hæc omnes (nos. 380—386) ad astragalos referendæ, ubi subdivisionem peculiarem per structuram foliorum, in nullo alio diadelpharum genere observatam, constituent. — *Baïkalia* flore ochroleuco, vexillo floris cœrulescente, STELLERI, in *Flor. Sibir. IV*, *p. 62*, n°. 79, à nostris omnibus differt : foliis proxima *lanatæ*; floribus *muricatae*, leguminibus *prostratae* nostræ. Sed mihi recens non oblata fuit, quum tardiùs floreat.

* *Phaca* (*sibirica*) *caulescens, foliolis quaternis lanceolatis obtusis sericeis, calyce villoso : dentibus setaceis.* Linn. *f. suppl.* 336.

Parmi les *phaca* caulescens, c'est la seule espèce connue qui ait les folioles fasciculées à leurs insertions, ce qui la rend très-facile à reconnoître. La plante est lanugineuse, blanchâtre, porte un épi composé de six ou huit fleurs purpurines, auxquelles succèdent des gousses ovales, pointues, tomenteuses. On trouve cette plante dans les lieux arides et sablonneux de la Sibérie.

N°. 387.

PHACA *salsula*. Tab. 88, fig. 1, 2.

Radix crassa, lignosa, profundè ramificata, trunculis brevissimis, fruticosis supra terram perennans. *Caules* annui, semiulnares vel spithamæi, subsimplices, recti, teretes atque, uti folia plantæ, tomento vix conspicuo incani. *Folia* crebra, alterna, paribus 6 vel 7, cum impari pinnata; *foliolis* oblongo ovatis, supra glabris. *Stipulae* nullæ. *Pedunculi* axillares racemosi, elongati, nudi. *Calyces* campanulati, dentibus 2 muticis, tribus acutis persistentes. *Corollae* ruberrimæ, figura lathyri. *Legumina* intra calycem persistentem longiùs pedunculata, cernua, inflata, oviformia, duriora, quàm in Ph. alpina, *stylo* setaceo versùs dorsalem suturam remotiore, reclinato mucronata, perfectè unilocularia.

Abundat in campis salsis circa lacum siccum Tareï Dauriæ, sub finem junii florescens, alibi nusquam visa.

* *Phaca* (*salsula*) *caule erecto canescente, foliis pinnatis, leguminibus pedunculatis globosis cernuis.* Linn. *f. suppl. p.* 336.

Je regarde cette plante comme une véritable espèce de baguenaudier (*colutea*), qu'on pourroit rapprocher du *colutea perennans* et des autres espèces herbacées. On la trouve dans la Daourie, dans les champs salins, aux environs du lac Taréi. Elle porte des fleurs d'un rouge vif.

N°. 388.

PHACA *arenaria*. Tab. 91, fig. 3, 4.

Radix perennis, subsimplex, adtenuata, longissima, crassitie calami cygnei vel ultrà. *Caules* plures, patuli, digitales (*fig.* 1), vel in lætiore planta dodrantales (*fig.* 2) glabri. Circa imum caulem vaginæ membranaceæ, cylindrico-infundibuliformes, bifidæ. *Folia* inter stipulas latas, ovato-acuminatas alterna, paribus circiter sex cum impari pinnata; *foliola* lanceolata, acutissima. *Pedunculi* aliquot axillares et terminales, in planta pusilla solitarii, racemosi. *Stipulae* parvæ, acutæ inter flores. *Corollam* non vidi. *Calyces* persistentes, brevissimè pedunculati, pilosi, campanulati, denticulis 5 linearibus. *Legumina* glabra, inflato-oviformia, subtùs magis ventricosa, basi adtenuata intra calycem subpedunculata, consistentiâ duriore, quàm in Ph. alpina. *Stylus* in superiore sutura quasi mucro reflexus. — Uti phaca alpina, rariùs tomento cano obducta variat; plerumque glabra.

In arenosis ad Udam inque insulis Selengæ et Baïkalis maio floret, et junio jam fructum perficiebat.

* *Phaca* (*arenaria*) *caule patulo glabro, leguminibus glabris ovato-inflatis, foliis pinnatis*. Gmel. *syst. nat. p.* 1131, *n°.* 4.

Cette plante est glabre et caulescente; mais il paroît qu'elle varie dans la longueur de sa tige. Ses feuilles sont pinnées, à folioles lancéolées, pointues. Sa fructification vient sur des grappes pédonculées, qui semblent terminales. Les gousses sont ovales, enflées, glabres. Cette espèce croît dans les sables des îles de la Sélenga et du Baïkal.

N°. 389.

TRIFOLIUM *hedysaroïdes*. Tab. 81, fig. 4, A.

Cytisus saxatilis folio melitoti ad caulem appressus, floribus in foliorum alis pluribus, confertis, exiguis albidis, MESSERSCH. *Hodeg.* 1724. AMMAN. *Stirp.* 281.

Hedysarum triphyllum, flosculis albis, polyanthos; siliculâ lævi, AMMAN. *Stirp.* 154.

Hedysarum fol. ternatis, oblongis, acuminatis, floribus sparsis, GMEL. *Flor. Sibir. IV*, *p.* 31, *n°*. 39.

Hedysarum junceum, LIN. *Spec. pl. II*, *p.* 1053, *decad.* 1, *tab.* 4 (ex hortensi).

Radix lignosa, ramosa, perennis. *Caules* annui, strictim erecti, macilenti, plerumque simplicissimi (in spontanea), ab imo ad summum foliosi, ulnares, imò sesquiulnares, argutè striati, subtomentosi. *Folia* crebra, alterna, ternata, petiolo communi basi stipulato. *Spinulis* setaceis, infirmis. *Foliola* oblonga, subtùs canescentia spinulâ terminali minutissimâ; intermedium petiolo proprio elevatum. In superiore parte caulis ramuli axillares, vel pedunculi floriferi. *Flores* seni vel pauciores, in pedunculis subumbellati, qui in lætiore solo pedunculis accessoriis serioribus, subunifloris stipantur. *Calyces* persistentes, profundè quinquefidi, laciniis setaceis, in fructifero caule pungentibus. *Corollae* pallidæ vexillo compresso, disco striis violaceis; alis carinâque latiusculâ vexillum æquantibus. *Legumen* (*fig. A*) longitudine laciniarum calycis, ovatum, compressum, marginatum, apice subtomentosum, monospermum. Dormit foliolis sursum erectis (ut in Icone *Linnaeana*).

Abundat in convallibus saxosis et glareosis ad Selengam et Ononem; floret demum augusto, et caulibus sublignosis, calyciferis, in vere sequentis anni persistit.

* *Trifolium* (*hedysaroides*) *caulibus virgatis simplicissimis, pedunculis subumbellatis brevibus lateralibus, calycibus fructiferis pungentibus.*

Je pense, comme *Pallas*, que cette plante doit être plutôt rapprochée des trèfles que des sainfoins. Mais *Gmélin* tranche la difficulté & doit contenter tout le monde; car il la place dans l'un et l'autre à la fois. (*Hedysarum junceum*, *p.* 1125, *n.* 53, et *trifolium hedysaroides*, *p.* 1141, *n.* 17.)

Ses tiges effilées et très-simples; son feuillâge, et la disposition singulière de ses fleurs, sont ce qu'il y a de plus remarquable dans ce trèfle. Il croît dans la Sibérie et la Tatarie.

N°. 390.

SCORZONERA *pusilla*. Tab. 103, fig. 3.

Radix perennis summitate stupposa, uti perennes plantæ deserti australis facilè omnes. *Cauliculi* plures digitales, erectiusculi vel subadscendentes, foliosi, pedunculis floriferis ramosi. *Folia* longa, linearia, extremo circinnata. *Flores* tres, quatuor, raro plures in caule. *Calyx* squamis latis, interioribus sensim angustioribus, longioribusque, corollam tamen non æquantibus. *Flores* radio non expanduntur, pallidi. *Semina* intra calycem auctum, conniventem, glabra, striata pappo longissimo infrà plumoso, extremitate piloso.

Lecta in promontoriis circa M. Caspium à

Nic. *Sokolof*, vere primo florens atque semina maturans.

* *Scorzonera* (*pusilla*) *foliis linearibus apice circinatis, caulibus foliosis subquadrifloris.* Gmel. *syst. nat. p.* 1169, *n°.* 7.

Petite espèce de scorsonère, dont les tiges, de la longueur du doigt, sont feuillées, et un peu rameuses à leur sommet. Ses feuilles sont étroites, linéaires, roulées en vrille à leur extrémité. Les fleurs sont au nombre de trois ou quatre sur chaque tige, très-peu ouvertes, et d'une couleur pâle. On trouve cette plante sur les montagnes, aux environs de la mer Caspienne.

No. 391.

SCORZONERA *caricifolia*. Tab. 99, fig. 1.

Radix è capitibus pluribus, crassitie digiti, in medio transversi junctis, undè crebræ radiculæ, calamum crassitie sæpe superantes, dulcissimæ; parenchymatosæ descendunt. *Folia* radicalia spithamæa, lanceolato-linearia, nervosa, carinata, mollia. *Caulis* inter folia circiter sesquipedalis, uniflorus, sulcatus; foliis plerumque tribus alternis, deminutis, summo minimo. *Flos* proportione plantæ exiguus. *Calyx* cylindricus, squamis *exterioribus* alternis brevioribus, purpurascentibus, unica velut accessoria, foliacea; *interioribus* subæqualibus, duplicatis, radio brevioribus. *Corolla* vix patens, flava; *flosculi* vigenis plures, in radio calyce non multò longiores, apice truncato pectinati. *Semina* striata, lævia, pappo sessili, longitudine calycis, plumosè lanato.

In depressis, humidis, subsalsis deserti Naryn circa scaturigines et lacunas passim frequens; observata etiam circa rivum ad salinas Ilezkienses. Floret junio.

* *Scorzonera* (*caricifolia*) *foliis lanceolato-linearibus nervosis carinatis, caule unifloro subfolioso.* Gmel. *syst. nat. p.* 1169, *n°.* 4.

Cette scorsonère semble tenir le milieu entre le *scorzonera humilis* et le *scorzonera graminifolia*; néanmoins elle paroît bien distinguée de l'une et de l'autre. Elle est glabre, à tige presque nue dans sa partie supérieure, et à fleur petite, jaune et peu ouverte. On la trouve dans la Tatarie, aux lieux humides.

N°. 392.

SCORZONERA *tuberosa.* Tab. 102, fig. 3.
Calmuccis *Kyssyk.*

Condrilla altera dioscoridis, *prior* RAUWOLF.
It. Orient. n°. 117.

Scorzonera humilis, tuberosa, syriaca, MORIS.
hist. sect. 7, *tab.* 9, *fig.* 16.

Dens leonis montatus, fol. gramineis, BUXB.
cent. II, p. 24, *tab.* 18, *fig.* 2.

Pro radice *tuber* lactescens, subglobosum, vel transversim ovale, verrucis aliquot radiculiferis notatum, mole nucis vel ovi columbini, è quo *stipes* secundùm profunditatem situs 1 ad 3 pollicum, teres, plerumquè simplex, interdum bi vel trifidus, qui summo stupposus, folia et flores explicat. *Folia* è vaginis alternis albis, membranaceis copiosa, lineari-acuminata, carinata, subtùs pubescentia. *Caules* radicibus majoribus plures, foliis breviores, subpubescentes, striati. Interdum uniflori, foliolo vix uno alterove, sæpius pedunculo uno binisve lateralibus instructus. *Flores* terminales, ante florescentiam nutantes. *Calyx* pubescens, calyculatus squamis extimis circiter octonis, brevissimis, laxioribus, apice setaceo revolutis (quo differt à scorzoneris); *interiora* foliola æquinumera, corollæ radium æquantia, margine membranacea. *Corolla* flava, semiflosculosa, radio subtùs purpurascente, flosculis quindenis vel paucioribus, truncato-crenatis. *Semina* striata, pappo sessili, longitudine calycis erecti.

Abundat in limosis, præruptis, aridissimis circa Volgam australem, medio aprili florens, peritura maio, soloque tubere, qui Calmuccis edulis est, intrà limum aridissimum perennans.

* *Scorzonera (tuberosa) foliis lineari-subulatis carinatis subtùs pubescentibus, radice subglobosâ.*

Cette espèce est petite, et remarquable par la tubérosité de sa racine, qui est arrondie ou transversalement ovale, et du volume d'une noix. Sa tige, le dessous de ses feuilles et son calice sont pubescens. Les écailles calicinales extérieures ont leur pointe recourbée ou roulée en dehors. Cette plante croît en Russie, dans les environs de Zarizyn et du lac de Bogdo.

N°. 393.

KŒLPINIA *linearis*. Tab. 105, fig. 2.

Planta proximè affinis lapsanæ stellatæ et rhagadiolo, cum quibus propter semina utique distinctum genus constituere videtur, quod nomini *Amici* de re herbariâ *meritissimi* dedicari volui; dum judicent quibus imperium in botanica contigit. — *Planta* tenuissima, annua, radice exili, simplici, perpendiculari. *Caules* spithamales vel sesquipedales, bini ternive, fere à radice divaricati, subsimplices, (rariùs ramo uno vel altero) infirmi, infernè ancipites, superiùs tetragoni, angulis duobus oppositis argutis, duobus sulcatis. *Folia* sparsissima, lineari-acuta, mollia, subtrinervia, glabra. *Flores* plerique axillares, primus in omnibus plantis ad divisuram caulium fermè radicalis. *Calycis* foliola exteriora duo minuta, interiores squamæ vulgò 5 lineares; extùs sub tomentosæ. *Flosculi* tot quot squamæ calycis, (interdum sextus in centro) æquales, calyce paulò longiores, ligulati, apice truncato-quinquedentati, flavi, extùs pallidiores. *Semina* intra calycem patentem sensim divaricantur et apice incurvantur; matura patentissima, uncinata,

cinata, rigida, extùs spinis setaceis, inæqualibus; uncinulatis atque retrorsùm asperatis echinata, quibus tenaciter adhærescunt.

In hortensi planta, ramosiore, caules hinc inde villosos, squamas calycinas tantùm quatuor, exteriores 1 ad 3; flosculos 3 ad 6 limbo obovato, observavit *cl.* C. F. MEIER.

Plantula insipida, in unica valle scaturiginosa ad montem Bogdensem deserti Astrachanensis observata; initio maii florescens, et sub finem mensis semina successivè perficiens. *Flores* matutino sole patescunt, versùs meridiem clauduntur.

* *Lapsana* (*koelpinia*) *calycibus fructus undique patentibus: radiis subulatis incurvis echinatis, foliis caulinis lanceolatis indivisis.* Lin. *f. suppl.* 348. Gmel. *syst. nat. p.* 1183.

Petite plante annuelle, qui a des rapports avec la lampsane étoilée, mais qui en diffère principalement par ses semences courbées, et hérissées d'un côté, dans toute leur longueur, de petits piquans qui les rendent remarquables. Elle croît dans les déserts d'Astrakhan, près la montagne de Bogdo.

N°. 394.

PRENANTHES *hispida.*

Planta tripedalis, erecta, ramosa, attamen rara, strictaque. *Caules* striati, spinulis flavescentibus, mollibus sparsissimi. *Rami* alterni, virgati simplices, glabriores. *Folia* per caulem et ramos sparsa, alterna, linearia, sessilia; spinulæ utrinque ad basin loco stipulæ, et aliquot plerumque per marginem folii sparsis. *Flores* in extremis ramorum minimè numerosi, alterni, erecti, pallidè flavi. *Calyces* cylindrici, longi, è foliis 8 linearibus, quæ extùs aliquot minutissimis aucti. Flosculi 8 vel 10 ligulati. *Pappus* pilosus, sessilis, longitudine calycis. Ad ripas Rhymni montosas, infrà Oropolin passim, sed rarò observata, florida junio.

* *Prenanthes* (*hispida*) *foliis linearibus sessilibus, spinis stipularibus, flosculis octonis.* Gmel. *syst. nat. p.* 1173, *n°.* 4.

Cette plante croît en Russie, sur les rives montueuses du Rhymn. Elle fleurit en juin. Les spinules molles et stipulaires qu'on trouve à la base de ses feuilles, la rendent remarquable.

N°. 395.

HIERACIUM *virosum.*

Planta lactescens, gustu virosa, junior subviolaceà, tota pilis canis hirta, sub florescentiam sensim glabrescens. *Caulis* tunc bi vel tripedalis, simplex, teres lævissimus, passim violascens. *Folia* ab imo ad summum caulem crebra, sensim minora, sessilia, cordato-lanceolata, integra, inferiora nisi quòd sæpe uno alterove denticulo subruncinata sint. *Venæ* foliorum, imo sæpe tota violascunt, et pilos sæpe ad costam vel margines sparsos superstites servant. *Florum* panicula terminalis, coarctata in thyrsum confertum, apice priùs florescentem. *Pedunculi* ramosi, ramis divaricatis, squamulis minutissimis crebris, acutis adspersi; infra thyrsum passim ex alis foliorum serotini subnascuntur, sæpiùs marcescentes. *Calyx* cylindricus, imbricatus squamis acutis, extimis minutissimis. *Corolla* aurea, flosculis subæqualibus, exterioribus longitudine ferè calycis exsertis. In herbidis montosis ad Iaikum et Volgam passim observata species, julio florens. — An *Hieracium cerinthoides*?

* Quoique J. F. *Gmélin* ait inséré cette plante dans le genre *hieracium*, comme une espèce nouvelle, il paroît évident que ce n'est autre chose que l'épervière de Savoie (*hieracium sabaudum*), ou une légère variété de cette espèce. *Pallas*, qui l'a aussi reconnue par la suite, dit que sa plante, telle qu'il l'a trouvée, ressemble à celle du *flora sibirica*, vol. 2, p. 35, n°. 30, tab. 14.

N°. 396.

SERRATULA *amara*.

Varietas in desertis australioribus depressis copiosa, subpedalis, ramosa, foliis sæpe omnibus lanceolatis, vixque imis subdentatis. In perfectiore statu folia caulium primariorum dentato-pinnatifida, sinuata. Omnibus canescunt folia, et siccatione fiunt aspera. *Flores* parvi, calycibus ovatis; squamæ inferiores rotundatæ, virides, margine membranaceæ, superiores fere totæ membranaceæ, intimæ acuminatæ, apicibus lanuginosis flosculos foventes. *Semina* pauca, magna, pappo setoso sessili.

* *Serratula (amara) foliis lanceolatis, squamis calycis apice scariosis obtusis patulis coloratis, floribus terminalibus.* Lin.

Pallas dit que lorsqu'il trouva cette plante, elle étoit dans le même état que celle qui est décrite et représentée dans la *flora sibirica*, *vol.* 2, *p.* 72, *pl.* 29; mais qu'il croit que c'est une variété de celle qu'il a décrite dans la première partie de ses voyages, et qui paroît avoir des rapports avec le *jacea erecta minor*, *latioribus foliis* de *Buxbaume* (cent. 2, p. 22, t. 15, f. 2).

No. 397.

SERRATULA *caspia*. Tab. 106.

Planta tripedalis vel ultrà, erecta, tota foliis usque ad flores obsita, ramisque floriferis corymbosa. *Caules* teretes, striati, præsertim superiùs ramosi, ramis alternis, subfastigiatis, paniculâ paucíflorâ terminatis. *Folia* alterna, sessilia, oblonga, subacuta, integerrima, carnosa sive succulenta, ut in telephio. Ramuli pedunculique florales scabri, foliis minutis adspersi. *Calyces* breves, cylindrici, squamis lanceolatis, interioribus sublinearibus, in plerisque calycis infimæ duæ squamæ involucellum referunt. *Corolla* subæqualis purpurascens. *Pappus* pilosus, uti et receptaculum.

Copiosissima planta in depressis salsis versus mare Caspium sæpe planities occupans, florens julio et in autumnum usque, sparso jam semine; succulentis suis foliis virens.

* *Serratula* (*caspica*) *foliis oblongis subacutis integerrimis carnosis sessilibus, caule supernè corymboso.*

Elle s'élève à la hauteur de trois pieds ou davantage, sur une tige droite, feuillée, rameuse et en corymbe à son sommet. Ses feuilles sont alternes, sessiles, oblongues, à peine pointues, très-entières, un peu charnues ou succulentes. Les fleurs sont pourprées, terminales: leur réceptacle est velu, ainsi que l'aigrette des semences. On trouve cette sarrète aux environs de la mer Caspienne.

No. 398.

ARTEMISIA *alba*.

Radix perennis, lignosa, ramoso-fibrosa; senior truncis antiquis, supra terram diffusis, copiosè frondescentibus cæspitans. *Folia* minuta pinnata, longiùs petiolata, totaque tomento candido obducta; *pinnulae* lineares, confertæ, multifidæ. Antiquiores trunci steriles; juniores plantæ sub autumnum proferunt caulem spithamalem circiter, teretem, macrum, foliis aliquot minus tomentosis ex laxioribus adspersum, extremo paniculatum ramis spicatis, patentissimis, alternis; in quibus *flores* parvi, ante florescentiam deorsùm secundi sive cernui, sensim arrigendi. *Rami* et *penduncult* foliolis sive stipulis adspersi. *Odor* suavissimus, neque amaror ingratus. Copiosissima planta in aridis desertis, solo limoso atque subsalso gaudens, hyeme præcipuè pabulum lanigeris Nomadum gregibus.

* *Pallas* présume que cette plante n'est qu'une variété de l'*artemisia maritima* de *Linné*, et il dit que celle qu'on a dépeinte dans la *flora sibirica* (vol. 2, planche LII, f. 1), ressemble assez à la sienne, mais que le dessin en est trop lourd.

No. 399.

ARTEMISIA *borealis*. Tab. 104, fig. 3.

Radix perennis. *Folia* radicalia villosa, linearia, pinnato-quinquefida, vel septemfida, laciniis passim trifidis. *Caules* flexuosè adscendentes, major et aliquot minores collaterales, ferè glabri, læves, foliis raris bi vel trifidis, interque flores simplicibus, linearibus adspersi. *Panicula* florum ad $\frac{2}{3}$ caulis, ramulis subvillosis. *Flores* in summis ramulis pauci, conglomerati, in caulibus lateralibus subsolitarii, magnitudine absynthii vulgaris; *flosculi* plurimi intra *calycem* è squamis oblongis, circiter quindenis factum. *Receptaculum* nudum.

Crescit in rupestribus arcticæ plagæ, circa Obum fluvium.

* *Artemisia* (*borealis*) *foliis pinnato-subseptemfidis villosis linearibus*, *floribus conglomeratis*. Gmel. *syst. nat. p.* 1212.

Cette armoise me paroît avoir de grands rapports avec l'*artemisia rupestris* de *Linné*; je crois même qu'elle n'en est qu'une variété, et que c'est celle que j'ai citée dans mon dictionnaire (*vol.* 1, *p.* 262, *n°.* 6).

N°. 400.

ARTEMISIA *pectinata*. Tab. 95, fig. 3.

Radix simplex, flexuosa, adtenuata, annua. *Caulis* solitarius vel bini ternique, strictim erecti, rectissimi et vulgò simplicissimi. *Folia* alterna, sessilia, pectinata pinnis setaceis parallelis, raró bifurcatis, quarum cauli proximæ reflectuntur. A medio caule folia sensim deminuta, ex alis florifera. *Flores* solitarii, sessiles, foliolis binis setaceis stipati, ovato-cylindrici; *calyx* duplex, submembranaceus; flosculi calyce longiores quaterni vel quini. Diversissima ab Art. palustri.

Plantula elegans, fragrantissima, ad Selengam et Tschikoium, circa vias publicas, præsertim eam, quæ Kiachtam ducit, frequens. Floret demùm ineunte augusto.

* *Artemisia* (*pectinata*) *foliis pinnatis pectinatis glabris sessilibus, floribus axillaribus solitariis sessilibus quadrifloris*. Linn. *f. suppl.* 362. Lam. *dict.* 1, *p.* 270, *n°.* 40.

C'est une petite plante assez jolie, et qui a une odeur fort agréable. On la distingue aisément de ses congénères par ses feuilles glabres, simplement pinnées, à pinnules simples sétacées, rangées comme des dents de peigne. Ses fleurs sont axillaires, solitaires et sessiles. On trouve cette armoise dans la Daourie, le long des chemins.

N°. 401.

PLANTA *salsa* ambigui generis.

Stirps profundè radicata tota sale efflorescens; *folia* crassiuscula, carnosa, quasi salis aspergine irrorata; *radicalia* lato-lanceolata, basi in angulos dissecta sive runcinata, perque pedunculum subdecurrentia; *caulina* sensim minora minusque laciniata, tandem integra, lanceolata, sessilia. *Caulis* bipedalis vel ultrà, sulcatus, subhispidus, extremitate ramoso-paniculatus; ramis primariis longis, foliolisque ad singulas divisuras. *Calyx* immaturus, subglobosus, è squamis concavis, æqualibus, exterioribus senis, pluribusque interioribus. *Flosculi* circiter seni; ramenta receptaculi insignia inter flores. — In salsuginosis ad Samaram et circa Ilezkienses salis fodinas observata planta, junio florens, nundum visa. An cacaliæ species?

* Obs. Il est dommage que *Pallas* n'ait point fait dessiner cette plante, qui est vraisemblablement du genre des cacalies, comme il le soupçonne.

N°. 402.

CENTAUREA *carduncului*.

Caules subsesquipedales, simplices, sulcati, summitate bis vel triramosâ floriferi. *Folia* glabra, *radicalia* longiùs pedunculata, decurrentia, ovalia subrepanda, spinulis marginalibus, minimis, paucissimis, subreclinibus, *caulina* sparsissima, alterna, sessilia, lanceolata, profundè dentata, et passim ferè pinnatifida; in ramis floralibus integra minuta. *Calyces* subovati, mediocres, imbricati squamis acuminatis, apice fusco-subcariosis. *Corolla* uniformis, albo-pallida. Lecta maio in ripis argilosis Volgæ.

* *Centaurea* (*carduncelus*) *foliis glabris: radicalibus decumbentibus ovalibus subrepandis margine spinulosis; caulinis subpinnatifidis.* Gmel. *syst. nat. p.* 1266, *n°.* 41. — *Centaurea squamis lanceolatis, foliis variis, etc.* Gmel. *fl. sibir.* 2, *p.* 89, *n°.* 70, *t.* 40.

Cette centaurée est glabre, et a le port d'une sarrette. Ses feuilles radicales sont pétiolées, ovales ou ovales-oblongues, obtuses, entières ou avec quelques dents rares terminées par une spinule. Les caulinaires sont plus étroites, plus fréquemment et plus profondément dentées. La tige est haute d'environ un pied et demi, simple ou divisée à son sommet en deux ou trois rameaux uniflores. Les corolles sont blanchâtres. Cette plante croît en Russie, sur les bords du Volga.

N°. 403.

BETULA *fruticosa*. Tab. 79, fig. 1, 2, 3.

Betula humilior palustris, amentis per omnes dimensiones brevioribus, GMEL. *flor. sib. I*, *p.* 167, *tab.* 36, *fig.* 2 (pro varietate B. albæ).

Exsurgit semper truncis ex eadem radice plurimis, in palustri solo vix pollice crassioribus, altitudine humanâ; in montibus sæpe brachii crassitie, multò procerioribus, constanter ab imo ad summum ramosissimis, habituque planè diversis à betula alba, etiam ubi hæc fruticosa statura (truncis tamen solitariis) eadem in palude promiscuè viget. In crassioribus truncis *epidermis* cinerea, lævis, creberrimis fissuris transversis cicatricosa; *lignum* minus albet, undulis transversis varium. *Vimina* extrema vix straminis crassitie, erecta, virgata, testaceo-fusca, copiosissimis punctis cotuliformibus, resinosis scaberrima, quæ sæpe vix non totam epidermidem cooperiunt, præsertim humidiore loco natis. *Gemmae* copiosiores, quàm in B. alba, ubique alternæ. *Folia* plerumque ex eadem gemma bina, in annuis ramulis alterna, ovato-rhomboidea, ad petiolum productiora, versùs apicem acutissimum, inæqualiter serrata (*fig.* 1, 2, 3, *a*), molliora cæterum, quàm in B. alba, citiùsque marcescentia. *Amenta* mascula (in minoribus fruticibus sæpe sola sine femineis), ramulis terminalia, sessilia, sæpe nullo stipata folio, pollicaribus longiora, cernua (*fig.* 1). *Feminea* è gemmis foliatis solitaria; per ramos alterna, erecta, minuta, plerumque pedunculata, foliolo stipante; matura (*fig.* 2) cylindracea, longiora quàm B. nanæ; *squamae* (*fig.* 3, *b*) basi angustæ, apice trifurcæ, laciniâ mediâ longiore, lateralibus obliquè truncatis. *Semina* ad singulam squamam terna, magnitudine et forma, ut in B. nana.

Abundat in paludibus saxosis, inque alpinis frigidis Sibiriæ orientalis, præsertim circa Baïkalem, rhododendro daurico ubique conterranea et semper sibi similis. Iulos gemmasque paulò maturiùs betulâ albâ protrudit; amenta seminibus fœta plerumque per hyemem retinet.

NOT. Ut differentiæ in foliis, seminibus atque squamis amentorum appareant (in eadem *tabula* accuratissimè delineata adjeci 1), betulæ nigræ Dauricæ folium (*fig.* 4, squamam *a*, semen *b*; 2); betulæ albæ varietatis alpinæ tortuosæ folium (*fig.* 5, squamam *a*, semen *b*; 3, varietatis in alpibus Dauriæ observatæ pumilæ folium A, 4); betulæ nanæ item folium (*fig.* 6), cum squama *a*, et semine *b*.

* *Betula* (*fruticosa*) *foliis rhomboideo-ovatis æqualiter serratis glabris.* Pall. *fl. ross.* 1, *p.* 62, *t.* 40, *fig. A et B.*

Quoique plus ou moins grand, selon le sol dans lequel il croît, ce bouleau a toujours la forme d'un arbrisseau, et diffère constamment, par son port et son aspect, du bouleau commun (*betula alba*). Sa racine pousse toujours plusieurs tiges ramifiées depuis leur base jusqu'à leur sommet, et qui s'élèvent à six pieds ou davantage. Ses feuilles sont glabres dentées, plus ovales et moins acuminées que celles du bouleau commun. On trouve cet arbrisseau dans la Sibérie orientale.

N°. 404.

Sagittaria *natans*. Tab. 89, fig. 2, et tab. 108, fig. 1.

Radix fibrosa, fundo lacuum immersa, bulbo nullo. *Folia* pedunculis aliquot spithamas, imo usque ad orgyam æquantibus, sensim adtenuatis in aquæ superficiem elevata, natantia, oblongo-acuta, basi interdum subcordata, trinervia. *Scapi* itidem longissimi, inter folia orti, nudi, umbellati, umbellâ pauciflorâ et plerumque proliferâ, floribus superioribus masculis. *Involucrum* exiguum, triphyllum. *Calyces* triphylli, parvuli. *Petala* alba, majora, quàm in sagittaria vulgari. *Antherae* in flore *masculo* circiter 20, et rudimentum germinum inter filamenta. *Feminei* flores in pedunculis brevioribus; *germina* in globulum echinatum congesta, copiosissima. — An esset varietas sagittariæ minoris?

Nascitur in lacubus alpinis, frigidissimis Dauriæ: Schakscha, Ieruna aliisque locis vadosis, ad orgyalem usque profunditatem.

* *Sagittaria (natans) foliis natantibus oblongo-acutis trinervils.* Gmel. *syst. nat. p.* 884, *n°.* 4.

Cette sagittaire n'a pas ses feuilles droites comme notre sagittaire d'Europe, mais flottantes à la surface des eaux; d'ailleurs ces feuilles sont étroites, oblongues, pointues, quelquefois un peu en cœur à leur base, et attachées à de.

longs pétioles; elles ressemblent en quelque sorte aux feuilles d'aponoget, ce qui les rend remarquables. On trouve cette plante dans les lacs des montagnes les plus froides de la Daourie.

No. 405.

SALIX *berberifolia*. Tab. 98, fig. 3.

Salix pumila, foliis densè congestis, ovalibus, cristatis, GMEL. *flor. sib. I, p.* 191, *tab.* 35, *fig.* 3 (mala).

Fruticulus supra saxa muscosa prostratus, magnitudine arbuti alpinæ; *trunco* ad summum digitum minimum æquante, *ramis* breviculis, tortuosè confertis; *cortice* luteolo, subarticulato, ad truncum magis scabro. *Folia* in extimis ramis confertissima ovata, venis crassiusculis reticulata, rigida, per ambitum serrato-dentata, *denticulis* distantibus, patentiusculis, acuminatis, inæqualibus. Exsucca quoque folia hyeme non decidunt, sed sensim absumuntur, et etiam sub nive virent aliqua, quæ *gemmae* terminali hybernanti, globosæ, luteæ sunt proxima. *Amenta mascula* inter antiqua folia è gemmis terminalibus, longitudine folii tenuia, squamis distantibus, villosis, triandris, et diandris, *feminea* folio breviora, capsulis paucis, majusculis, confertis, quæ valvulis revolutis edunt pappum vix longiorem. In masculo frutice, rami tenuiores, magis elongati, folia minora, serraturis crebrioribus imbricatis.

Crescit in rupibus calvis montium excelsissimorum Dauriæ juxta nives, gentianæ albifloræ et rhododendro chrysantho plerumque comes.

* *Salix* (*berberifolia*) *foliis sessilibus ovatis dentato-serratis venosis nitentibus*. Pall. *fl. ross.* 2, *p.* 84, *tab.* 82.

Ce saule, qui a quelques rapports avec le *salix myrsinites*, est un petit arbuste tortueux, à rameaux courts, roides et un peu épais. Ses feuilles sont petites, sessiles, ovales, dentées en scie, veineuses et luisantes. Sa fructification vient sur des chatons courts, à fleurs distantes. On le trouve sur les rochers des plus hautes montagnes de la Daourie.

No. 406.

SALIX *serotina*. Tab. 107, fig. 2, 3.

Frutex in vadis orgyalis vel ultrà, in sicciore loco arborescit, trunco brachiali. Vimina crassa, fragiliora, strictim erecta, virescente-grysea. *Folia* integerrima (intrà gemmam marginibus revoluta), juniora ovato-lanceolata, canitie argenteâ, *adulta* oblongo-acuta, sæpe dodrantalibus longiora, mollia, subtùs venosissima et incana. *Stipulae* ut plurimum planæ nullæ; in ramulis antiquis luxuriantibus lineari-acutæ. *Amenta* pedunculo aliquot foliolis instructo è gemmis lateralibus exserta; *mascula* (*fig.* 2) sesquipollicaria, hirsuta, squamis confertis, staminibus longissimis; *feminea* breviora, capsulis majusculis crebris, tomento-albescentibus. — Proximè videtur ad salicem cineream accedere; sed folia semper integerrima, stipulæ plerumque nullæ.

Abundat in vadis arenosis et insulis Volgæ australis, ubi æstuante licet toto aprili atque maio sole, omnibus aliis arbutis fronde jam umbrosis, sub initium junii demum, decrescente jam inundatione, gemmas explicat et amenta exserit, paulò seriùs salice pentandra, quæ sub finem maii floret.—Eamdem omninò speciem circa lacus et rivos inter Yius et Ieniseam fluvios, habitu paululùm immutato legi, et descripsit GMELINUS *flor. sib. I, p.* 163.

* *Salix* (*serotina*) *foliis ovato-oblongis integerrimis sericeis subtùs venosissimis, stipulis lanceolatis deciduis.* — *Salix serotina.* Pallas, *fl. ross.* 2, *p.* 76.

Il semble avoir des rapports avec le *salix ægyptia* de *Linné*; mais il en est distingué principalement par ses feuilles très-entières et par ses stipules. Ce saule est traçant par ses racines, pousse des jets de deux à trois toises sans former de tronc, et a la particularité remarquable d'être très-tardif dans sa feuillaison. En effet, il ne verdit ordinairement qu'en juin et ne fleurit que vers le quinze du même mois, et par conséquent plus tard que tous les autres. Son feuillage est argenté. Ce saule se plaît sur les bancs de sable qui sont à sec lorsque les eaux sont basses. On le trouve dans les parties australes du Volga, et aux environs d'Astrakhan.

No. 407.

SPINACIA *fera.*

Planta polymorpha secundùm ætatem, ita ut juniorem pro diversa facilè planta habeas. *Adulta* rigidior, fruticulum refert tripedali sæpe diametro, subglobosum, rariusculum. *Caules* teretiusculo-subquadranguli, dichotomi. *Folia* alterna, sparsissima ad divisuras caulis, majuscula, deltoideo-ovata, subdentata; in secundariis ramis magis integra. *Florum* glomeres ad foliorum alas, plerique feminei, in summis ramis *masculi* post florescentiam decidui, ut plantæ autumno omnes femineæ videantur, *hermaphroditos* nunquam vidi. Feminei floris *valvulae* fere ut in antriplice patula orbiculato-deltoideæ, extremo acutissimæ et serratæ, dente utrinque extimo insigniore, pleræque etiam disco dentatæ, atque tricostatæ. Maturæ tres vel quatuor femineæ in orbiculum quasi collectæ ramis obsident, nunquam tamen pedunculatæ. *Semen* orbiculare, magnum. *Masculi* quadrifidi et quinquefidi. In campis australibus limoso-aridis, subsalsis copiosa planta.

* *Spinacia* (*fera*) *fructibus pedunculatis.* Linn. — *Spinacia foliis ex deltoideo-ovatis subsinuosis, capsulis in orbem dispositis.* Gmel. *fl. sibir.* 3, *p.* 84, *tab.* 16.

Cette plante s'élève à la hauteur de deux à trois pieds, sur

sur une tige lisse, divisée en rameaux lâches. Les feuilles sont deltoïdes-ovales, obtuses, un peu sinuées, pétiolées. Les fruits sont axillaires, disposés trois ou quatre ensemble, sessiles selon *Pallas*, ou attachés à des pédoncules fort courts selon *Gmélin*. On trouve cette plante dans les champs des régions australes de la Sibérie. Elle a beaucoup de rapports avec les arroches.

N°. 408.

ATRIPLEX, *an glauca?*

Duplici habitu inveni; in salsuginosis montium circa Oropolin antiquam suffruticosam, erectiorem, vix spithamalem; at in altis ripis lacûs Inderiensis, ubi vulgatissima est planta, in truncos adolescit digiti crassitie, lignosos, supra terram tortuosè sparsos, cauliculisque adscendentes pedalibus et *ultrà*. — *Radix* subsimplex, attenuata, proportione plantæ exigua. *Trunci* lignosi, ramis inordinatis, brevibus, divaricatis. *Caules* annui subsimplices, tenues, fragiles epidermide passim secedente ceu condimento cano obducti, foliis rariusculis alternis, sessilibus sparsi, extremitate floridâ alternè ramosis. *Ramuli* virgati, sæpius subdivisi, florum glomerulis remotissimè alternis spicati. *Folia* parva, crassiuscula, oblongo-ovata, basi attenuata integerrima, secundùm soli salsedinem magis minusve glauca, superiora sensim minora et linearia. Glomeruli *florum* sessiles, compacti è floribus *masculis* pluribus, albidis, pentandris, et aliquot *femineis* in ambitu dispositis, quorum valvulæ ovatæ, carnosæ, et stylus bifidus. *Antherae* masculis sessiles.

* OBS. Comme les feuilles inférieures de l'arroche glauque sont un peu dentées, et qu'elles sont sessiles, la plante dont parle ici *Pallas* est peut-être une variété de l'arroche halime ou de l'arroche portulacoïde.

N°. 409.

ATRIPLEX, *an pedunculata?*

Planta in salsissima palude tamen macra, glauca; ramulis foliisque raris tristem formam sustinens. *Radix* brevissima, simplex, attenuata, tortuoso descendens (ut in plantis salsorum plurimis). *Caules* tenues, debiles, tortuosè erecti, subsimplices, rariùs à radice divisi atque divaricato-adscendentes. *Folia* alterna sparsissima, forma ut in præcedente, sed tenuiora, majora, subpedunculata. *Ramuli* floriferi è foliorum alis divaricati, adspersi glomerulis alternis, è floribus *masculis* 4 — 6 confertis, sessilibus, tetrandris, quos circumstant *femineae* pauciores, varia magnitudine, maximè divaricatæ referentes foliolum cordatum, in pedunculum linearem longè attenuatum, interque lobos stylo brevissimo notatum et utrinque raphe à stylo decurrente exaratum. Duplicatura in foliolo nulla, ne cultro quidem separabilis, seminis vestigium conspicuum nullum : quod hoc anno etiam in ceratocarpo affini frustrà quæsivi. — Planta descripta abundat in palude aquosa circa castellum Georgii, salicorniæ herbaceæ immixta.

* Voici le caractère de l'*atriplex pedunculata* d'après *Linné*, espèce à laquelle la plante de *Pallas* paroît en effet appartenir, au moins comme variété.

Atriplex (*pedunculata*) *caule herbaceo divaricato, foliis lanceolatis obtusis integris, calycibus femineis pedunculatis.* Linn. — *fl. dan. t.* 304.

N°. 410.

ATRIPLEX *salicina.*

Radix adtenuata, fibrosa. *Planta* vel simplex, erectior, vel ramosa, diffusior; glabra herbida, obscurè viridis, inter palmam et cubitum alta. Caules teretes lineis albis, vel rubicundis striati. *Folia* alterna pedunculata lanceolata, inæqualiter serrata, denticulis remotiusculis, argutis subreflexis; *radicalia* in juniore planta linearia, integerrima. *Spica* in extremis cauliculis aphylla subramosa, obsita glomerulis florum creberrimis majusculis, sessilibus, quæ constat masculis et femineis *flosculis* plurimis. *Masculi* filamentis longis floridi pentandri.

* *Atriplex* (*salicina*) *caule herbaceo striato, foliolis lanceolatis inæqualiter serratis; radicalibus integerrimis, spicâ aphyllâ.*

Plante herbacée, glabre, s'élevant jusqu'à la hauteur d'un pied et demi sur des tiges plus ou moins rameuses, diffuses, striées par des lignes rouges ou blanchâtres. Les feuilles sont alternes, pédonculées, lancéolées, bordées de dents inégales et un peu distantes. Celles de la racine sont entières. Les fleurs viennent par petits paquets nombreux, disposés en épis nuds et terminaux. Cette arroche croît dans la Sibérie.

N°. 411.

LICHEN *esculentus*. Tab. 108, fig. 2.

Corpuscula libera, oblonga, è crusta convoluta, crassa, coriacea, alba facta, extùs rugosa et tuberosa, grysea vel cinerascentia. *Peltae* rariores, immersæ, excavatæ, verrucularum instar prominulæ.

In aridissimis calcareis, gypseisque montibus deserti Tatarici inter lapides creber occurrit, vix à lapillis discernendus, nisi à gnaro.

* Ce lichen semble avoir des rapports avec le lichen cartilagineux (*Dict. vol.* 3, *p.* 480, *n*°. 49), qui est le *lichen crassus* d'*Hudson*, &c. Mais *Pallas* ne donne pas assez de détails dans sa description, pour qu'on puisse regarder son lichen comme une nouvelle espèce, ou le rapporter à une espèce déjà connue.

N°. 412.

FUCUS *glacialis*.

Statura et color ruber fuci alati, sed nervus planè nullus, et substantia magis cartilaginea. *Frons* plana, linearis, dichotomo-multifida, ramosissima, simul laciniis acutissimis, subserrata, extremitatibus latiuscula. Pars, quæ maxime viget, marginibus ciliata est ramentis subtilissimis, quæ in novos ramulos excrescunt et verosimillimè decidunt speciem multiplicatura. *Fructificatio* alia nulla.

* *Fucus* (*glacialis*) *fronde planâ lineari dichotomo-multifidâ ramosissimâ, ramentis subtilissimis ciliatâ.* Gmel. *syst. nat. p.* 1388, *n°.* 121.

Ce varec est rouge, membraneux, à lanière linéaire, dichotome, très-ramifiée par de nombreuses bifurcations, et ciliée sur les bords par d'autres lanières extrêmement petites. On le trouve dans la mer Glaciale.

N°. 413.

FUCUS *truncatus.*

Fuco crispo, LIN. consistentia, colore et facie similis, sed multò magis subdivisus et crispatus, laciniis latissimis. *Frons* versùs stipitem teretiusculum angustissima, trichotoma et quadrichotoma, adeòque maximè multiplicata, versùs extremitates sensim latissima, membranacea, rubra vel albida. *Sinus* ad omnes divisuras rectilinei, dum laciniæ omnes truncatæ, extremæ crenato-crispæ. *Fructificationes* globulosæ in ipso margine recto inter lacinias novissimas mediæ, confertim sessiles, ruberrimæ.

Abundant hi fuci in vadosis Oceani glacialis, cumque aliis icone illustrabuntur alibi.

* *Fucus* (*truncatus*) *frondibus membranaceis trichotomis*

tetrachotomisque: *laciniis truncatis apice crenato-crispis.* Gmel. *syst. nat. p.* 1388, *n°.* 120.

Il ressemble par l'aspect, la couleur, et la consistance au varec crêpu, mais il est plus divisé, plus crêpu ou frisé et à découpures fort larges. On le trouve aussi dans la mer Glaciale.

N°. 414.

CONFERVA *muculenta.*

Stirps viridissima, mollis, *filamentis* ramoso-adtenuatis, tenuiter articulatis, in digitalem fere longitudinem excrescens, tota obsita setulis verticillatim positis, itidem articulatis, incurvulis, maximè singulare, quod tota stirps involuta sit muco hyalino, qui spiritus frumenti, cui indita fuerit planta, insignem quantitatem, in mucum fluidum, tenacem, vappidum mutat, et etiam bis renovatum corrumpit. Mihi animale quid subesse videbatur, mereturque in loco otiosiùs observari. *Stirps* macerata mucoque liberata pallidè grysea, muscosa, hyemalibus fructibus copiosè egeritur; talesque combustæ odorem animalem evidenter spargebant. — Rupes in Baïkale L. passim totæ excrescentia illa, veluti panno, obductæ visuntur.

* Au lieu d'une conferve, peut-être que c'est une production animale, et qu'on pourroit la rapporter au genre nombreux des sertulaires, qui appartient à l'ordre des vers zoophytes. Cette production se trouve dans le lac Baïkal, sur

les rochers et les pierres qu'il contient. Elle les couvre de manière qu'ils en paroissent comme tapissés de drap verd.

N°. 415.

AGARICUS *nycthemerus.*

Mediocris, fugacissimus. *Pileus* diametro pollicari, tenuis, planiusculus suprà nigerrimus, convexus, centro impresso margine integro, explanato. *Lamellae* tenues, latæ, inæquales, una cum *stipite* tenui, sesquipollicari, filiformi, nudo è cinerascente-albidæ. In sylvis Russiæ passim.

* *Agaricus (nycthemerus) pileo nigerrimo planiusculo, lamellis stipiteque cinerascente albidis.*

On trouve ce champignon en Russie dans les bois. Son pédicule est grêle, nud, haut d'un pouce et demi. Il soutient un chapeau presque plane, très-noir en dessus, et doublé de lames d'un cendré blanchâtre.

N°. 416.

AGARICUS *lacteus.*

Mediocris, niveus totus. *Pileus* hæmisphæricus, margine integro, subinflexo, suprà totus muco gelatinoso albo madidus. *Lamellae* niveæ, integræ, alternè inæqualiter minores et minimæ. *Stipes* bipollicaris, cylindrico-adtenuatus, nudus, versùm pileum cicatriculis inæqualis. In nemoribus rariusculè lectus.

* *Agaricus (lacteus) pileo niveo hæmisphærico gelatinoso, lamellis niveis inæqualibus.*

Il est tout blanc, à chapeau hémisphérique couvert d'une mucosité blanche et gélatineuse. Les lames dont ce chapeau est doublé sont entières, inégales, et d'un blanc de neige. On le trouve en Russie dans les bois..

N°. 417.

AGARICUS *bulbosus*.

Fungus sæpe tripollicaris. *Stipes* basi ampullaceus, plusquam pollicari crassitie, sursùm adtenuato-cylindricus. *Pileus* proportione stipitis, minutus, hæmisphærico-conoideus, margine subinflexo. *Lamellae* brevissimæ confertæ æquales. — In nemorum locis umbrosissimis ligno putrido innascitur.

* *Agaricus (bulbosus) pileo conoideo margine subinflexo, lamellis brevissimis, stipite basi ampullaceo bulboso.*

On le trouve en Russie dans les bois et les lieux très-couverts, sur le bois pourri. Son pédicule fort épais et bulbeux à sa base, s'amincit supérieurement et devient cylindrique. Il soutient un chapeau conoïde, garni en dessous de lames très-courtes.

N°. 418.

BOLETI *species* singularis. Tab. 59, fig. 3.
Agaricus radiosus.

Singularem hanc speciem, quam icon satis illustrat jam, exsiccatam pluries inveni in pinetis sabulosis ad Irtin. *Stipes* longissimus ad $\frac{1}{3}$ in arena latens, scariosus, substantiæ spongiosæ teneræ. *Pilei* discus tenuis, planus, subtùs lamellis planè destitutus, quæ margine enascuntur et radii instar sparguntur, in sicco nigræ, quum reliqua substantia cinerascente-albidi esset coloris.

* *Agaricus* (*radiosus*) *stipite longissimo, pileo subtùs ad marginem lamellis radiato.*

Ce champignon est d'une forme si particulière, que *Pallas* a balancé dans le choix du genre auquel il devoit le rapporter. Son pédicule fort long, est enfoncé dans le sable jusqu'au tiers de sa longueur. Il soutient un chapeau petit, à disque plane, nud en dessous, mais garni vers les bords de lames disposées en manière de rayons. On le trouve en Russie.

N°. 419.

HYDNUM *clathroides*.

Stirps cinerascens, strigosa, substantiæ mollis subcoriaceæ. Truncus à basi multifidus, ramosissimus ramis fascialibus, crebrò anastomosantibus. Tota stirps altero latere nuda, papillis minutis magis minusve muricata, altero latere per truncum et ramos omnes villis aliquot lineâ longis, confertissimis, filiformi adtenuatis obsita atque hirta.

Inventa specimina plurima ad truncos putridos in pineto Kasmalensi versùs Obum fluvium, sub augusti finem.

* *Hydnum* (*clathroides*) *strigosum ramosissimum hinc papillosum inde villosum.* Gmel. *syst. nat. p.* 1440, *n°.* 26.

On le trouve en Sibérie, sur les troncs pourris, dans les bois d'épines. Il est cendré, multifide, très-rameux, hérissé d'un côté de papilles très-petites, et velu de l'autre. Sa substance est molle, un peu coriace.

N°. 420.

PEZIZA *pedunculata.*

Substantia et colore subsimilis præcedenti immaturæ, verùm capitula minora referunt peltam planam orbiculatam stipiti impositam. An esset coralloides fungiforme carneum. *Dillen. hist. musc. p.* 76, *tab.* 14, 1?

* *Peziza* (*pedunculata*) *plana orbiculata rufescens stipitata.* Gmel. *syst. nat. p.* 1453.

Ici *Pallas* semble soupçonner que sa pezize pourroit être la même chose que le *lichen ericetorum* de *Linné*; et dans une note ailleurs, il dit que sa cupule est géminée, pédonculée, irrégulière, cartilagineuse, déchirée en ses bords, d'un pouce et demi de diamètre, pâle en dehors, et couleur de cinabre en dedans. On la trouve dans les bois.

N°. 421.

LYCOPERDON *herculeum.*

Fungus sæpius pedali altitudine, extùs albus. *Stipes* cylindricus, scariosus, ceu lamellis fibrosus, sensim incrassatus in clavam nutantem, obsoletè truncatam, mole pugni. Maturitate fungus in superficie planiuscula clavæ rimis inordinatis rumpitur et effundit pollinem fulvo-ferrugineum, contentum cavo obversè conico, obtuso. Observatus in ripa salsa Inderiensis lacûs, initio septembris.

* *Lycoperdon* (*herculeum*) *truncato-clavatum extrinsecùs album scariosum.* Gmel. *syst. nat. p.* 1465, *n°.* 32.

Ce lycoperde ou vesse-loup est blanc en dehors, et s'élève le plus souvent à la hauteur d'un pied, sous la forme d'une massue tronquée. Son pédicule, cylindrique inférieurement, va en s'épaississant en une massue obscurément tronquée, inclinée, et de la grosseur du poing. On le trouve sur les rivages salins du lac Inderskoï.

N°. 422.

LYCOPERDON *hypoxilon.*

Corpuscula miliaria, retusa, in stipitem albidum, filiformem adtenuata; colore primo et substantia L. *Epidendri*, dein sensim magis rufescunt, maturaque abjectâ crustâ explodunt cum pulvere lanam tenerrimam contextam, purpuream, persistentem cum stipite indurato. Sub lignis et corticibus putridis passim observata.

* *Lycoperdon* (*hypoxylon*) *rufescens*, *stipite albido filiformi.* Gmel. *syst. nat. p.* 1465.

Cette espèce consiste en petis corps miliaires, rétus, amincis en tige filiforme et blanchâtre; ils prennent une couleur roussâtre en mûrissant. Lorsqu'ils jettent leur poussière, ils développent en même tems un duvet pourpré et persistant. On trouve cette fongosité sous les écorces et les bois pourris.

No. 423.

MUCOR *decumanus.*

Solitarius, erectus, *stipes* bipollicaris et ultrà, rariùs bifidus, albus, pubescens, basi sæpe pennæ anserinæ minoris crassitie, extremo adtenuato læviusculus, maturitate contorquendus. *Substantia* stipitis intùs, fibrosa, tenaciuscula. *Capitulum* ovatum, acutiusculum, mole seminis lithospermi, lividum, maturitate circa stipitem dehiscens. In nemoribus suffocatis et specuum subterranearum humo vegetabili crescit.

* *Mucor (decumanus) stipite albo pubescente subsimplici, capitulo ovato.*

On trouve cette fongosité dans les bois, les lieux obscurs, où elle croît sur les débris de végétaux. Elle est constituée par un pédicule solitaire, droit, haut de deux pouces ou davantage, rarement bifide, blanc, pubescent, aminci et un peu lisse à son sommet. Ce pédicule soutient une tête ovale, un peu pointue, de la grosseur d'une semence de gremil.

TABLE

DES MATIÈRES

Contenues dans les sept premiers Volumes des Voyages du Professeur PALLAS.

Oiseau

P

U

FIN.

De l'Imprimerie de DEMONVILLE, rue Christine N° 12.

www.ingramcontent.com/pod-product-compliance
Ingram Content Group UK Ltd.
Pitfield, Milton Keynes, MK11 3LW, UK
UKHW020312200726
13857UKWH00001B/156